Lecture Notes in Mathematics

Edited by A. Dold, B. Eckmann and F. Takens

1438

P.G. Lemarié (Ed.)

Les Ondelettes en 1989

Séminaire d'Analyse Harmonique,
Université de Paris-Sud, Orsay

Springer-Verlag

Berlin Heidelberg New York London
Paris Tokyo Hong Kong Barcelona

Editeur

Pierre Gilles Lemarié
Université Paris XI, Bât. 425
Campus d'Orsay
91405 Orsay Cedex, France

Mathematics Subject Classification (1980): 42 C

ISBN 3-540-52932-2 Springer-Verlag Berlin Heidelberg New York
ISBN 0-387-52932-2 Springer-Verlag New York Berlin Heidelberg

Printing and binding: Druckhaus Beltz, Hemsbach/Bergstr.
2146/3140-543210 – Printed on acid-free paper

C stack
Simon

Table des matières

LES ONDELETTES EN 1989

La théorie des ondelettes est un sujet récent et extrêmement mouvant. Peu de textes encore sont parus sur le sujet et leur disparité est importante. C'est pourquoi il a paru intéressant aux organisateurs du Séminaire d'Analyse Harmonique d'Orsay de tenter de dresser un bilan de l'état actuel de la théorie et de le publier rapidement.

Neuf conférences ont eu lieu entre janvier et mars 1989 suivant trois axes : théorie mathématique des ondelettes (exposés 1 à 3), applications des ondelettes (exposés 4 à 6 : théorie des opérateurs, vision par ordinateur, traitement du signal) et analyse des fractals par les ondelettes (exposés 7 à 9). L'ensemble de ces conférences n'aurait pu avoir lieu sans le soutien chaleureux de Jean-Pierre Kahane, les conseils de Yves Meyer et, bien évidemment, la gentillesse des orateurs (et auteurs). Qu'ils en soient ici tous remerciés, ainsi que Mme J. Dumas qui a assuré avec son efficacité proverbiale la frappe de ce séminaire.

Pierre Gilles Lemarié
28 novembre 1989

INTRODUCTION A LA THEORIE DES ONDELETTES

Pierre Gilles Lemarié

La transformation en ondelettes a été introduite par J. Morlet et A. Grosmann [GRO-MOR 84] comme un moyen efficace de réaliser une analyse temps-fréquence et comme un outil pour la détection des singularités.

En nous appuyant sur les travaux d'I. Daubechies [DAU], nous allons rappeler quelques principes de l'analyse temps-fréquence (principe d'incertitude, fenêtres de Fourier, fonctions de Gabor) avant d'introduire la décomposition en ondelettes de J. Morlet. Enfin nous esquisserons la théorie des bases orthonormales d'ondelettes (que nous développerons de manière plus extensive dans l'exposé n° 3).

Une étude plus approfondie des analyses temps-fréquence sera présentée par P. Flandrin dans l'exposé n° 6 : *Quelques méthodes temps-fréquence et temps-échelle en traitement du signal.*

1. Les fenêtres de Fourier

Rappelons que *l'analyse de Fourier* d'une fonction f de la variable réelle t (le "temps") se fait à l'aide des fonctions analysantes $e_\xi(t) = e^{i\xi t}$ selon le schéma suivant :

(1.a) *analyse* $\hat{f}(\xi) = < f \mid e_\xi > = \int_{-\infty}^{+\infty} f(t)e^{-i\xi t}dt$

(1.b) *synthèse* $f(t) = \dfrac{1}{2\pi}\int_{-\infty}^{+\infty} \hat{f}(\xi)e_\xi(t)d\xi.$

Il est facile de vérifier que (1b) est équivalent à :

(1.c) *formule de Plancherel* $\| f \|_2^2 = \dfrac{1}{2\pi}\int_{-\infty}^{+\infty} \mid \hat{f}(\xi) \mid^2 d\xi$

lorsque $f \in L^2$.

La variable ξ est appelée la "fréquence". La taille de $\hat{f}$ à l'infini est liée à la régularité de f, comme on peut s'en convaincre d'après la formule de $\hat{f}'(\xi) = i\xi\hat{f}(\xi)$ et donc $f^{(k)} \in L^2 \Longleftrightarrow \xi^k\hat{f} \in L^2$. Or dans la formule (1.b) les termes $\hat{f}(\xi)e_\xi(t)$ sont tous de même amplitude lorsque t varie de sorte que si f est irrégulière *en un seul point* t_0 alors les termes $\hat{f}(\xi)e_\xi(t)$ seront d'amplitude importante *pour tout* t et l'intégrale (1.b) sera une intégrale oscillante, rendant instable la reconstruction de f.

Prenons l'exemple d'une fonction f_0 à support compact, C^1 par morceaux avec une seule discontinuité (du premier ordre) en un point t_0. Alors il est facile d'établir que :

$$(2) \qquad \hat{f}_0(\xi) \underset{\xi \to \infty}{\sim} \frac{1}{i\xi}\left(f(t_0+0) - f(t_0-0)\right)e^{-it_0\xi}$$

et l'on voit bien le caractère divergent de l'intégrale (1.b).

Puisque les termes haute fréquence ($|\xi|$ grand) proviennent des irrégularités de f, une idée développée depuis au moins quarante ans consiste à faire une analyse de Fourier locale de f à l'aide d'une fenêtre $g(\theta - t) = g_t(\theta)$ que l'on fait glisser le long de l'axe réel en faisant varier t. On remplace l'analyse de $f(\theta)$ par celle de $f(\theta)g(\theta-t)$ qui donne un renseignement sur le comportement de f au voisinage de t. Si f est régulière au voisinage de t, $f(\theta)g(\theta - t)$ ne comportera pas de termes haute fréquence et sa reconstruction à partir de son analyse de Fourier sera rapide. L'analyse de Fourier de $f(\theta)g(\theta - f)$ se fait à l'aide des coefficients $C(t,\xi)$:

$$(3.a) \qquad C(t,\xi) = \int f(\theta)g(\theta-t)e^{-i\theta\xi}d\theta \ ;$$

or par la formule de Plancherel (1.c), en considérant $C(t,\xi)$ comme le produit scalaire de f avec $\bar{g}(\theta-t)e^{i\theta\xi}$, on obtient :

$$(3.b) \qquad C(t,\xi) = \frac{1}{2\pi}\int \hat{f}(\eta)\hat{g}(\xi-\eta)e^{it(\eta-\xi)}d\eta$$

de sorte que si $g(\theta)$ est concentrée autour de $\theta = 0$ et $\hat{g}(\eta)$ autour de $\eta = 0$, $C(t,\xi)$ donne un renseignement en moyenne du comportement de f autour de $\theta = t$ (formule (3.a)) et de $\hat{f}$ autour de $\eta = \xi$ (formule (3.b)).

$C(t,\xi)$ donnant simultanément un renseignement d'ordre temporel (autour de t) et d'ordre fréquentiel (autour de ξ), on dit qu'on a une *analyse temps-fréquence* de f. La précision de cette analyse dépend de l'étalement de $g(\theta)$ autour de sa valeur moyenne (formule (3.a)) et de celui de $\hat{g}(\eta)$ autour de sa valeur moyenne (formule (3.b)). Or nous allons voir que cette précision est limitée (*principe d'incertitude de Heisenberg*). Pour exprimer cette limitation, on mesure l'étalement de g et de $\hat{g}$ à l'aide des écarts-types de θ et de η par rapport aux densités $|g(\theta)|^2 \, d\theta$ et $|\hat{g}(\eta)|^2 \, d\eta$:

$$(4.a) \ \textit{valeurs moyennes} : \bar{\theta} = \frac{\int \theta \, |g(\theta)|^2 \, d\theta}{\int |g(\theta)|^2 \, d\theta} \ ; \quad \bar{\eta} = \frac{\int \eta \, |\hat{g}(\eta)|^2 \, d\eta}{\int |\hat{g}(\eta)|^2 \, d\eta} \ ;$$

(4.b) *écarts-types* :

$$\sigma_\theta = \left(\frac{\int (\theta - \bar{\theta})^2 \mid g(\theta) \mid^2 d\theta}{\int \mid g(\theta) \mid^2 d\theta} \right)^{1/2} \quad ; \quad \sigma_\eta = \left(\frac{\int (\eta - \bar{\eta})^2 \mid \hat{g}(\eta) \mid^2 d\eta}{\int \mid \hat{g}(\eta) \mid^2 d\eta} \right)^{1/2}.$$

On a alors l'inégalité suivante :

(5) *incertitude de Heisenberg* : $\dfrac{1}{2} \leq \sigma_\theta \sigma_\eta$.

On appelle $\sigma_\theta \sigma_\eta$ l'incertitude jointe en (θ, η) ; c'est la mesure de l'imprécision (inévitable) de la localisation temps-fréquence de g. Le minimum $\left(\frac{1}{2} \right)$ de l'incertitude jointe est atteint pour les gaussiennes $e^{-\lambda x^2}$, qui sont donc fréquemment utilisées en analyse temps-fréquence.

Lorsque $\bar{\theta} = \bar{\eta} = 0$ (ce qu'on peut toujours réaliser, quitte à changer $g(\theta)$ en $g(\theta + \bar{\theta})e^{-i\theta\bar{\eta}}$), l'inégalité (5) se ramène à :

(5 *bis*) $\qquad\qquad\qquad\qquad \parallel g \parallel_2^2 \leq 2 \parallel \theta g \parallel_2 \parallel g' \parallel_2$

et l'on voit que la *double localisation* de g en temps et fréquence ($\sigma_\theta < +\infty, \sigma_\eta < +\infty$) peut également s'interpréter en *localisation* et *régularité* temporelles ($\theta g(\theta) \in L^2$, $g'(\theta) \in L^2$).

Considérons donc une fonction $g \in L^2$, localisée ($\sigma_\theta < +\infty$, $\sigma_\eta < +\infty$). On dispose alors d'une analyse temps-fréquence à l'aide des fonctions analysantes $g_{t,\xi}(\theta) = g(\theta - t)e^{i\theta\xi}$ selon le schéma suivant :

(6.a) *analyse* $C(t, \xi) = < f \mid g_{t,\xi} > = \displaystyle\int f(\theta)\bar{g}(\theta - t)e^{-i\theta\xi}d\theta$;

(6.b) *synthèse* $f(\theta) = \dfrac{1}{2\pi \parallel g \parallel_2^2} \displaystyle\int_{-\infty}^{+\infty} \int_{-\infty}^{+\infty} C(t, \xi)g_{t,\xi}(\theta)dtd\xi,$

la formule (6.b) étant équivalente à :

(6.c) *formule de Plancherel* $\parallel f \parallel_2^2 = \dfrac{1}{2\pi \parallel g \parallel_2^2} \displaystyle\int \int \mid C(t, \xi) \mid^2 dtd\xi.$

Si $\bar{\theta} = \bar{\eta} = 0$, $C(t, \xi)$ donne une information moyenne sur f autour de $\theta = t$, $\eta = \xi$ avec une résolution σ_θ en θ et σ_η en η. [La démonstration de la formule (6.c) est élémentaire. On pose $\Gamma_\xi(\theta) = \bar{g}(-\theta)e^{i\theta\xi}$ alors $C(t, \xi) = (f * \Gamma_\xi(t)) e^{-it\xi}$ et donc $\int \mid C(t, \xi) \mid^2 dt = \frac{1}{2\pi} \int \mid \hat{f}(\eta) \mid^2 \mid \hat{g}(\eta - \xi) \mid^2 d\eta$ d'où (6.c)].

Dans le formalisme des *fenêtres de Fourier*, on traite en fait avec des versions discrétisées de (6.a) et (6.b). On échantillonne de manière uniforme l'espace des temps et celui des fréquences, et on analyse f à l'aide des $\quad C_{n,m} = < f \mid g_{nt_0, m\xi_0} >$

$(n \in Z$, $m \in Z)$. Pour décrire la qualité de l'analyse obtenue, plaçons-nous momenta-nément dans un cadre un peu plus général.

On se donne un espace de Hilbert H et une famille de vecteurs $(e_\alpha)_{\alpha \in \mathcal{A}}$. On cherche à analyser les vecteurs f de H à l'aide des moments $< f \mid e_\alpha >$. On peut alors exiger les propriétés suivantes de cette analyse (les exigences seront croissantes) :

(7.a) *injectivité* $f \longrightarrow (< f \mid e_\alpha >)_{\alpha \in \mathcal{A}}$ est injective.

Cela revient à dire que les combinaisons linéaires des e_α sont denses dans H. Il va de soi que cette exigence est minimale pour pouvoir distinguer les éléments de H.

(7.b) *reconstructibilité* : $f = \sum_{\alpha \in \mathcal{A}} < f \mid e_\alpha > h_\alpha$ avec les conditions de *stabilité* suivantes:

(i)
$$\sum_{\alpha \in \mathcal{A}} |< f \mid e_\alpha >|^2 \le A \parallel f \parallel_2^2 \; ;$$

(ii)
$$\parallel \sum_{\alpha \in \mathcal{A}} \lambda_\alpha h_\alpha \parallel^2 \le B \sum_{\alpha \in \mathcal{A}} \mid \lambda_\alpha \mid^2$$

où A et B sont deux constantes > 0. Les h_α ne sont pas uniquement déterminés (a priori). Une formulation intrinsèque équivalente à (7.b), (i) et (ii) est que les $(e_\alpha)_{\alpha \in \mathcal{A}}$ forment un *frame*, c'est-à-dire que l'on ait :

(iii)
$$\frac{1}{B} \parallel f \parallel^2 \le \sum_{\alpha \in \mathcal{A}} |< f \mid e_\alpha >|^2 \le A \parallel f \parallel^2 \, .$$

On a alors un *algorithme* de reconstruction de f par les formules suivantes :

(iv)
$$\bar{f} = \frac{2B}{AB + 1} \sum_{\alpha \in \mathcal{A}} < f \mid e_\alpha > e_\alpha$$

(v)
$$\parallel f - \bar{f} \parallel \le \frac{AB - 1}{AB + 1} \parallel f \parallel \, .$$

Comme $\frac{AB-1}{AB+1} < 1$, on peut itérer (iv) et reconstruire f.

(7.c) *formule de Plancherel* $\parallel f \parallel^2 = B \sum_{\alpha \in \mathcal{A}} |< f \mid e_\alpha >|^2$

ou de manière équivalente $f = B \sum_{\alpha \in \mathcal{A}} < f \mid e_\alpha > e_\alpha$

(7.d) *Orthonormalité* : la famille $(e_\alpha)_{\alpha \in A}$ est une base orthonormale de H. Remarquons que dans (7.c) la famille $\sqrt{B}e_\alpha$ n'est une base orthonormée de H que si et seulement si $\forall \alpha \quad \| e_\alpha \| = \frac{1}{\sqrt{B}}$: en effet $(1 - B \| e_\alpha \|^2)e_\alpha = \sum_{\beta \neq \alpha} < e_\alpha \mid e_\beta > e_\beta$ et

$$(1 - B \| e_\alpha \|^2) \| e_\alpha \|^2 = \sum_{\beta = \alpha} |< e_\alpha \mid e_\beta >|^2 \ .$$

Revenons aux fenêtres de Fourier. Les résultats décrits par I. Daubechies dans [DAU] sont les suivants :

• $f \mapsto (C(nt_0, m\xi_0))_{n,m \in Z}$ n'est jamais injective dans L^2 pour $t_0 \xi_0 > 2\pi$. Les fonctions élémentaires de Gabor [GAB 46]

$$(8) \qquad g_{n,m}(\theta) = \left(\frac{\sqrt{2}}{D} \right)^{1/2} exp \left(-\pi \left(\frac{\theta - nD}{D} \right)^2 \right) exp \left(2i\pi m \frac{\theta}{D} \right)$$

avec $t_0 = D$, $\xi_0 = \frac{2\pi}{D}$ correspondent donc au cas critique. La transformation

$f \to (< f \mid g_{n,m} >)_{n,m \in Z}$ est alors injective (pour ce choix particulier de $g_{n,m}$).

• Si $t_0 \xi_0 = 2\pi$ et si les $g_{nt_0, m\xi_0}$ forment un frame dans L^2, alors σ_θ ou $\sigma_\eta = +\infty$ (*Principe d'incertitude fort* de Balian [BAL 81]). En particulier les fonctions de Gabor ci-dessus ne forment pas un frame ; il y a instabilité, qui provient du fait que le système bi-orthogonal aux fonctions de Gabor (calculé par Bastiaans dans [BAS 81]) est composé de fonctions qui ne sont pas dans L^2. Le principe d'incertitude fort est illustré dans le point ci-dessous.

• Si on a la formule de Plancherel $\| f \|_2^2 = B \sum_{n,m} |< f \mid g_{nt_0, m\xi_0} >|^2$ alors $\| g \|_2^2 B = \frac{t_0 \xi_0}{2\pi} \leq 1$. On a alors le choix entre $t_0 \xi_0 < 2\pi$ et il y a *redondance* ou $t_0 \xi_0 = 2\pi$ et il y a *délocalisation* des fonctions analysantes (d'après le principe d'incertitude fort).

Ce balancement entre la redondance d'une part et la délocalisation ou l'instabilité d'autre part disparaîtra dans la transformation en ondelettes de J. Morlet, où l'on verra qu'il existe dans cette nouvelle analyse temps-fréquence des bases orthonormées composées de fonctions fortement localisées en temps et en fréquence.

2. Les ondelettes de J. Morlet

Les ondelettes de J. Morlet se déduisent par dilatation et translation d'une seule fonction g :

$$(9.a) \qquad g_{a,b}(t) = \frac{1}{\sqrt{a}} g \left(\frac{t - b}{a} \right) \qquad a > 0 \ , \ b \in \mathcal{R}$$

et l'analyse par ondelettes se fait à l'aide des coefficients :

$$(9.b) \qquad\qquad C(a,b) = < f \mid g_{a,b} > \,.$$

Le terme d'*ondelettes* est un raccourci d'*ondelettes de forme constante*. En effet le mot d'ondelette était employé depuis longtemps pour désigner une *petite onde* par opposition aux ondes pures indéfiniment entretenues, c'est-à-dire une onde (une fonction localisée en fréquence autour d'une valeur centrale $\bar{\xi}$) limitée dans le temps (localisée en temps autour d'une valeur centrale $\bar{t}$). Les ondelettes utilisées dans l'analyse par fenêtres de Fourier $g(\theta - t)e^{i\xi\theta}$ ne sont pas de formes constantes : elles ont la même enveloppe $g(\theta)$ mais leur aspect varie lorsque ξ varie. Dans la formule (9.a) au contraire, les graphes des fonctions $g_{a,b}$ se déduisent les uns des autres par similitude.

L'analyse par ondelettes est une analyse temps-fréquence comme le montre la formule de Plancherel :

$$(10) \qquad C(a,b) = \int f(t)\frac{1}{\sqrt{a}}\bar{g}\left(\frac{t-b}{a}\right) dt = \frac{1}{2\pi}\int \hat{f}(\xi)\sqrt{a}\hat{g}^*(a\xi)e^{ib\xi}d\xi.$$

On suppose f et g à valeurs réelles, $\hat{g}$ plate en 0. Alors $\hat{f}(-\xi) = \hat{f}^*(\xi), \hat{g}(-\xi) = \hat{g}^*(\xi)$ (*) de sorte que l'information sur $\hat{f}$ et sur $\hat{g}$ est entièrement contenue sur $[0, +\infty]$, $\hat{g}$ y est concentrée autour d'une valeur centrale $\bar{\xi} = \frac{\int_0^\infty \xi|\hat{g}(\xi)|^2 d\xi}{\int_0^\infty |\hat{g}(\xi)|^2 d\xi}$. Le coefficient $C(a,b)$ donne donc une information sur le comportement de f au voisinage de $t = b$ (si g est concentrée autour de 0) avec une résolution de l'ordre de $a\sigma_t$ et sur celui de $\hat{f}$ au voisinage de $\mid \xi \mid = \frac{\bar{\xi}}{a}$ avec une résolution en $\frac{1}{a}\sigma_\xi$, en particulier l'incertitude jointe $a\sigma_t.\frac{1}{a}\sigma_\xi$ reste constante.

On suppose donc g à valeurs réelles et on introduit la condition d'admissibilité suivante :

$$(11) \qquad\qquad C_g = \int_0^\infty \mid \hat{g}(\xi) \mid^2 \frac{d\xi}{\xi} < +\infty.$$

Alors l'analyse par ondelettes se fait à l'aide des ondelettes analysantes $g_{a,b}(t) = \frac{1}{\sqrt{a}}g\left(\frac{t-b}{a}\right)$ $(a > 0, b \in \mathcal{R})$ selon le schéma suivant :

$$(12.a) \ \textit{analyse} \ C(a,b) = < f \mid g_{a,b} > = \int_{-\infty}^{+\infty} f(t)\frac{1}{\sqrt{a}}\bar{g}\left(\frac{t-b}{a}\right) dt$$

$$(12.b) \ \textit{synthèse} \ f(t) = \frac{1}{C_g}\int_0^{+\infty}\int_{-\infty}^{+\infty} C(a,b)g_{a,b}(t)\frac{da}{a^2} db$$

(*) où f^* désigne pour raisons typographiques le conjugué complexe de f, noté également $\bar{f}$)

la formule (12.b) étant équivalente à :

(12.c) *formule de Plancherel* $\| f \|_2^2 = \dfrac{1}{C_g} \displaystyle\int_0^{+\infty} \int_{-\infty}^{+\infty} | C(a,b) |^2 \dfrac{da}{a^2} db.$

[Comme (6.c), (12.c) est une formule élémentaire. On pose $\Gamma(x) = \bar{g}(-x)$ et $\Gamma_a(x) = \dfrac{1}{\sqrt{a}} \Gamma\left(\dfrac{x}{a}\right)$ alors $C(a,b) = f * \Gamma_a(b)$ et donc

$$\int_{-\infty}^{+\infty} | C(a,b) |^2 \, db = \dfrac{1}{2\pi} \int_{-\infty}^{+\infty} | \hat{f}(\xi) |^2 \, a \, | \hat{g}(a\xi) |^2 \, d\xi].$$

Les formules (12) sont valables pour $f \in L^2$ à valeurs complexes. Lorsque f est à valeurs réelles, l'information fréquentielle sur f est entièrement donnée par $\hat{f}(\xi)$ sur $\xi \geq 0$ et on peut donc remplacer g par l'ondelette complexe $\gamma = g + iG$ où G est la transformée de Hilbert de g :

(13.a) $$G = \dfrac{1}{\pi} \, V.\,P. \, \dfrac{1}{x} * g$$

(13.b) $$\hat{\gamma}(\xi) = 0 \;\; si \;\; \xi < 0 \;\; , \;\; 2\hat{g}(\xi) \;\; si \;\; \xi > 0.$$

On a alors, en posant $\gamma_{a,b} = \dfrac{1}{\sqrt{a}} \gamma\left(\dfrac{t-b}{a}\right)$, le schéma d'analyse suivant pour f à valeurs réelles:

(14.a) *analyse* $\tilde{C}(a,b) = <f \mid \gamma_{a,b}> = \displaystyle\int f(t) \dfrac{1}{\sqrt{a}} \bar{\gamma}\left(\dfrac{t-b}{a}\right) dt$

(14.b) *synthèse* $f(t) = \dfrac{1}{2C_g} \mathcal{R}e \left\{ \displaystyle\int_0^\infty \int_{-\infty}^{+\infty} \tilde{C}(a,b) \gamma_{a,b}(t) \dfrac{da}{a^2} db \right\}$

(14.c) *formule de Plancherel* $\| f \|_2^2 = \dfrac{1}{2C_g} \displaystyle\int_0^\infty \int_{-\infty}^{+\infty} | \tilde{C}(a,b) |^2 \dfrac{da}{a^2} db.$

On représente alors l'information complexe $\tilde{C}(a,b)$ à l'aide de deux diagrammes dans le demi-plan temps-fréquence ($b \in \mathcal{R}$, $a > 0$ où a correspond à la fréquence $\xi = \dfrac{1}{a}$) : le diagramme des modules $| \tilde{C}(a,b) |$ et celui des phases $Arg\,\tilde{C}(a,b)$. (Plus précisément on représente les lignes de niveau de $| \tilde{C}(a,b) |$ et les lignes isophases pour $Arg\,\tilde{C}(a,b)$). A cause de la formule de Plancherel (14.c), le diagramme des modules donne un renseignement quantitatif : comment se répartit l'énergie du signal $f(t)$ (mesurée par $\| f \|_2^2$) dans le demi-plan temps-fréquence. Les lignes isophases donnent un renseignement d'ordre qualitatif : elles convergent vers les singularités de f. On trouve de belles illustrations de ces diagrammes modules et phases dans l'article de *Pour la Science* [JAF-MEY-RIO 87].

Pour illustrer la convergence des lignes isophases, reprenons notre exemple de la fonction f_0 avec une discontinuité du premier ordre en t_0. Supposons que $\hat{g}$ soit suffisamment plate en 0:

$$
(15) \qquad \int_0^\infty | \hat{g}(\xi) |^2 \frac{d\xi}{\xi^2} < +\infty
$$

(ce qui découle de là condition d'admissibilité (11) dès que $\hat{g}$ est C^1, c'est-à-dire dès que g décroît suffisamment vite à l'infini). Alors g est la dérivée d'une fonction $\omega \in L^2$ et pareillement G est la dérivée de $\Omega \in L^2$. On pose $h = \omega + i\Omega$, $h_{a,b} = \frac{1}{\sqrt{a}} h\left(\frac{t-b}{a}\right)$. La dérivée de f_0 s'écrit $f_0' = A\,\delta(t-_0) + \varphi(t)$ où $\varphi \in L^2$ et où A est le saut de f_0 en t_0 $A = f_0(t_0 + 0) - f_0(t_0 - 0)$. Une intégration par parties donne alors :

$$
(16) \qquad
\begin{aligned}
\tilde{C}(a,b) = a < f \mid (h_{a,b})' > &= -\sqrt{a}A\,h\left(\frac{t_0 - b}{a}\right) - a < \varphi \mid h_{a,b} > \\
&= -\sqrt{a}A\,h\left(\frac{t_0 - b}{a}\right) + O(a)
\end{aligned}
$$

puisque $|< \varphi \mid h_{a,b} >| \leq \| \varphi \|_2 \| h \|_2$. Quand a tend vers 0, le terme prépondérant est le premier et les lignes isophases de $\tilde{C}(a,b)$ tendent vers t_0 (la ligne $Arg\,\tilde{C}(a,b) = Arg\,h(u)$ se comportant comme la droite $b = t_0 - au$).

On peut de même décoder des singularités dans des dérivées d'ordre supérieur à condition de pouvoir faire plusieurs intégrations par parties, et donc que $\hat{g}$ soit plus plate en 0.

La formule (16) montre que la transformation en ondelettes est bien adaptée à la *détection des singularités*. La partie analyse (14.a) de la transformation permet de pointer les singularités, tandis que dans la partie synthèse (14.b) la reconstruction du signal $f(t)$ n'est affectée par la présence de hautes fréquences qu'au voisinage des singularités de f. Plus précisément à l'échelle a (la fréquence $\frac{1}{a}$) la singularité ne produit son effet que sur un voisinage de cette singularité de taille $a\sigma_t$.

Le fait que la transformation en ondelettes travaille à toutes les échelles en même temps permet évidemment une bonne résolution dans l'analyse des singularités. Alors que dans la méthode des fenêtres de Fourier la résolution est fixée une fois pour toutes à σ_t, dans la transformation en ondelettes on peut adapter la résolution à l'échelle du phénomène que l'on cherche à isoler. Cela se relève particulièrement utile lorsqu'il y a des phénomènes à échelles très précises mais non fixées a priori ou lorsque coexistent plusieurs échelles significatives dans l'approche d'un phénomène (en vision par exemple). Des exemples d'applications en physique des algorithmes d'ondelettes seront développés par A. Arneodo dans l'exposé n° 9 : *Transformation en ondelettes des objets fractals: phénomènes à croissance fractale et turbulence pleinement développée*. Le cas de la vision sera traité par J. M. Morel dans l'exposé n° 5 : *Traitement d'images et analyse multi-échelles.*

Le problème de la discrétisation des formules (12) a été traité par I. Daubechies dans [DAU]. On discrétise l'axe des échelles par un échantillonnage *logarithmiquement uniforme* a_0^m, $m \in Z$, $a_0 > 1$ fixé, (le poids de $[a_0^m$, $a_0^{m+1}]$ par rapport à la mesure invariante par dilatation $\frac{da}{a}$ est constant et égal à $\log a_0$) et l'axe du temps est échantillonné avec un pas adapté à l'échelle a_0^m (puisque les fonctions $g_{a_0^m, b}$ ont une résolution en t de l'ordre de $a_0^m \sigma_t$) : on cherche donc à quelles conditions la famille $g_{a_0^m, n a_0^m b_0} (b_0 > 0, a_0 > 1$ fixés, $n \in Z$, $m \in Z$) forme un frame.

I. Daubechies démontre alors le résultat suivant. Sous les hypothèses :

$$(17.a) \qquad 0 < A \le \sum_{m \in Z} |\hat{g}(a_0^m \xi)|^2 \le B < +\infty$$

$$(17.b) \qquad \exists \gamma > 1 \quad \sum_{m \in Z} |\hat{g}(a_0^m \xi)| |\hat{g}(a_0^m \xi + s)| \le C(1 + s^2)^{-\gamma/2}$$

où A, B, C sont des constantes indépendantes de ξ et de s, il existe $B_0 > 0$ tel que pour tout $b_0 < B_0$ la famille $g_{a_0^m, n a_0^m b_0}$ forme un frame dans L^2.

La condition (17.a) est nécessaire. On peut s'en rendre rapidement compte en semi-discrétisant (12.c) :

$$(17.a) \iff A \|f\|_2^2 \le \sum_{m \in Z} \int |C(a_0^m, b)|^2 \, db \le B \|f\|_2^2 .$$

Si $\hat{g}$ est continue (ce qui est le cas dès que $\sigma_t < +\infty$) la minoration $\inf_{\xi} \sum_m |a_0^m \xi|^2 > 0$ est réalisée dès que a_0 est assez petit. La majoration $\sup_{\xi} \sum_m |a_0^m \xi| < +\infty$ indique que $\hat{g}$ est plate à l'origine et à l'infini ; elle est automatique (quel que soit a_0) dès que $\hat{g}$ est $O(|\xi|^\beta)$ pour un $\beta > 0$ et $O(|\xi|^{-\alpha})$ pour un $\alpha > 0$. La majoration (17.b) demande plus de décroissance à l'infini ($\hat{g}$ doit être $O(|\xi|^{-\alpha})$ avec $\alpha > 1$).

Le problème de la discrétisation par des frames des formules (12) est donc résolu (avec également dans [DAU] un procédé de calcul de B_0). Quant à celui des bases orthonormées, il fait l'objet de la partie suivante et de l'exposé n° 3 : *Analyse multi-échelles et ondelettes à support compact.*

3. Bases orthonormées d'ondelettes

Il n'y a pas de phénomène d'incertitude forte en théorie des ondelettes. Y. Meyer a construit en 1985 ([LEM-MEY 86], [MEY 86]) une fonction ψ dans la classe de Schwartz des fonctions C^∞ à décroissance rapide ainsi que leurs dérivées telle que les fonctions $2^{j/2}\psi(2^j t - k)$, $j \in Z$, $k \in Z$, forment une base orthonormée de $L^2(\mathcal{R})$.

Une telle base est adaptée à l'étude des opérateurs de Calderón-Zygmund puisque ceux-ci sont définis en terme d'estimations de taille et de régularité de leur noyau-distribution invariantes par dilatation et translation. En particulier une telle base est une base inconditionnelle de L^p $1 < p < +\infty$, de l'espace de Hardy H^1, de BMO, des espaces de Sobolev H^s $s \in \mathcal{R}$ et des espaces de Besov $B^s_{p,q}$, $s \in \mathcal{R}$, $p,q \in [1, +\infty]$. ([MEY 86]).

La base d'Yves Meyer a été suivie de bases construites à partir de fonctions ψ moins régulières mais mieux localisées temporellement (fonctions à décroissance exponentielle [BAT 87], [LEM 88], fonctions à support compact [DAU 88]). Elle a été également précédée, comme Yves Meyer s'en est aperçu cet été, par une base de fonctions splines de régularité finie (mais arbitraire) et à localisation exponentielle, construite par Strömberg en 1981 [STR 81].

Dans la terminologie d'Yves Meyer, la fonction ψ est la *mère* des ondelettes $\psi_{j,k} = 2^{j/2}\psi(2^j t - k)$. Nous allons voir que les ondelettes ont aussi un *père*. Pour cela on considère l'espace W_j, sous-espace fermé de L^2 engendré par les ondelettes d'échelle $\frac{1}{2^j}$:

(18.a)
$$W_j = Vect(\psi_{j,k}/k \in Z)$$

de sorte que $L^2(\mathcal{R}) = \underset{j \in Z}{\oplus} W_j$. On considère alors les sommes partielles sur les basses fréquences :

(18.b)
$$V_j = \underset{\ell < j}{\oplus} W_\ell.$$

Les espaces V_j vérifient alors les propriétés suivantes :

(19.a)
$$V_j \subset V_{j+1}$$

(19.b)
$$\bigcap_{j \in Z} V_j = \{0\} \quad \text{et} \quad \bigcup_{j \in Z} V_j \text{ est dense dans } L^2.$$

(19.c)
$$f \in V_j \Longleftrightarrow f(2t) \in V_{j+1}$$

(19.d)
$$f \in V_0 \Longleftrightarrow f(t-k) \in V_0.$$

[(19.d) vient de ce que $V_0^\perp = \underset{j \geq 0}{\oplus} W_j$ et que chaque W_j, $j \geq 0$, est invariant par translation entière].

Dans tous les exemples cités précédemment, V_0 vérifie une condition supplémentaire (qui n'est pas - contrairement aux conditions (19.a) à (19.d) - une conséquence du fait que les ψ_{jk} forment une base orthonormée de $L^2(\mathcal{R})$) :

(19.e) V_0 admet une base orthonormée de la forme $\varphi(t - k)$, $k \in \mathcal{Z}$.

On dit alors qu'on dispose d'une *analyse multi-échelles* et la fonction φ est le *père* des ondelettes.

En effet à partir des espaces V_j vérifiant les conditions (19.a) à (19.e) on peut facilement reconstruire une base d'ondelettes de $L^2(\mathcal{R})$. On pose W_j le complémentaire orthogonal de V_j dans V_{j+1} de sorte que $L^2 = \underset{j \in \mathcal{Z}}{\oplus} W_j$. Alors $f \in W_j \iff f\left(\frac{t}{2^j}\right) \in W_0$ et pour trouver une base d'ondelettes de $L^2(\mathcal{R})$ $\psi_{j,k}(t) = 2^{j/2}\psi(2^j t - k)$ il suffit de trouver une base orthonormée $\psi(t - k)$ de W_0. Or, puisque $\varphi(t) \in V_0 \subset V_{-1}$, on a :

$$(20.a) \qquad \varphi(t) = \sum_{k \in \mathcal{Z}} a_k \varphi(2t - k)$$

et on vérifie facilement que la fonction

$$(20.b) \qquad \psi(t) = \sum_{k \in \mathcal{Z}} (-1)^k a_{k+1} \varphi(2t + k)$$

est avec ses translatées $\psi(t - k)$, $k \in \mathcal{Z}$, une base orthonormée de W_0.

La fonction φ a été introduite initialement, à l'instar du système de Haar, pour passer à $L^2(\mathcal{R}^d)$. En effet, on a alors une base orthonormée de $L^2(\mathcal{R}^d)$

$$(21) \qquad \psi_{j,k,\epsilon}(t) = 2^{j\,d/2}\psi^{(\epsilon_1)}2^j t_1 - k_1)...\psi^{(\epsilon_d)}(2^j t_d - k_d)$$

où $\psi^{(0)} = \varphi$, $\psi^{(1)} = \psi$, $j \in \mathcal{Z}$, $k \in \mathcal{Z}^d$, $\epsilon \in \{0,1\}^d$, $\epsilon \neq (0,...,0)$.

En dimension 2, cela revient à approcher $L^2(\mathcal{R}^2)$ par les produits tensoriels $V_j \otimes V_j$ et à écrire :

$$(22.a) \qquad V_{j+1} \otimes V_{j+1} = V_j \otimes V_j \oplus V_j \otimes W_j \oplus W_j \otimes V_j \oplus W_j \otimes W_j$$

$$(22.b) \qquad L^2(\mathcal{R}^2) = \underset{j \in \mathcal{Z}}{\oplus} (V_j \otimes W_j \oplus W_j \otimes V_j \oplus W_j \otimes W_j).$$

Mais la fonction φ a pris un rôle primordial dans la théorie des ondelettes, puisqu'elle engendre l'analyse multi-échelles V_j et est donc le *père* des ondelettes.

Une simplification supplémentaire a été introduite par Stéphane Mallat durant l'automne 1986 [MAL 87]. De la formule (20.a) on tire $\hat{\varphi}(\xi) = m\left(\frac{\xi}{2}\right)\hat{\varphi}\left(\frac{\xi}{2}\right)$ où $m(\xi) = \frac{1}{2}\sum_{k\in Z} a_k e^{-ik\xi}$ est une fonction $2\pi-$périodique, d'où :

$$(23) \qquad \hat{\varphi}(\xi) = \prod_{j=1}^{\infty} m\left(\frac{\xi}{2^j}\right).$$

On est alors ramené à l'étude de la fonction $2\pi-$périodique m et des conditions à lui imposer pour qu'elle engendre une analyse multi-échelles. Les détails seront donnés dans l'exposé n° 3. Signalons que c'est grâce à l'introduction de cette fonction m qu'Ingrid Daubechies a pu construire des ondelettes à support compact.

Une dernière remarque est que cette fonction m est à l'origine des algorithmes de S. Mallat de transformation en ondelettes rapide, comme nous le verrons dans l'exposé n° 3.

Références

[BAL 81] **R. Balian** Un principe d'incertitude fort en théorie du signal ou en mécanique quantique. *C. R. Acad. Sc. Paris 292, série 2 (1981).*

[BAS 80] **M. J. Bastiaans** Gabor's signal expansion and degrees of freedom of a signal. *Proc. IEEE 68 (1980), 538-539.*

[BAT 87] **G. Battle** A block spin construction of ondelettes. Part I : Lemarié functions. *Comm. Math. Phys. (1987).*

[DAU 88] **I. Daubechies** Orthonormal bases of compactly supported wavelets. *Comm. Pure Appl. Math. 46 (1988), 909-996.*

[DAU] **I. Daubechies** The wavelet transform, time-frequency localization and signal analysis. *AT & T Bell Laboratories, à paraître.*

[GAB 46] **D. Gabor** Theory of communication. *J. Inst. Electr. Engin. (London) 93 (III) (1946), 429-457.*

[GRO-MOR 84] **A. Grossmann & J. Morlet** Decomposition of Hardy functions into square integrable wavelets of constant shape. *SIAM J. Math. Anal. (1984), 723-736.*

[JAF-MEY-RIO 87] **S. Jaffard, Y. Meyer & O. Rioul** L'analyse par ondelettes. *Pour la Science, Sept. 1987, 28-37.*

[LEM 88] **P. G. Lemarié** Ondelettes à localisation exponentielle. *J. Math. Pures Appl.* *67 (1988), 227-236.*

[LEM-MEY 86] **P. G. Lemarié & Y. Meyer** Ondelettes et bases hilbertiennes. *Rev. Mat. Iberoamericana vol. 2 (1986), 1-18.*

[MAL 87] **S. Mallat** A theory for multiresolution signal decomposition : the wavelet representation. *A paraître aux IEEE Trans. on Pattern Anal. and Machine Intelligence.* *Tech. Rep. MS-CIS-87-22, Univ. Penn., 1987.*

[MEY 86] **Y. Meyer** Principe d'incertitude, bases hilbertiennes et algèbres d'opérateurs. *Sém. Bourbaki, février 1986.*

[STR 82] **J. O. Strömberg** A modified Franklin system and higher-order systems of R^n as unconditional bases for Hardy spaces, *in Conference on Harmonic Analysis in honor of Antoni Zygmund, vol. 2, Waldsworth 1988, 475-494.*

Adresse :

Université de Paris-Sud
Mathématiques - Bât. 425
91405 ORSAY CEDEX (France)

ONDELETTES, FILTRES MIROIRS EN QUADRATURE ET TRAITEMENT NUMERIQUE DE L'IMAGE

Yves Meyer

1. Introduction

Pendant l'été 1985, j'avais cru faire une découverte très originale en construisant une fonction $\psi(x)$, d'une variable réelle, à valeurs réelles, appartenant à la classe $S(\mathcal{R})$ de Schwartz et telle que la collection $2^{j/2}\psi(2^j x - k)$, $j \in Z$, $k \in Z$, soit une base orthonormée de $L^2(\mathcal{R})$. Puis, en collaboration avec P. G. Lemarié, nous construisions une seconde fonction $\varphi(x)$, appartenant également à $S(\mathcal{R})$ et telle que la collection des fonctions $\varphi(x-k)$, $k \in Z$, et des fonctions $2^{j/2}\psi(2^j x - k)$, $j \in \mathcal{N}$, $k \in Z$, soit également une base orthonormée de $L^2(\mathcal{R})$. Nous en déduisions facilement que, si

$$\psi_1(x,y) = \psi(x)\varphi(y) \quad , \quad \psi_2(x,y) = \varphi(x)\psi(y)$$

et

$$\psi_3(x,y) = \psi(x)\psi(y),$$

alors

$$\left\{ 2^j \psi_q(2^j x - k) \; , \; j \in Z \; , \; k \in Z^2 \; , \; q = 1, 2, \; et \; 3 \right\}$$

est une base orthonormée de $L^2(\mathcal{R}^2)$, composée de fonctions de $S(\mathcal{R}^2)$.

Nous établissions, à l'aide de la théorie des opérateurs de Calderón-Zygmund, que ces bases orthonormées sont des bases inconditionnelles de tous les espaces fonctionnels classiques, à l'exception de L^1, de L^∞ et des espaces qui s'en déduisent. On sait que ces derniers n'admettent pas de bases inconditionnelles.

Tous ces résultats, qui nous paraissaient révolutionnaires, ont été publiés dans le volume de la Revista Iberoamericana dédié à Alberto Calderón (volumen 2, Numeros 1 y 2, 1986).

Les fonctions $2^{j/2}\psi(2^j x - k)$, $j \in Z$, $k \in Z$, seront appelées les ondelettes, $\psi(x)$ est la *mère des ondelettes* et $\varphi(x)$ est le *père des ondelettes*, pour une raison qui apparaîtra dans cet exposé, dans la définition 1 ci-dessous.

L'analyse d'une fonction, fournie par son développement en série d'ondelettes, est une variante de l'analyse de Fourier. Mais c'est une variante où figurent simultanément une variable de fréquence (la *fréquence moyenne* de la fonction $\psi(2^j x - k)$ est 2^j) et une variable d'échelle (la fonction $\psi(2^j x - k)$, $j \in Z$, $k \in Z$, est *essentiellement* portée par l'intervalle $[2^{-j}k - 10.2^{-j} \ , \ 2^{-j}k + 10.2^{-j}])$, ces deux variables étant reliées par le principe d'incertitude de Heisenberg.

Il s'agit donc d'une analyse de Fourier locale dans laquelle on a toute liberté de *faire des agrandissements* de certains détails intéressants et qui conviendraient tout particulièrement à l'étude des fractales ([13]), en mathématique, et à l'analyse des signaux de parole. Dans ces signaux, voyelles et consonnes ont des structures locales très différentes, les voyelles ayant une modulation claire et simple, les consonnes possédant une structure extrêmement complexe de type fractal.

Aujourd'hui, nous savons que notre découverte n'est qu'un variante de travaux antérieurs remontant au début du siècle, en ce qui concerne les mathématiques, et aux années 70 en ce qui concerne le traitement du signal et de l'image. En particulier, le traitement digital du signal de parole (nécessaire au téléphone digital) avait conduit D. Esteban et C. Galand à inventer, en 1977, de nouveaux algorithmes qui, aujourd'hui, se relient naturellement aux bases orthonormées d'ondelettes.

2. Les "pères fondateurs" des ondelettes : Haar, Franklin et Strömberg

Les bases orthonormées d'ondelettes sont le résultat d'une longue évolution qui a commencé dès la fin du dix-neuvième siècle.

En effet, en 1873, Dubois-Reymond donne un exemple d'une fonction continue et 2π − périodique dont la série de Fourier diverge en un point donné. Cela conduit A. Haar (1909) à construire une base orthonormée très simple de $L^2(0,1)$ avec la propriété que la série d'une fonction continue converge uniformément vers cette fonction. Depuis ce système orthonormé est appelé le système de Haar. Voici sa construction. On part de la fonction $h(x)$ égale à 1 sur $[0,1/2[$, à −1 sur $[1/2,1[$ et à 0 ailleurs. Pour $j \in \mathcal{N}$ et $0 \leq k < 2^j$, on pose $n = 2^j + k$ puis $h_n(x) = 2^{j/2}h(2^j x - k)$. On observera que le support de $h_n(x)$ est inclus dans $[0,1[$.

Finalement, on décide que $h_0(x) = 1$ si $0 \leq x < 1$ et la suite $h_n(x)$, $n \in \mathcal{N}$, est une base orthonormée de $L^2(0,1)$.

Un an après la construction de Haar, G. Faber intègre les fonctions $h_n(x)$ et obtient ainsi ce que l'on appelle aujourd'hui une base de Schauder de l'espace $C[0,1]$ des fonctions continues sur $[0,1]$. Les fonctions de système de Faber (que l'on appelle aujourd'hui la base de Schauder) sont $\Delta_n(x) = \Delta(2^j x - k)$ où $\Delta(x) = 2x$ sur $[0,1/2]$, $2 - 2x$ sur $[1/2,1]$ et 0 ailleurs. Par ailleurs $n = 2^j + k$ et $0 \leq k < 2^j$. Il convient de compléter cette collection par $\Delta_{(-1)}(x) = x$ et $\Delta_0(x) = 1$.

Si $f(x)$ est une fonction continue sur $[0,1]$, on règle d'abord les paramètres a et b

de sorte que $g(x) = f(x) - a - bx$ s'annule en 0 et en 1. Alors on a

$$(2.1) \qquad g(x) = \sum_{0}^{\infty} \sum_{0 \le k < 2^j} \alpha(j,k) \Delta(2^j x - k)$$

où

$$(2.2) \qquad \alpha(j,k) = g\left(\left(k + \frac{1}{2}\right) 2^{-j}\right) - \frac{1}{2}\left[g(k2^{-j}) + g((k+1)2^{-j})\right].$$

La convergence vers $g(x)$ du second membre de (2.1) correspond à l'approximation du graphe de $g(x)$ par des lignes polygonales inscrites alors que, pour le système de Haar, il s'agit de l'approximation par des fonctions en escalier.

La base de Schauder, comparée au système de Haar, représente un progrès : les coefficients $\alpha(j,k)$ figurant dans (2.1) fournissent une information précise sur la régularité höldérienne de $g(x)$, tant que l'exposant r de régularité appartient à $]0,1[$. En effet, $g(x)$ est höldérienne d'exposant r si et seulement si l'on a $\mid \alpha(j,k) \mid \le C2^{-jr}$.

La faiblesse de la base de Schauder est de ne plus permettre l'analyse de fonctions irrégulières (et en particulier de fonctions de $L^2(0,1)$).

En 1927, Ph. Franklin, professeur au M.I.T., a eu l'idée d'orthogonaliser la base de Schauder $\Delta_n(x)$, $n \ge -1$, en utilisant le procédé usuel de Gram-Schmidt. Il obtient alors une suite $f_n(x)$, $n \ge -1$, qui combine les avantages du système de Haar et de la base de Schauder. On a $\| f_n \|_2 = 1$ de sorte que la normalisation des f_n n'est plus la même que celle de la base de Schauder. Une fonction $f(x)$ est höldérienne d'exposant r $(0 < r < 1)$ si et seulement si les coefficients α_n du développement de $f(x)$ dans la base de Franklin vérifient $\alpha_n = 0(n^{-1/2-r})$. On a des résultats analogues concernant les espaces de Sobolev H^s $(-1 < s < 1)$: la fonction $f(x)$ appartient à H^s si et seulement si $\sum_{0}^{\infty} \mid \alpha_n \mid^2 n^{2s} < \infty$. Le système de Franklin semble donc combiner tous les avantages. Cependant il présente un grave défaut qui a provoqué son abandon pendant près de cinquante ans. Les fonctions $f_n(x)$ ne sont pas numériquement explicites.

Nous savons aujourd'hui, grâce aux travaux de Z. Ciesielski (1963), puis de S. Jaffard (1987), que les fonctions $f_n(x)$ sont "presque" de la forme $2^{j/2}\psi(2^j x - k)$, c'est-à-dire sont "presque des ondelettes".

L'énoncé de Ciesielski est l'existence d'une constante $C > 0$ et d'un exposant $\gamma > 0$ tels que si $n = 2^j + k$, $0 \le k < 2^j$, on ait

$$(2.3) \qquad \mid f_n(x) \mid \le C2^{j/2} exp(-\gamma \mid 2^j x - k \mid)$$

et

$$(2.4) \qquad \left| \frac{d}{dx} f_n(x) \right| \le C2^{3j/2} exp(-\gamma \mid 2^j x - k \mid).$$

Ces deux propriétés, jointes à $\int_0^1 f_n(x)dx = 0$, permettent aisément d'établir la caractérisation des espaces de Hölder d'exposant $r \in]0,1[$.

L'énoncé de S. Jaffard est encore plus frappant et montre que la première base orthonormée d'ondelettes aurait pu être construite dès 1927.

En effet on a, pour $n = 2^j + k$, $0 \le k < 2^j$,

$$(2.5) \qquad f_n(x) = 2^{j/2}\psi(2^j x - k) + r_n(x)$$

où, pour une certaine constante C,

$$(2.6) \qquad \| r_n(x) \|_2 \le C(2 - \sqrt{3})^{d(n)}, \quad d(n) = inf(k, 2^j - k).$$

La fonction $\psi(x)$, redécouverte par J. O. Strömberg en 1981, a les propriétés suivantes :

(2.7) $\psi(x)$ est continue sur toute la droite réelle, affine sur chaque intervalle $\left[\frac{1}{2}k , \frac{1}{2}(k+1)\right]$ pour $k \le 1$ et chaque intervalle $[\ell, \ell+1]$ pour $\ell \ge 1$; de plus, on a

(2.8) $| \psi(x) | \le C(2 - \sqrt{3})^{|x|}$.

En outre la collection $2^{j/2}\psi(2^j x - k)$, $j \in Z$, $k \in Z$, est une base orthonormée de $L^2(\mathcal{R})$.

Ce résultat remarquable signifie que, si l'on évite les effets de bords dus à 0 et 1, l'asymptotique du système de Franklin fournit la première base orthonormée d'ondelettes qui ait été construite.

Il est temps de définir ce que l'on appellera une ondelette.

DEFINITION 1. *Une fonction $\psi(x)$ de la variable réelle x, est une ondelette de régularité r, $r \in \mathcal{N}$, si les deux conditions suivantes sont satisfaites*

(2.9) $(1 + x^2)^m \psi(x)$ *appartient à l'espace de Sobolev $H^r(\mathcal{R})$ pour tout $m \in \mathcal{N}$.*

(2.10) $2^{j/2}\psi(2^j x - k)$, $j \in Z$, $k \in Z$, *est une base orthonormée de $L^2(\mathcal{R})$.*

Cette fonction $\psi(x)$ est la *mère des ondelettes*. Le *père des ondelettes* est une fonction $\varphi(x)$ vérifiant (2.9) et telle que la collection

(2.11) $\varphi(x - k)$, $k \in Z$, et $2^{j/2}\psi(2^j x - k)$, $j \in \mathcal{N}$, $k \in Z$.

soit également une base orthonormée de $L^2(\mathcal{R})$.

Revenons à la fonction $\psi(x)$ associée au système de Franklin. Elle est tout à fait explicite. Pour la construire, on part d'une fonction $\theta(x)$, affine sur les mêmes intervalles que $\psi(x)$ et définie par $\theta\left(-\frac{1}{2}k\right) = 4(3-\sqrt{3})(\sqrt{3}-2)^k$ si $k = 0, 1, 2, \cdots, \theta(1/2) = -6-\sqrt{3}$ et finalement $\theta(k) = 2\sqrt{3}(\sqrt{3}-2)^{k-1}$si $k \geq 1$, $k \in \mathcal{N}$. On a alors $\psi(x) = c\theta(x)$ où c est une constante qu'il est facile de calculer et dont le rôle est d'assurer $\| \psi \|_2 = 1$.

Il convient finalement de relier l'écriture d'une fonction dans la base de Franklin à d'autres décompositions utilisées également dès les années 30.

On pose $\tilde{\psi}(x) = \bar{\psi}(-x)$ et $\tilde{\psi}_j(x) = 2^j \tilde{\psi}(2^j x)$. Ensuite Δ_j désigne l'opérateur de convolution avec $\tilde{\psi}_j$. Alors les coefficients $\alpha(j,k)$ de la décomposition d'une fonction $f \in L^2(\mathcal{R})$ dans la base orthonormée $2^{j/2}\psi(2^j x - k)$ sont fournis par

$$(2.12) \qquad \alpha(j,k) = 2^{-j/2}\Delta_j(f)(k2^{-j}).$$

Cela signifie que l'on opère d'abord un *filtrage* grâce au banc des filtres défini par la suite Δ_j, $j \in Z$, puis un *échantillonnage*, (en les points $k2^{-j}$). Cet échantillonnage est compatible avec la règle de Shannon.

On a $I = \sum_{-\infty}^{\infty} \Delta_j^* \Delta_j$ et cette décomposition est analogue à la décomposition de *Littlewood-Paley*.

En d'autres termes, les "coefficients d'ondelettes" sont obtenus en échantillonnant des "blocs dyadiques" $\Delta_j(f)$ qui sont analogues à ceux que l'on utilise dans la décomposition de Littlewood-Paley.

Cela explique que les espaces fonctionnels qui sont décrits par des conditions simples en utilisant la décomposition de Littlewood-Paley soient également décrits par des conditions simples sur les coefficients d'ondelettes. Cela s'applique, en particulier, à l'espace de Hardy $H^1(\mathcal{R})$ qui est remarquablement analysé dans le beau livre de J. Garcia Cuerva et J. L. Rubio de Francia ([12]).

En d'autres termes, les ondelettes $2^{j/2}\psi(2^j x - k)$, $j \in Z$, $k \in Z$, forment une base inconditionnelle de $H^1(\mathcal{R})$ parce que l'espace de Hardy $H^1(\mathcal{R})$ est caractérisé par

$$\left(\sum_{-\infty}^{\infty} | \Delta_j(f)(x) |^2 \right)^{1/2} \in L^1(\mathcal{R}).$$

Tout ce qui vient d'être dit s'étend aux constructions d'ondelettes plus régulières qui sont obtenues dans le travail de J. O. Strömberg ([19]).

3. Analyses multirésolutions

Nous nous proposons de décrire un algorithme convenant aussi bien au système de Franklin et aux ondelettes de Strömberg qu'à celles que j'avais construites ([16]).

Une *analyse multirésolution* de $L^2(\mathcal{R}^n)$ est, par définition, une suite croissante de sous-espaces fermés V_j, $j \in Z$, de $L^2(\mathcal{R}^n)$, ayant, en outre, les propriétés suivantes :

(3.1) $f(x) \in V_j \Leftrightarrow f(2x) \in V_{j+1}$

(3.2) $f(x) \in V_0$ et $k \in Z^n \Rightarrow f(x-k) \in V_0$

(3.3) $\bigcap_{-\infty}^{\infty} V_j = \{0\}$ et $\bigcup_{-\infty}^{\infty} V_j$ est dense dans $L^2(\mathcal{R}^n)$

(3.4) il existe une fonction $g(x) \in V_0$ telle que $g(x-k)$, $k \in Z^n$, soit une base de Riesz de V_0.

Rappelons qu'une base de Riesz d'un espace de Hilbert H est l'image d'une base orthonormée de H par un isomorphisme (non nécessairement isométrique) $T : H \to H$. Une base de Riesz est donc une "base oblique".

Une analyse multirésolution est $r-$régulière si, de plus, on peut choisir $g(x)$ de sorte que

(3.5) $$(1+x^2)^m g(x) \in H^r(\mathcal{R}^n) \quad pour\ tout\ \ m \geq 0.$$

Chaque fois que l'on dispose d'une analyse multirésolution $r-$régulière, on peut, du moins en dimension 1, construire une ondelette $\psi(x)$ qui lui est canoniquement associée.

Pour le voir, on désigne par W_j le complémentaire orthogonal de V_j dans V_{j+1} et l'on cherche à construire $\psi(x)$, vérifiant (3.5), de sorte que $\psi(x-k)$, $k \in Z$, soit une base hilbertienne de W_0. Dès lors $2^{j/2}\psi(2^j x - k)$, $k \in Z$, sera une base hilbertienne de W_j. Or $L^2(\mathcal{R})$ est la somme hilbertienne des W_j, $-\infty < j < \infty$, et la réunion de ces bases hilbertiennes constitue donc une base hilbertienne de $L^2(\mathcal{R})$.

Pour construire $\psi(x)$, nous utiliserons trois données :

(3.6) une base hilbertienne de V_0 de la forme $\varphi(x-k)$, $k \in Z$

(3.7) la base hilbertienne de V_1 de la forme $\sqrt{2}\varphi(2x-k)$, $k \in Z$, qui s'en déduit par d'échelle

(3.8) l'inclusion $V_0 \subset V_1$.

Si bien que si la dimension de V_1 était finie et si Z était remplacé par un groupe cyclique Z/nZ, la construction de $\psi(x)$ s'apparenterait au théorème de la base incomplète.

Pour construire $\varphi(x)$, on doit utiliser la transformation de Fourier et il vient (en dimension $n \geq 1$)

$$(3.9) \qquad \hat{\varphi}(\xi) = \omega(\xi)\hat{g}(\xi) \left(\sum_{k \in Z^n} \mid \hat{g}(\xi + 2k\pi) \mid^2 \right)^{-1/2}$$

où $\mid \omega(\xi) \mid = 1$ presque partout, $\omega(\xi + 2k\pi) = \omega(\xi)$ pour tout $k \in Z^n$ et $\omega(\xi)$ est, par ailleurs, arbitraire.

Pour construire $\psi(x)$, on se limite à la dimension 1. L'inclusion $V_0 \subset V_1$ permet de construire une fonction $2\pi-$périodique $m_0(\xi)$ telle que

$$(3.10) \qquad \hat{\varphi}(2\xi) = m_0(\xi)\hat{\varphi}(\xi).$$

Si l'on exige (3.5) pour la fonction φ, la fonction $\omega(\xi)$ et la fonction $m_0(\xi)$ seront, du même coup, indéfiniment dérivables.

Ensuite, on définit ψ par

$$(3.11) \qquad \hat{\psi}(2\xi) = m_1(\xi)\hat{\varphi}(\xi) \quad \text{où} \quad m_1(\xi) = e^{-i\xi}\overline{m_0(\xi + \pi)},$$

et $\psi(x)$ vérifie (3.5).

Ces algorithmes généraux conduisent aux ondelettes de Strömberg si les V_j sont définis comme suit.

On part d'un entier $r \in \mathcal{N}$ et l'on désigne par V_0 le sous-espace fermé de $L^2(\mathcal{R})$ qui se compose des fonctions appartenant à l'espace de Sobolev $H^r(\mathcal{R})$ et dont la restriction à chaque intervalle $[k, k+1]$, $k \in Z$, coïncide avec un polynôme $P_k(x)$ de degré ne dépassant pas r.

Alors les propriétés (3.1), (3.2) et (3.3) se vérifient immédiatement. En ce qui concerne (3.4), on part de la fonction indicatrice $u(x)$ de $[-1, 0]$ et l'on pose $g = u * \cdots * u$ ($r + 1$ termes et r produits de convolution).

Dans la construction de J. O. Strömberg, on commence par construire une fonction $\varphi \in V_0$, portée par $]-\infty, 0]$, à décroissance exponentielle, et telle que $\varphi(x - k)$, $k \in Z$, soit une base orthonormée de V_0. La transformée de Fourier $\hat{\varphi}$ de φ appartient donc à l'espace $\mathcal{H}^2(\mathcal{R})$ de Hardy et l'on doit avoir $\hat{\varphi}(x) = B(x)\hat{g}(x)$ où $B(x)$ est $2\pi-$périodique et où $\sum_{-\infty}^{\infty} \mid \hat{\varphi}(x + 2k\pi) \mid^2 = 1$. Or $\sum_{-\infty}^{\infty} \mid \hat{g}(x + 2k\pi) \mid^2 = P_r(\cos x)$ où P_r est un polynôme de degré r. Un calcul dû à I. J. Schoenberg montre que $P_r(\cos x) = c_m \mid 1 + s_1 e^{ix} \mid^2 \cdots \mid 1 + s_r e^{ix} \mid^2$ où $0 < s_r < \cdots < s_1$ et $c_m > 0$. Finalement $B(x)$ doit se prolonger en une fonction holomorphe dans le demi-plan supérieur ce qui conduit à poser

$$(3.12) \qquad B(x) = c_m^{-1/2}(1 + s_1 e^{ix})^{-1} \cdots (1 + s_r e^{ix})^{-1}.$$

Une fois φ construite, le calcul de "l'ondelette de Strömberg" ψ suit le schéma général que nous venons de décrire.

4. Les filtres miroirs en quadrature

Les filtres miroirs en quadrature constituent un algorithme de traitement numérique du signal, supposé échantillonné et décrit par une suite $f(k)$, $k \in Z$, de carré sommable.

Le problème posé est la réduction du bruit de quantification et l'optimisation de l'allocation en bits dans le téléphone digital.

La solution proposée par D. Esteban et C. Galand ([10]) en 1977 est antérieure à la découverte par J. O. Strömberg (1981) des premières ondelettes orthogonales.

La relation entre les filtres miroirs en quadrature et les ondelettes orthogonales nous a été révélée par S. Mallat, en 1986 ([14]). Le problème de savoir si tout filtre miroir en quadrature conduit nécessairement à une analyse multirésolution vient d'être résolu par A. Cohen. Inversement une analyse multirésolution r−régulière fournit toujours deux filtres miroirs en quadrature.

Il est temps de définir les filtres miroirs en quadrature. On part de deux opérateurs de filtrage $F_0 : \ell^2(Z) \to \ell^2(Z)$ et $F_1 : \ell^2(Z) \to \ell^2(Z)$, c'est-à-dire de deux opérateurs linéaires et continus qui commutent avec les translations τ_k, $k \in Z$. Grosso modo, F_0 sera un filtre "passe bas" et F_1 un filtre "passe-haut", les fréquences d'un signal échantillonné sur les entiers appartenant à $[-\pi, \pi]$. Dans certains cas, la fonction de transfert $q_0(\theta)$ de F_0 est portée par $\left[-\frac{\pi}{2} - \delta , \frac{\pi}{2} + \delta\right]$, $\delta > 0$, tandis que celle, $q_1(\theta)$, de F_1 est portée par la réunion des deux intervalles $\left[\frac{\pi}{2} - \delta , \pi\right]$ et $\left[-\pi , -\frac{\pi}{2} + \delta\right]$. Il s'agit bien, dans ce cas, de séparer les basses fréquences des hautes fréquences.

Une fois les basses et les hautes fréquences délimitées, on peut échantillonner les "sorties" $F_0(f)$ et $f_1(f)$ du signal échantillonné $f(k) \in \ell^2(Z)$. Pour sous-échantillonner, on ne retient qu'un point sur deux et finalement, on transforme le signal d'entrée $f \in \ell^2(Z)$ en deux signaux de sortie $DF_0(f)$ et $DF_1(f)$ où D est l'opérateur de décimation consistant à restreindre à $2Z$ une suite définie sur Z.

La seule condition que l'on impose, au départ, aux opérateurs F_0 et F_1 est la conservation de l'énergie, à savoir

(4.1) $$\| f \|^2_{\ell^2(Z)} = \| DF_0(f) \|^2_{\ell^2(2Z)} + \| DF_1(f) \|^2_{\ell^2(2Z)} .$$

On montre sans peine que cette condition équivaut à la suivante : la matrice

(4.2) $$U(\theta) = \frac{1}{\sqrt{2}} \begin{pmatrix} q_0(\theta) & q_1(\theta) \\ q_0(\theta + \pi) & q_1(\theta + \pi) \end{pmatrix}$$

doit être unitaire.

Un choix commode de $q_1(\theta)$ est alors $q_1(\theta) = e^{-i\theta} \overline{q_0(\theta + \pi)}$. L'énoncé principal est que la condition (4.1) implique la synthèse exacte, à l'aide des opérateurs adjoints

$(DF_0)^* = F_0^* E$ et $(DF_1)^* = F_1^* E$. L'opérateur d'extension E : $\ell^2(2Z) \to \ell^2(Z)$ consiste à insérer 0 sur tous les entiers impairs et, dans le langage du traitement numérique du signal, F_0^* et F_1^* sont des opérateurs d'interpolation permettant de redéfinir la "valeur absurde" 0 qui a été systématiquement intercalée.

La synthèse de notre signal est alors fourni par l'identité $f = f_0^* E(u) + F_1^* E(v)$ où $u \in \ell^2(2Z)$ et $v \in \ell^2(2Z)$ sont fournies par l'analyse. C'est-à-dire que $u = DF_0(f)$ et $v = DF_1(f)$. En outre l'application qui à f associe (u, v) est un isomorphisme isométrique entre $\ell^2(Z)$ et $\ell^2(2Z) \oplus \ell^2(2Z)$. Enfin $F_0^* E$ et $F_1^* E$ sont deux isométries partielles, permettant "d'injecter" $\ell^2(2Z)$ dans $\ell^2(Z)$ et leurs images sont orthogonales. Ces deux isométries commutent avec les translations τ_{2k}, $k \in Z$.

On peut d'ailleurs prendre ces remarques comme point de départ de la construction des filtres miroirs en quadrature.

On considère une isométrie partielle j : $\ell^2(2Z) \to \ell^2(Z)$ commutant avec les translations τ_{2k}, $k \in Z$. Il lui est alors associé un unique opérateur F_0, du type de ceux que nous venons d'étudier, tel que $J = F_0^* E$.

Venons-en à la relation entre les filtres miroirs en quadrature et les analyses multi-résolutions.

On part de l'injection $V_{-1} \subset V_0$ que l'on se propose de transcrire numériquement, de façon exacte. On utilise pour cela les isomorphismes isométriques I_0 : $\ell^2(Z) \to V_0$ et $I_{(-1)}$: $\ell^2(2Z) \to V_{-1}$ fournis par les bases orthonormées $\varphi(x - k)$, $k \in Z$, et $\frac{1}{\sqrt{2}}\varphi\left(\frac{x}{2} - k\right)$, $k \in Z$. Alors $V_{-1} \subset V_0$ devient J : $\ell^2(2Z) \to \ell^2(Z)$. En fait $J = F_0^* E$. Si l'on considère l'injection $W_{-1} \subset V_0$, elle se traduira en l'isométrie partielle $F_1^* E$: $\ell^2(2Z) \to \ell^2(Z)$.

En passant aux adjoints, l'opérateur DF_0 : $\ell^2(Z) \to \ell^2(2Z)$ revient, au niveau des analyses multirésolutions, à projeter orthogonalement $f \in V_0$ sur V_{-1} et à utiliser respectivement les bases $\varphi(x - k)$, $k \in Z$, de V_0 et $\frac{1}{\sqrt{2}}\varphi\left(\frac{x}{2} - k\right)$, $k \in Z$, de V_{-1}.

Tout cela signifie qu'en partant d'une analyse multirésolution, on tombe sur deux filtres miroirs en quadrature. Mais la réciproque est fausse en général et A. Cohen a pu déterminer la condition nécessaire et suffisante portant sur le filtre F_0 pour être associé à une analyse multirésolution r−régulière ([6]).

Pour énoncer *le théorème d'Albert Cohen*, on observe tout d'abord que la fonction $m_0(\xi)$ définie par (3.10) et la fonction de transfert $q_0(\xi)$ associée au filtre F_0 sont reliées par $q_0(\xi) = \sqrt{2m_0(\xi)}$. Ceci, en supposant que les filtres miroirs en quadrature proviennent d'une analyse multirésolution.

La condition nécessaire et suffisante d'Albert Cohen concerne $q_0(\xi)$. On doit avoir, d'une part, $q_0(0) = \sqrt{2}$. D'autre part, il doit exister une partie compacte K de $\mathcal{R}$ qui soit une réunion finie d'intervalles disjoints $[a_j, b_j]$, $1 \leq j \leq \mathcal{N}$, et qui possède les propriétés suivantes

(4.3) tout $x \in [-\pi, \pi]$, à l'exception d'un ensemble fini, est congru, modulo 2π, a un y et un seul appartenant à K;

(4.4) les fonctions $q_O(\xi/2)$, $q_0(\xi/4)$,... ne s'annulent pas sur K.

5. Le traitement numérique de l'image

Les analyses multirésolutions et les ondelettes se rattachent naturellement au traitement numérique de l'image. Une image contient une quantité énorme d'information et une grande partie de cette information est superflue. On cherche alors à extraire de l'image diverses versions schématiques, simplifiées dont le codage numérique et la transmission soit réalisable avec un coût raisonnable. Ce problème est décrit dans [9] où les auteurs s'intéressent à la transmission d'images médicales sur des lignes téléphoniques usuelles. On transmet d'abord une image simplifiée et, suivant les besoins du diagnostic, on y rajoute les détails complémentaires manquants. Cependant on ne veut pas "tout reprendre à zéro" chaque fois que le diagnostic demande une précision accrue. Les auteurs de [9] utilisent donc des algorithmes pyramidaux créés par P. J. Burt et E. H. Adelson ([1]).

Mais ce même Adelson, dans un travail en collaboration avec E. Simoncelli et R. Hingorani, a amélioré son algorithme pyramidal, afin de le rendre plus compact (c'est-à-dire moins coûteux) et, ce faisant, a rejoint les ondelettes ([2]).

Les citations qui suivent son extraites de leur travail.

" We describe a set of pyramid transforms that decompose an image into a set of basis functions that are (a) spatial-frequency tuned, (b) orientation tuned, (c) spatially localized, and (d) self-similar. For computational reasons the set is also (e) orthogonal and lends itself to (f) rapid computation... Our computation take place hierarchically, leading to a pyramid representation in which all the basis functions have the same basic shape, and appear at many scales... There is also good evidence that the human visual system performs a similar image decomposition in its early processing...

Other workers outside the mainstream of digital signal processing have arrived independently at related formulations. Mallat (1987), working in the context of machine vision, has derived similar pyramids based on the wavelet theory of Meyer (1986, 1987) and other mathematicians working in France. In our own laboratory, orthogonal pyramids have been developed from a rather different point of view, originally in an effort to emulate some of the properties of the human visual system."

Cette dernière remarque nous amène à évoquer le beau livre de David Marr, *Vision, a computational investigation into the human representation and processing of visual information*, W. H. Freeman and Co., New York, 1982.

Dans cet ouvrage posthume, D. Marr essaye de relier à des algorithmes mathématiques, le travail "bas niveau" que les cellules rétiniennes et les neurones qui les relient effectuent automatiquement sur l'information lumineuse. L'algorithme mathématique que D. Marr découvre alors est une variante non orthogonale de l'analyse en ondelettes. Dans cette variante, l'ondelette de Marr est la dérivée seconde de la gaussienne.

Références

[1] **E. H. Adelson & P. J. Burt** The laplacian pyramid as a compact image code. *IEEE Trans. Comm., COM-31 (1983), 532-540.*

[2] **E. H. Adelson, R. Hingorani & E. Simoncelli** Orthogonal pyramid transforms for image coding. *SPIE 845, Visual communications and image processing II (1987), 50-58.*

[3] **Th. P. Barnwell** Subband coder design incorporating recursive quadrature filters and optimum ADPCM coders. *IEEE Trans. Acoust., Speech, Signal processing, ASSP-30 (1982), 751-765.*

[4] **G. Battle** A block spin construction of ondelettes. Part I, Lemarié functions. *Comm. Math. Phys. 110 (1987), 601-615.*

[5] **G. Battle** A block spin construction of ondelettes. Part II, the QFT connection. *Comm. Math. Phys. 114 (1988), 93-102.*

[6] **A. Cohen** Ondelettes, analyses multirésolutions et filtres miroirs en quadrature. *Preprint du CEREMADE (1989).*

[7] **I. Daubechies** Orthogonal bases of compactly supported wavelets. *Comm. in Pure and Applied Math. 41 (1988), 909-996.*

[8] **I. Daubechies, A. Grossmann & Y. Meyer** Painless nonorthogonal expansions. *J. Math. Phys. 27 (1986), 1271-1283.*

[9] **S. E. Elnakas, Kou-Hu Tzou, J. R. Cox, R. L. Hill & J. G. Jost** Progressive coding and transmission of digital diagnostic pictures. *IEEE Trans. on Medical Imaging, MI-5, n° 2 (1986).*

[10] **D. Esteban & C. Galand** Application of quadrature mirror filters to split band voice coding schemes. *Proc. 1977 IEEE Int. Conf. Acoust., Speech, Signal processing,*

Hartford, CT (1977), 191-195.

[11] **P. Franklin** A set of continuous orthogonal function. *Math. Annalen 100 (1928), 522-529.*

[12] **J. Garcia-Cuerva & J. L. Rubio de Francia** Weighted norm inequalities and related topics. *North-Holland Math. Studies 116.*

[13] **M. Holschneider & P. Tchamitchian** On the wavelet analysis of Riemann's function. *Preprint (C.P.T., CNRS, Marseille-Luminy, case 907, 13288 Marseille Cedex 9).*

[14] **S. G. Mallat** Review of multifrequency channel decompositions of images and wavelet models. *Invited paper for a special issue of IEEE on Acoustic, Speech and Signal processing, Multidimensional Signal Processing.*

[15] **D. Marr** Vision, a computational investigation into the human representation and processing of visual information. *W. H. Freeman and Co. New York, 1982.*

[16] **Y. Meyer** Ondelettes, fonctions splines et analyses graduées. *Rend. Sem. Mat. Univ. Politec. Torino 45 (1987).*

[17] **Y. Meyer** Ondelettes et applications. *Cours d'automne, 1988, Institut de Physique Théorique, Université de Lausanne.*

[18] **S. D. O'Neil & J. W. Woods** Subband coding of images. *IEEE Trans. on Acoust., Speech and Signal Proc., 34 (1986), 1278-1287.*

[19] **J. O. Strömberg** A modified Haar system and higher order spline systems. *Conference in harmonic analysis in honor of Antoni Zygmund, II, 475-493, edited by W. Beckner and al., Wadworth Math. Series.*

Adresse :

CEREMADE
Université de Paris-Dauphine
75775 PARIS CEDEX 16 (France)

ANALYSE MULTI-ECHELLES ET ONDELETTES
A SUPPORT COMPACT

Pierre Gilles Lemarié

Dans cet exposé nous étudierons la construction de bases d'ondelettes, c'est-à-dire de bases orthonormées de $L^2(\mathcal{R})$ formées des translatées-dilatées dyadiques d'une seule fonction ψ :

$(1.a)$ $(\psi_{j,k})_{j \in Z, k \in Z}$ base orthonormée de $L^2(\mathcal{R})$

$(1.b)$ $\psi_{j,k}(x) = 2^{j/2} \psi(2^j x - k)$.

Nous aborderons cette étude d'un point de vue historique, sur une très courte période : de septembre 1985 (ψ de classe $\mathcal{C}^\infty$ à décroissance rapide ainsi que toutes ses dérivées) à février 1987 (ψ régulière à support compact). La motivation d'une telle présentation est double : bien mettre en évidence la simplification majeure qu'a été l'introduction de l'analyse multi-échelles de Stéphane Mallat en automne 1986 et par ailleurs resituer l'ensemble des points de vue développés dans les divers articles de construction de bases d'ondelettes à l'intérieur d'un panorama cohérent.

1. La préhistoire

La théorie des bases d'ondelettes s'est découvert au fur et à mesure qu'elle se développait des liens avec de nombreux travaux dans des branches mathématiques variées. Dans l'exposé précédent, par exemple, Yves Meyer a montré comment relier maintenant (en 1989) la théorie des ondelettes au système de Franklin en géométrie des Banach ou aux filtres miroirs en quadrature (QMF) en théorie du signal. Ici, nous nous bornerons à l'historique des bases $(\psi_{j,k})$ d'ondelettes, en négligeant ancêtres et précurseurs de toute sorte.

Quand, en 1985, Yves Meyer se pose le problème de trouver des solutions au problème (1) des bases d'ondelettes, deux constructions sont alors connues : le système de Haar (1909) et les bases de Strömberg [STR 81]. Les travaux de Strömberg avaient échappé à l'attention de Yves Meyer et nous les exclurons donc de la préhistoire des ondelettes (pour les réintroduire dans la partie historique au moment des analyses multi-échelles).

Nous ne supposons donc connu que le système de Haar. La fonction ψ solution de (1) est alors :

(2) $$\psi(x) = \chi_{[0,1/2]}(x) - \chi_{[1/2,1]}(x)$$

(où χ_E désigne la fonction caractéristique de E).

Une propriété importante du système de Haar est l'existence d'une fonction φ

(3) $$\varphi = \chi_{[0,1]}$$

solution de :

$(4.a)$ $\quad \varphi_k(x) = \varphi(x - k)$

$(4.b)$ $\quad \{(\varphi_k)_{k \in Z}, (\psi_{j,k})_{j \in N, k \in Z}\}$ base orthonormée de $L^2(\mathcal{R})$.

L'importance de la fonction φ est décrite par le lemme suivant :

LEMME. Si ψ , φ sont solutions de (1) et (4) alors la famille

(5) $$\psi_{\epsilon,j,k}(x) = 2^{nj/2} \psi^{(\epsilon_1)}(2^j x_1 - k_1) \cdots \psi^{(\epsilon_n)}(2^j x_n - k_n)$$

où $j \in Z$, $k \in Z^n$, $\epsilon \in \{0,1\}^n$, $\epsilon \neq (0, \cdots, 0)$, $\psi^{(0)} = \varphi$, $\psi^{(1)} = \psi$, est une base orthonormée de $L^2(\mathcal{R}^n)$.

Une base orthonormée de $L^2(\mathcal{R}^n)$ s'obtient donc à l'aide des translatées-dilatées dyadiques des $2^n - 1$ fonctions $\psi_{\epsilon,0,0}$.

Un autre couple de solutions de (1), (4) est facile à construire :

$(6.a)$ $$\hat{\psi}(\xi) = \chi_{[-2\pi,-\pi]}(\xi) + \chi_{[\pi,2\pi]}(\xi)$$

$(6.b)$ $$\hat{\varphi}(\xi) = \chi_{[-\pi,\pi]}(\xi)$$

(où $\hat{f}$ désigne la transformée de Fourier de f :

(7) $$\hat{f}(\xi) = \int f(x)e^{-ix\xi}dx).$$

Cette solution correspond à la décomposition de Littlewood-Paley d'une fonction f en blocs f_j à spectre localisé dans des couronnes dyadiques :

$(8.a)$ $$f = \sum_{j \in Z} f_j$$

$$(8.b) \qquad \hat{f}_j(\xi) = \hat{\psi}\left(\frac{\xi}{2^j}\right)\hat{f}(\xi)$$

suivie d'un échantillonnage à la Shannon :

$$(8.c) \qquad f_j(x) = \sum_{k \in Z} f_j\left(\frac{k}{2^j}\right)\psi(2^j x - k).$$

La solution (2) n'est pas localisée en fréquence ($\int \xi^2 \mid \hat{\psi}(\xi) \mid^2 d\xi = +\infty$) tandis que (6) ne l'est pas en espace ($\int x^2 \mid \psi(x) \mid^2 dx = +\infty$).

2. Le taureau par les cornes

Pour résoudre le problème (1), Yves Meyer le décompose en deux :

$(9.a)$ Orthogonalité : $< \psi_{j,k} \mid \psi_{j',k'} >= 1$ $\ si\ (j,k) = (j',k'),\ O$ sinon.

$(9.b)$ "Complétude" : $f = \displaystyle\sum_{j \in Z}\sum_{k \in Z} < f \mid \psi_{j,k} > \psi_{j,k}.$

En fait ce système est extrêmement redondant, comme je m'en suis aperçu (après l'avoir utilisé pendant plusieurs années !) en préparant cet exposé : (9.a) se déduit en effet immédiatement de (9.b) et de $\parallel \psi \parallel_2 = 1$, puisque de (9.b) on tire $\parallel f \parallel_2^2 = \sum_{j \in Z}\sum_{k \in Z} \mid < f \mid \psi_{j,k} > \mid^2$ et qu'on sait alors (cf. exposé n° 1) que si $\parallel \psi \parallel_2 = 1$ alors nécessairement les $\psi_{j,k}$ forment une base orthonormée. La redondance (9.a) s'est néanmoins révélée extrêmement utile pour formuler des hypothèses ad hoc sur ψ permettant de trouver des solution particulières de (9), comme nous le verrons dans les exemples ci-dessous.

Pour résoudre (9), Yves Meyer utilise la formule sommatoire de Poisson :

$$(10) \qquad \text{Pour } g \in L^1 \quad \sum_{k \in Z} g(\xi + 2k\pi) = \frac{1}{2\pi}\sum_{k \in Z}\left(\int_{-\infty}^{+\infty} g(\eta)e^{-ik\eta}\,d\eta\right)e^{ik\xi}$$

(9.a) se transforme en :

$$(11.a.1) \qquad \sum_{k \in Z} \mid \hat{\psi}(\xi + 2k\pi)\mid^2 = 1$$

$$(11.a.2) \qquad \sum_{k \in Z} \hat{\psi}(\xi + 2k\pi)\hat{\psi}^*(2^j(\xi + 2k\pi)) = 0 \text{ pour } j \geq 1$$

et (9.b) en :

$$(11.b.1) \qquad \sum_{j \in Z} \mid \hat{\psi}\left(\frac{\xi}{2^j}\right) \mid^2 = 1$$

$$(11.b.2) \qquad \sum_{\ell \geq 0} \hat{\psi}\left(2^\ell(\xi + 2\pi p_0)\right) \hat{\psi}^*(2^\ell \xi) = 0 \text{ pour } p_0 \in 2Z + 1.$$

Telle est donc la situation à l'été 1985 : résoudre (1) revient à résoudre (11), à savoir une infinité d'équations quadratiques.

La solution de Yves Meyer (1985) [LEM-MEY 86 , MEY 86] consiste à faire l'hypothèse ad hoc suivante sur ψ :

$$(12) \qquad \text{Supp } \hat{\psi} \subset \left[-\frac{8\pi}{3}, -\frac{2\pi}{3}\right] \cup \left[\frac{2\pi}{3}, \frac{8\pi}{3}\right]$$

de sorte que :

$$(13.a) \qquad \hat{\psi}(\xi)\hat{\psi}(2^\ell \xi) = 0 \text{ pour } \ell \geq 2$$

$$(13.b) \qquad \hat{\psi}(\xi)\hat{\psi}(\xi + 2k\pi) = 0 \text{ pour } \mid k \mid \geq 3$$

et il ne reste donc à résoudre que quatre équations : (11.a.1), (11.a.2) pour $j = 1$, (11.b.1), (11.b.2) pour $p_0 = \pm 1$. Ces équations relient les valeurs de $\hat{\psi}$ aux points $\xi \in \left[\frac{2\pi}{3}, \frac{4\pi}{3}\right]$, $2\xi \in \left[\frac{4\pi}{3}, \frac{8\pi}{3}\right]$, $\xi - 2\pi \in \left[-\frac{4\pi}{3}, -\frac{2\pi}{3}\right]$ et $2\xi - 4\pi \in \left[-\frac{8\pi}{3}, -\frac{4\pi}{3}\right]$:

$$(14.a) \qquad \mid \hat{\psi}(\xi) \mid^2 + \mid \hat{\psi}(\xi - 2\pi) \mid^2 = \mid \hat{\psi}(2\xi) \mid^2 + \mid \hat{\psi}(2\xi - 4\pi) \mid^2 = 1$$

$$(14.b) \qquad \hat{\psi}(\xi)\hat{\psi}^*(2\xi) + \hat{\psi}(\xi - 2\pi)\hat{\psi}^*(2\xi - 4\pi) = 0$$

$$(14.c) \qquad \mid \hat{\psi}(\xi) \mid^2 + \mid \hat{\psi}(2\xi) \mid^2 = \mid \hat{\psi}[\xi - 2\pi) \mid^2 + \mid \hat{\psi}(2\xi - 4\pi) \mid^2 = 1$$

$$(14.d) \qquad \hat{\psi}(\xi)\hat{\psi}^*(\xi - 2\pi) + \hat{\psi}(2\xi)\hat{\psi}^*(2\xi - 4\pi) = 0.$$

En fait, le système (14.a), (14.b) est équivalent à (14.c), (14.d) et donne :

$$(15.a) \qquad \mid \hat{\psi}(2\xi - 4\pi) \mid = \mid \hat{\psi}(\xi) \mid$$

$$(15.b) \qquad \mid \hat{\psi}(\xi - 2\pi) \mid = \mid \hat{\psi}(2\xi) \mid = \sqrt{1 - \mid \hat{\psi}(\xi) \mid^2}$$

$(15.c)$ $\quad \mathrm{Arg}(\hat{\psi}(\xi)) + \mathrm{Arg}(\hat{\psi}(2\xi - 4\pi)) - \mathrm{Arg}(\hat{\psi}(2\xi)) - \mathrm{Arg}(\hat{\psi}(\xi - 2\pi)) \equiv \pi \quad (2\pi).$

Si $\mathrm{Arg}\hat{\psi}(\eta) = \frac{\eta}{2}$ alors $(15.c)$ est vérifié, d'où la solution de Yves Meyer : on considère $\omega \in C^{\infty}\left(\left[\frac{2\pi}{3}, \frac{4\pi}{3}\right]\right)$ plate en $\frac{2\pi}{3}$ et $\frac{4\pi}{3}$ (pour $k \geq 1$ $\omega^{(k)}\left(\frac{2\pi}{3}\right) = \omega^{(k)}\left(\frac{4\pi}{3}\right) = 0$), vérifiant $0 \leq \omega \leq 1$, $\omega\left(\frac{2\pi}{3}\right) = 0$, $\omega\left(\frac{4\pi}{3}\right) = 1$; ω sera égal à $\mid \hat{\psi}(\xi) \mid^2$; ω se prolonge à $\left[-\frac{8\pi}{3}, -\frac{2\pi}{3}\right] \cup \left[\frac{2\pi}{3}, \frac{8\pi}{3}\right]$ par $(15.a)$ et $(15.b)$ et par 0 en dehors de ces intervalles ; il suffit alors de poser $\hat{\psi}(\eta) = e^{i\eta/2}\sqrt{\omega(\eta)}$ pour obtenir une solution ψ de (1) appartenant à la classe de Schwartz $S(\mathcal{R})$.

Une autre hypothèse ad hoc a été proposée par moi-même en 1986 [LEM 88], d'après une remarque de Ph. Tchamitchian : puisque dans les équations (11) interviennent de manière centrale la dilatation par 2 et la translation par 2π, on peut tenter de dissocier ces deux opérations en écrivant : $\hat{\psi}(\xi) = \omega(\xi)\Omega(\xi)$, où ω est homogène et Ω $4\pi-$périodique. Si on pose $\omega(\xi) = \xi^{-m-1}$, (11) se réduit alors à :

$(16.a)$ $\quad \mid \Omega(\xi) \mid^2 \sum_{k \in Z}(\xi - 4k\pi)^{-2m-2} + \mid \Omega(\xi + 2\pi) \mid^2 \sum_{k \in Z}(\xi + 2\pi - 4k\pi)^{-2m-2} = 1$

$(16.b)$ $\quad \Omega(\xi) \sum_{k \in Z}(\xi - 4k\pi)^{-2m-2} + \Omega(\xi + 2\pi)\sum_{k \in Z}(\xi + 2\pi - 4k\pi)^{-2m-2} = 0$

$(16.c)$ $\quad \sum_{j \in Z} 4^{j(m+1)} \mid \Omega\left(\frac{\xi}{2^j}\right) \mid^2 = \xi^{2m+2}$

$(16.d)$ $\quad \sum_{\ell \geq 1} 4^{-\ell(m+1)} \mid \Omega(2^{\ell}\xi) \mid^2 = -\Omega(\xi)\Omega^*(\xi + 2\pi).$

Les équations $(16.a)$ et $(16.b)$ [correspondant à l'information "inutile" $(9.a)$] suffisent à déterminer Ω (modulo un facteur arbitraire uni-modulaire $2\pi-$périodique : $\Omega = \mid \Omega(\xi) \mid e^{i\xi/2}\theta(\xi)$ avec $\mid \theta(\xi) \mid = 1$, $\theta(\xi + 2\pi) = \theta(\xi)$) et $(16.c)$, $(16.d)$ se vérifient facilement.

La fonction ψ obtenue vérifie que $\xi^{m+1}\hat{\psi}(\xi) = \Omega(\xi)$ et donc que $\psi^{(m+1)}$ est une somme de masses de Dirac aux points de $\frac{1}{2}Z$. ψ est donc une fonction spline : elle est de classe C^{m-1} et sa restriction aux intervalles $\left[\frac{k}{2}, \frac{k+1}{2}\right]$ est un polynôme de degré $\leq m$. De plus pour le choix de $\mathrm{Arg}\Omega = \frac{1}{2}\xi$, ψ est à décroissance exponentielle ainsi que ses m premières dérivées. Enfin $\int x^{\alpha}\psi \, dx = 0$ pour $0 \leq \alpha \leq m$ (puisque $\hat{\psi}$ est $O(\xi^{m+1})$).

3. Le miracle des basses fréquences

Avec les ondelettes $\psi_{j,k}$ qu'il avait construites, Yves Meyer obtenait une base inconditionnelle des espaces L^p $(1 < p < +\infty)$, H^1, BMO et des espaces de Besov $B^s_{p,q}$ [MEY 86]. Pour étendre ces résultats à $\mathcal{R}^n$, il postula l'existence d'une fonction φ qui complète la fonction ψ au sens de (4). Je déterminai effectivement une telle fonction φ pour la base d'Yves Meyer (1985) et il en existait de même une pour ma base de fonctions splines (1986). C'est ce que j'appelle ici le *miracle des basses fréquences*, puisqu'il n'est pas vrai en général qu'à toute solution ψ de (1) corresponde une solution φ de (4) comme le montrera le contre-exemple.

Pour résoudre (4) on pourrait à nouveau décomposer (4) en deux séries d'équations (orthonormalité, complétude) à transformer ensuite à l'aide de la formule sommatoire de Poisson. La complétude a été reformulée par Yves Meyer de la façon suivante : (4) est équivalent, pour une solution ψ de (1), à :

(17.a) orthonormalité : $\{(\varphi_k)_{k \in Z}, (\psi_{j,k})_{j \in N, k \in Z}\}$ est orthonormée

(17.b) identité sur les projecteurs : $P_{j+1} = P_j + Q_j$

où $P_j f = \sum_{k \in Z} < f \mid \varphi_{j,k} > \varphi_{j,k}$ est le projecteur sur l'espace vectoriel fermé engendré par les $\varphi_{j,k}(x) = 2^{j/2} \varphi(2^j x - k)$ et $Q_j f = \sum_{k \in Z} < f \mid \psi_{j,k} > \psi_{j,k}$ le projecteur sur les $\psi_{j,k}$. La formule sommatoire de Poisson donne alors :

(18.a.1)
$$\sum_{k \in Z} \mid \hat{\varphi}(\xi + 2k\pi) \mid^2 = 1$$

(18.a.2)   Pour $j \geq 0$ $\sum_{k \in Z} \hat{\varphi}(2^j(\xi + 2k\pi))\hat{\psi}^*(\xi + 2k\pi) = 0$

(18.b.1)   Pour k impair $\hat{\psi}(\xi)\hat{\psi}^*(\xi + 2k\pi) = -\hat{\varphi}(\xi)\hat{\varphi}^*(\xi + 2k\pi)$

(18.b.2)   Pour k pair $\hat{\psi}(\xi)\hat{\psi}^*(\xi + 2k\pi) = \hat{\varphi}\left(\dfrac{\xi}{2}\right)\hat{\varphi}^*\left(\dfrac{\xi}{2} + k\pi\right) - \hat{\varphi}^*(\xi + 2k\pi)\hat{\varphi}(\xi).$

En particulier, en faisant $k = 0$ dans (18.b.2), on obtient :

(19)
$$\mid \hat{\varphi}(\xi) \mid^2 = \sum_{j \geq 1} \mid \hat{\psi}(2^j \xi) \mid^2$$

et donc, d'après (11.b.1) :

(20)
$$\mid \hat{\varphi}(0) \mid = 1.$$

[Plus précisément : $\displaystyle\lim_{j \to +\infty} \; | \, \hat{\varphi}\left(\frac{\xi}{2^j}\right) | = 1$ pour tout $\xi \neq 0$].

D'après (19), toutes les solutions de (4), <u>si elles existent</u>, ont le même module ; en fait, d'après (18.b.1), elles ne diffèrent entre elles que par un facteur arbitraire uni-modulaire $2\pi-$périodique. (Nous verrons dans la section suivante pourquoi).

Dans le cas de la base d'Yves Meyer, avec Supp $\hat{\psi} \subset \{\xi / \frac{2\pi}{3} \leq |\, \xi \,| \leq \frac{8\pi}{3}\}$, on obtient Supp $\hat{\varphi} \subset \{\xi / |\, \xi \,| \leq \frac{4\pi}{3}\}$, avec $|\, \hat{\varphi}(\xi) \,|^2 = 1$ si $|\, \xi \,| \leq \frac{2\pi}{3}$ et $|\, \hat{\varphi}(\xi) \,|^2 = 1 - |\, \hat{\psi}(\xi) \,|^2$ si $\frac{2\pi}{3} \leq |\, \xi \,| \leq \frac{4\pi}{3}$. Pour le choix de la phase, on peut choisir Arg $\hat{\varphi} = 0$, ou encore : $\hat{\varphi} = \sqrt{|\, \hat{\varphi} \,|^2}$. Les équations (18) se vérifient alors facilement.

Dans le cas des fonctions splines, on calcule de même $|\, \hat{\varphi} \,|^2$ à l'aide de (19). La fonction φ obtenue est alors un spline à noeuds dans Z.

Considérons maintenant le cas de la fonction ψ suivante :

(21)
$$\hat{\psi} = \chi_{\left[-\frac{8\pi}{7}, -\frac{4\pi}{7}\right]} + \chi_{\left[\frac{4\pi}{7}, \frac{6\pi}{7}\right]} + \chi_{\left[\frac{24\pi}{7}, \frac{32\pi}{7}\right]}$$

$\hat{\psi}$ vérifie les équations (11) et ψ est donc solution de (1). S'il existait φ solution de (4), alors d'après (19) :

$$|\, \hat{\varphi}(\xi) \,|^2 = \chi_{\left[-\frac{4\pi}{7}, \frac{4\pi}{7}\right]} + \chi_{\left[\frac{6\pi}{7}, \frac{8\pi}{7}\right]} + \chi_{\left[\frac{12\pi}{7}, \frac{16\pi}{7}\right]}$$

mais cette fonction ne vérifie pas (18.a.1). La fonction ψ est donc un exemple de solution de (1) pour laquelle il n'y a pas de solution de (4).

4. Analyses multi-échelles

L'hypothèse de l'existence d'une solution φ de (4), quoique non toujours vérifiée, allait grandement simplifier le problème de la construction de ψ.

Remarquons d'abord que (17) se simplifie en :

(22.a) La famille $\{(\varphi(x-k))_{k \in Z}, (\psi(x-k))_{k \in Z}\}$ est orthonormée

(22.b)
$$P_1 = P_0 + Q_0$$

où $P_1 f = 2 \sum_{k \in Z} < f \,|\, \varphi(2x-k) > \varphi(2x-k)$, $P_0 f = \sum < f \,|\, \varphi_k > \varphi_k$, $Q_0 f = \sum_{k \in Z} < f \,|\, \psi_{0,k} > \psi_{0,k}$. Si de plus $P_j f \to 0$ dans L^2 quand $j \to -\infty$, $P_j f \to f$ quand $j \to +\infty$ (où $P_j f = 2^j \sum_{k \in Z} < f \,|\, \varphi(2^j x - k) > \varphi(2^j x - k)$), ce qui est vérifié dès que, par exemple, $\int \varphi \, dx \neq 0$ et $|\, \varphi(x) \,| \leq C(1+ |\, x \,|)^{-1-\epsilon}$, alors (22) entraîne (1) et (4), comme on le voit en écrivant $P_j = P_\ell + \sum_{k=\ell}^{j-1} Q_k$ et en faisant tendre j vers $+\infty$ et ℓ vers $-\infty$ (pour obtenir (1)) ou avec $\ell = 0$ (pour obtenir (4)). Mais il est clair, d'après (22), que $P_1\varphi = P_0\varphi = \varphi$ et donc que φ se décompose sur la famille $\varphi(2x - k)$. Or cette propriété suffit pour construire φ et ψ : plus précisément si $\varphi \in L^2$ vérifie :

(23.a)   la famille $(\varphi(x - k))_{k \in Z}$ est orthonormée

(23.b) $\exists\, (a_k) \in \ell^2(Z)$ $t.\, q.\ \varphi(x) = \sum_{k \in Z} a_k \varphi(2x - k)$

alors il existe $\psi \in L^2$ solution de (23), et donc de (1) et (4). En effet, d'après (23.b), on a $\hat\varphi(\xi) = m_0\left(\frac{\xi}{2}\right)\hat\varphi\left(\frac{\xi}{2}\right)$ où $m_0(\xi) = \frac{1}{2}\sum_{k \in Z} a_k e^{-ik\xi}$ est 2π−périodique. De $\sum |\hat\varphi(\xi + 2k\pi)|^2 = 1$ (équivalent à (23.a)), on tire :

(24.a) $$|\, m_0(\xi)\,|^2 + |\, m_0(\xi + \pi)\,|^2 = 1.$$

Si ψ existe, de $P_1\psi = Q_0\psi = \psi$, on tire $\hat\psi(\xi) = m_1\left(\frac{\xi}{2}\right)\hat\varphi\left(\frac{\xi}{2}\right)$ avec m_1 2π−périodique. Pour que ψ vérifie (23), on trouve que m_1 doit vérifier :

(24.b) $$|\, m_1(\xi)\,|^2 + |\, m_1(\xi + \pi)\,|^2 = 1$$

(24.c) $$m_0(\xi) m_1^*(\xi) + m_0(\xi + \pi) m_1^*(\xi + \pi) = 0$$

d'après (23.a), et d'après (23.b) :

(24.d) $$m_0(\xi) m_0^*(\xi + \pi) = -m_1(\xi) m_1^*(\xi + \pi)$$

(24.e) $$|\, m_0(\xi)\,|^2 + |\, m_1(\xi)\,|^2 = 1.$$

On voit que les solutions de (24) sont de la forme :

(25) $$m_1(\xi) = \theta(\xi) m_0^*(\xi + \pi)$$

où $|\,\theta(\xi)\,| = 1$, $\theta(\xi + \pi) = -\theta(\xi)$; en particulier $\theta(\xi) = e^{i\xi}$ convient.

La perspective est alors complètement changée. On construisait ψ et on tentait de trouver φ ; maintenant on construit φ et ψ tout de suite.

Stéphane Mallat, ayant remarqué la prééminence de la fonction φ, introduit alors le langage de l'analyse multi-échelles [MAL 87]. Une analyse multi-échelles est la donnée d'une famille $(V_j)_{j \in Z}$ de sous-espaces fermés de L^2 vérifiant :

(26.a) $$V_{j+1} \supset V_j$$

(26.b) $$\bigcap_{j \in Z} V_j = \{0\}\ ,\quad \bigcup_{j \in Z} V_j \text{ est dense dans } L^2$$

(26.c) $$f(x) \in V_j \quad ssi \quad f(2x) \in V_{j+1}$$

(26.d) V_0 admet une base orthonormée de la forme $(\varphi(x-k))_{k \in \mathbb{Z}}$.

Il est clair que (26) est équivalent à (23), l'espace V_j étant l'espace engendré par les $\varphi(2^j x - k)$. (26.d) peut être affaibli en :

(26.d') V_0 admet une base de Riesz de la forme $(g(x-k))_{k \in \mathbb{Z}}$

(c'est-à-dire que $(\lambda_k) \to \sum \lambda_k g(x-k)$ est un isomorphisme de ℓ^2 sur V_0).

Les projetés $P_j f$ de $f \in L^2$ sur V_j peuvent être interprêtés comme des approximations successives de f par des fonctions plus simples. Le projeté $Q_j f$ de f sur les $(\psi_{j,k})_{k \in \mathbb{Z}}$ s'interprète alors comme l'information nouvelle apportée lors du passage de V_j à V_{j+1}. Si on écrit $V_{j+1} = V_j \oplus W_j$ (somme orthogonale), on voit que ce qui compte pour obtenir l'analyse multi-échelles (V_j) et la décomposition de L^2 associée $L^2 = \bigoplus_{j \in \mathbb{Z}} W_j$, ce sont les espaces V_0 et W_0. Or une base orthonormée $(\alpha(x-k))_{k \in \mathbb{Z}}$ de V_0 ou de W_0 n'a sa transformée de Fourier caractérisée qu'à un facteur uni-modulaire $2\pi-$périodique près, et c'est ce facteur que nous avons croisé tout le long des calculs précédents.

Le langage de l'analyse multi-échelles s'adapte tout naturellement à la théorie des splines. La construction de Strömberg s'intègre parfaitement à ce cadre, ainsi que les exemples développés ci-avant. Il a permis l'extension aux groupes de Lie stratifiés [LEM] des constructions de bases d'ondelettes. Enfin, et c'est le but principal de Mallat, il prolonge les algorithmes pyramidaux de Burt et Adelson [BUR-ADE 83] en ajoutant à l'analyse (V_j), implicite chez ces auteurs, l'analyse (W_j), optimale pour condenser le complément d'information entre V_j et V_{j+1}.

Mais nous n'avons pas encore fini de réduire les équations nécessaires à la résolution de (4). Revenons encore une fois à (23). Nous avons vu que (23.b) entraînait que $\hat{\varphi}(\xi) = m_0\left(\frac{\xi}{2}\right) \hat{\varphi}\left(\frac{\xi}{2}\right)$ pour une fonction m_0 $2\pi-$périodique. Nous savons que $\mid \hat{\varphi}(0) \mid = 1$, Nous pouvons supposer $\hat{\varphi}(0) = 1$; on obtient alors :

(27) $$\hat{\varphi}(\xi) = \prod_{j=1}^{+\infty} m_0\left(\frac{\xi}{2^j}\right)$$

de sorte que φ est entièrement déterminée par m_0. Les conditions que doit vérifier m_0 sont :

(28.a) m_0 $2\pi-$périodique

(28.b) $$\mid m_0(\xi) \mid^2 + \mid m_0(\xi + \pi) \mid^2 = 1$$

(28.c)
$$m_0(0) = 1.$$

(28.c) est une boutade ; en fait m_0 doit vérifier

(28.c')
$$m_0(\xi) = 1 + O(|\xi|^{\epsilon}) \quad \text{pour un} \quad \epsilon > 0.$$

(28.c') assure la convergence du produit infini (27) et l'appartenance de la fonction $\hat{\varphi}$ ainsi définie à L^2. Si de plus $|m_0(\xi)| \geq \alpha > 0$ sur $\left[-\frac{\pi}{2}, +\frac{\pi}{2}\right]$ alors φ est solution de (23). [En effet on pose $\hat{\eta}_j(\xi) = \chi_{[-2\pi, 2\pi]}\left(\frac{\xi}{2^j}\right) \prod_1^{j+1} m_0\left(\frac{\xi}{2^j}\right)$; on vérifie, par récurrence sur j et grâce à (28.b), que $\sum_{p \in Z} |\hat{\eta}_j(\xi + 2p\pi)|^2 = 1$, et en particulier que $\int |\hat{\eta}_j(\xi)|^2 \, d\xi = 2\pi$; comme sur $\left[-2\pi 2^j, 2\pi 2^j\right]$ $|\hat{\varphi}| \leq C |\hat{\eta}_j|$, on en conclut que $\int_{|\xi| \leq 2\pi 2^j} |\hat{\varphi}|^2 \, d\xi \leq 2\pi C^2$ et donc que $\hat{\varphi} \in L^2$; comme $\hat{\eta}_j \to \hat{\varphi}$ p. p. et que $|\hat{\eta}_j| \leq C |\hat{\varphi}|$ d'après l'hypothèse $\inf\{|m_0(\xi)| \ /\xi \in [-\pi/2, +\pi/2]\} > 0$, on en conclut par convergence dominée que $\hat{\eta}_j \to \hat{\varphi}$ dans L^2 et donc que $\sum |\hat{\varphi}(\xi + 2k\pi)|^2 = 1$, ou encore que φ est solution de (23)].

Une fois ramené à (28), on peut aborder le problème de construire des solutions de (1), (4) à support compact. En effet on vérifie facilement que dans (23) φ est à support compact si et seulement si m_0 est un polynôme trigonométrique : si φ est à support compact alors les $a_k = <\varphi \ | \ \varphi(2x - k)>$ sont nuls en dehors d'un nombre fini d'indices ; inversement si $m_0(\xi) = \sum_{-N}^{+N} a_k e^{ik\xi}$ alors $|m_0(\xi + i\eta)| \leq A e^{N|\eta|}$ et $|\hat{\varphi}(\xi + i\eta)| \leq C(1 + |\xi + i\eta|)^{\frac{Log A}{Log 2}} e^{N|\eta|}$ et d'après le théorème de Paley-Wiener-Schwartz φ est à support compact. De plus, en choisissant $m_1(\xi) = e^{i\xi} m_0^*(\xi + \pi)$, ψ sera alors aussi à support compact.

Il s'agit de construire un polynôme trigonométrique m_0 vérifiant (28). Mais pour cela il suffit de construire $|m_0(\xi)|^2 = P(\xi)$. P doit être un polynôme trigonométrique pair, à coefficients réels et à valeurs positives ou nulles ; si tel est le cas alors P est le module au carré d'un polynôme trigonométrique à coefficients réels d'après le théorème de Riesz.

L'étude de ces polynômes a été menée par I. Daubechies [DAU 88]. Elle étudie en particulier le cas de

(29.a)
$$|m_0(\xi)|^2 = \left(\frac{1 + \cos \xi}{2}\right)^N R_N(\cos \xi)$$

où $R_N(X)$ est le polynôme de degré $\leq N - 1$ solution de

(29.b)
$$\left(\frac{1 + X}{2}\right)^N R_N(X) + \left(\frac{1 - X}{2}\right)^N R_N(-X) = 1$$

ou encore
$$R_N(1 - 2X) = \frac{1}{(1 - X)^N} + O(X^N)$$
$$= \sum_0^{N-1} C_{N+k-1}^k X^k.$$

Elle montre que la fonction φ associée est de classe $C^{\lambda N}$ pour un $\lambda > 0$ et qu'on peut donc trouver des ondelettes à support compact aussi régulières que l'on veut (mais pas C^∞).

5. Décompositions pratiques

Dans la pratique on dispose d'un signal échantillonné $(f(kT))_{k\in Z}$ qu'on veut décomposer sur "N voies" : on veut traiter avec les projetés de f sur V_{j_0}, $V_{j_0+1}, \cdots$ $\cdot V_{j_0+N-1}$. Si $j_1 = j_0 + N - 1$, $P_{j_1} f$ (projeté de f sur V_{j1}) a une résolution de l'ordre de $\frac{1}{2^{j_1}}$. On suppose donc $T = \frac{1}{2^{j_1}}$ et, quitte à changer d'échelle en temps, $j_1 = 0$, T=1. La donnée de $P_0 f$ donne celle de $P_j f$ pour $j < 0$ puisque $V_j \subset V_0$ (et donc $P_j = P_j P_0$).

On suppose donc donnée en fait $P_0 f$, c'est-à-dire les coefficients f_k de $P_0 f$ dans $\varphi(x - k)$:

$$(30) \qquad P_0 f = \sum_{k\in Z} f_k \varphi(x - k).$$

Alors on peut décomposer V_0 en $V_{-j_0} \oplus \overset{-1}{\underset{j = -j_0}{\oplus}} W_j$ par filtrages successifs. Si on a :

$$(31.a) \qquad P_j f = \sum_{k\in Z} f_{k,j} 2^{j/2} \varphi(2^j x - k)$$

$$(31.b) \qquad Q_j f = \sum_{k\in Z} F_{k,j} 2^{j/2} \psi(2^j x - k)$$

alors :

$$(31.c) \qquad f_{k,j-1} = \sum_{\ell\in Z} A_{\ell-2k} f_{\ell,j} \quad avec \quad \varphi(x) = \sum_{p\in Z} A_p \sqrt{2}\varphi(2x - p)$$

$$(31.d) \qquad F_{k,j-1} = \sum_{\ell\in Z} B_{\ell-2k} f_{\ell,j} \quad avec \quad \psi(x) = \sum_{p\in Z} B_p \sqrt{2}\varphi(2x - p).$$

(Le lien entre m_0 et (A_p) est donné par :

$$(32) \qquad m_0(\xi) = \frac{1}{\sqrt{2}} \sum_{p\in Z} A_p e^{-ip\xi}$$

et de même pour m_1 et (B_p)).

Ce ne sont pas exactement des filtrages : on filtre d'abord $f_{k,j}$ en $\tilde{f}_{k,j-1} =$ $\sum A_{\ell-k} f_{\ell,j}$ et on décime $f_{k,j-1} = \tilde{f}_{2k,j-1}$; et de même pour $F_{k,j-1}$. La structure de ces filtres en cascade a été décrite par Mallat [MAL 87].

La description de $P_0 f$ par ses coefficients dans V_{-j_0}, W_j $(-j_0 \leq j \leq -1)$ souffre cependant d'un défaut majeur : elle n'est pas invariante par translation entière, alors que la projection sur V_0 l'est : $P_0\{f(x-1)\} = (P_0 f)(x-1)$. On est alors amené à reconsidérer la décomposition continue : $< f \mid \psi_{a,b} >$ échantillonnée sur les entiers, ou encore à considérer les coefficients :

$$\alpha_{j,k} = < f \mid 2^{j/2} \psi(2^j(x-k)) > \quad k \in Z , \; -j_0 \leq j \leq -1.$$

Or, pour $j < 0$ et $k \in Z$, la fonction $\psi(2^j(x-k))$ est encore dans V_0. Les $\alpha_{j,k}$ ne dépendent donc que de $P_0 f$. Il existe une structure de filtres plus compliquée (avec un schéma en papillon analogue à celui de la F. F. T.) qui permet de calculer rapidement ces $\alpha_{j,k}$: l'algorithme à trous de M. Holschneider ou transformation en ondelettes rapide (F. W. T.) [HOL 88].

[*Remarque* : Les bases de splines décrites par (16) ont été découvertes indépendamment par Guy Battle [BAT 87] par la méthode des blocs de spin en renormalisation.]

Références

[BAT 87] **G. Battle** A block spin construction of ondelettes. Part. I : Lemarié functions. *Comm. Math. Phys. (1987)*.

[BUR-ADE 83] **P. J. Burt** and **E. H. Adelson** The Laplacian pyramid as a compact image code. *IEEE Trans. on Comm. 31 (1983), 532-540.*

[DAU 88] **I. Daubechies** Orthonormal bases of compactly supported wavelets. *Comm. Pure Appl. Math. 46 (1988), 909-996.*

[HOL 88] **M. Holschneider** Thèse. *Centre de Physique Théorique, Marseille-Luminy.*

[LEM 88] **P. G. Lemarié** Ondelettes à localisation exponentielle. *J. Math. Pures Appl. 67 (1987), 227-236.*

[LEM-MEY 86] **P. G. Lemarié** et **Y. Meyer** Ondelettes et bases hilbertiennes. *Rev. Mat. Ibero-americana 2 (1986), 1-18.*

[LEM] **P. G. Lemarié** Bases d'ondelettes sur les groupes de Lie stratifiés. A paraître au *Bull. SMF.*

[MAL 87] **S. Mallat** A theory for multiresolution signal decomposition : the wavelet representation. A paraître aux *IEEE Trans. on Pattern Anal. and Machine Intelligence, Tech. Rep. MS-CIS-87-22, Univ. Penn. 1987.*

[MEY 86] **Y. Meyer** Principe d'incertitude, bases hilbertiennes et algèbres d'opérateurs. *Séminaire Bourbaki, février 1986.*

[STR 81] **J. O. Strömberg** A modified Franklin system and higher-order systems of R^n as unconditional bases for Hardy spaces, in *Conf. on Harmonic Anal. in honor of A. Zygmund, vol. 2, Waldsworth 1983, 475-494.*

Adresse :

Université de Paris-Sud
Mathématiques - Bât. 425
91405 ORSAY CEDEX (France)

Exposé n° 4

UNE NOUVELLE DEMONSTRATION DU THEOREME T(b), D'APRES COIFMAN ET SEMMES

Guy David

Les relations entre la théorie des ondelettes et celle des opérateurs de Calderón-Zygmund ne manquent pas. Par exemple, il a été observé assez tôt que si T est un opérateur d'intégrale singulière tel que $T1 = T^t1 = 0$ (voir les définitions plus bas), la matrice de T dans une base d'ondelettes suffisamment régulière a des termes qui décroissent relativement vite quand on s'éloigne de la diagonale. Ceci est une conséquence assez facile des définitions, et du fait que les ondelettes ont un moment nul. Cette idée est utilisée dans [T], où Tchamitchian donne une première démonstration à base d'ondelettes (d'un cas particulier) du théorème $T(b)$.

Notons au passage que, réciproquement, si on se donne une base d'ondelettes et une matrice M dont les coefficients décroissent suffisamment vite quand on s'éloigne de la diagonale, alors l'opérateur T représenté dans la base d'ondelettes par la matrice M est un opérateur de Calderón-Zygmund (c'est-à-dire un opérateur d'intégrale singulière borné sur L^2). Ceci est utilisé par P. G. Lemarié et Ph. Tchamitchian pour construire certains contre-exemples (en particulier, on en déduit que certaine algèbre d'opérateurs de Calderón-Zygmund est au moins aussi compliquée que celle des matrices infinies dont les coefficients décroissent assez rapidement quand on s'éloigne de la diagonale).

Le but de cet exposé est de décrire une démonstration récente, due à R. Coifman et S. Semmes, du "théorème $T(b)$" ([CJS]). Nous commencerons par exposer un cas particulier (le cas où $T1 = T^t1 = 0$), pour lequel la preuve est particulièrement simple : il s'agit de vérifier que la matrice de T, dans le système de Haar, a une décroissance suffisante quand on s'éloigne de la diagonale. Nous verrons ensuite comment adapter la démonstration dans le cas général. Avant cela, introduisons quelques définitions nécessaires à l'énoncé du "théorème $T(1)$".

1. Définitions

Commençons par rappeler ce que nous conviendrons d'appeler *opérateur d'intégrale singulière* (ou, en bref, SIO). Il s'agit d'un opérateur linéaire (borné), défini sur $\mathcal{D} = C_c^\infty(\mathbb{R}^n)$ et à valeurs dans son dual $\mathcal{D}'$, pour lequel il existe un *noyau standard* (la notion est définie plus bas) tel que

(1) $$< Tf, g >= \int \int K(x,y) f(y) g(x) dy\, dx$$

dès que f et g sont des fonctions-test dont les supports sont disjoints. (On note $< Tf, g >$ l'effet de la distribution Tf sur la fonction g).

Un *noyau standard* sur $\mathbb{R}^n$ est une fonction $K(x, y)$, définie et continue sur $\mathbb{R}^n \times \mathcal{R}^n \backslash \{x = y\}$, telle que

(2) $$| K(x,y) | \leq C \mid x - y \mid^{-n}$$

et

(3) $$| K(x,y) - K(x',y) | + | K(y,x) - K(y,x') | \leq C \mid x - x' \mid^{\delta} \mid x - y \mid^{-n-\delta}$$

pour $x, x', y \in \mathbb{R}^n$ tels que $\mid x' - x \mid < \frac{1}{2} \mid x - y \mid$, et pour une constante $0 < \delta \leq 1$.

Notons que la définition ci-dessus ne nous donne aucune information sur la restriction du noyau-distribution de T à la diagonale $\{x = y\}$. Par exemple, n'importe quel opérateur différentiel est un SIO, avec le noyau $K(x, y) \equiv 0$. La définition suivante est un moyen de compenser cela en introduisant une certaine invariance par translations et dilatations.

Pour chaque $x \in \mathbb{R}^n$ et $t > 0$, notons $\mathcal{A}_{x,t}$ l'opérateur de changement de variable défini par $\mathcal{A}_{t,x} f(u) = t^{-n/2} f \left(\frac{u-x}{t} \right)$. Nous dirons que T est *faiblement borné* si les opérateurs $\mathcal{A}_{t,x} T \mathcal{A}_{t,x}^{-1}$ sont uniformément bornés (quand $x \in \mathbb{R}^n$ et $t > 0$) de $\mathcal{D}$ dans $\mathcal{D}'$.

Vérifier que T est faiblement borné ne devrait pas, en principe, être plus difficile à faire que de prouver que T est bien défini. Notons que si T admet une extension continue sur $L^2(\mathbb{R}^n)$, alors T est (trivialement) faiblement borné ; la réciproque est loin d'être vraie.

Terminons par la définition de $T1$. Le problème est que 1 n'est pas à support compact, et que $\int K(x,y) dy$ ne converge pas nécessairement. On s'en tire par la construction suivante. Pour chaque $g \in \mathcal{D}$ telle que $\int g = 0$, on choisit un point $y_0 \in supp\, g$ et une fonction $\mathcal{X} \in \mathcal{D}$ telle que $\mathcal{X} \equiv 1$ dans un voisinage de $supp\, g$, et on écrit

(4) $$< T1, g >=< T\mathcal{X}, g > + \int \left[\int [K(x,y) - K(x, y_0)] g(y) dy \right] (1 - \mathcal{X}(x)) dx.$$

L'intégrale en x se converge à cause de (3), et le résultat ne dépend pas de y_0 (parce que $\int g = 0$) ni de $\mathcal{X}$ (à cause de (1)). Cela permet de définir $T1$, comme une forme linéaire continue sur $\{g \in \mathcal{D} : \int g = 0\}$, c'est-à-dire comme une distribution connue à une constante additive près.

THEOREME $T(1)$ [DJ]. Soit T un SIO sur $\mathbb{R}^n$; T admet une extension bornée sur $L^2(\mathbb{R}^n)$ si et seulement si $T1 \in BMO$, $T^t1 \in BMO$, et T est faiblement borné.

Rappelons que BMO est l'espace de John et Nirenberg des fonctions β (connues à une constante additive près) telles que

$$(5) \qquad \| \beta \|_{BMO} = \sup_{Q, \text{cube}} \frac{1}{|Q|} \int_Q \left| \beta(x) - \frac{1}{|Q|} \int_Q \beta \right| dx < +\infty.$$

L'adjoint T^t est défini par $< T^t f, g > = < Tg, f >$; c'est aussi un SIO, dont le noyau est $K(y, x)$.

Les conditions du théorème sont nécessaires : un théorème classique de Peetre, Spanne et Stein dit que si le SIO T est borné sur L^2, alors il admet aussi une extension continue de L^∞ dans BMO.

Nous n'insisterons pas dans cet exposé sur les applications du théorème $T(1)$, ou du théorème $T(b)$ cité plus bas. Nous renvoyons pour cela à [CM], [D], [DJ], [DJS], [S].

2. Démonstration du théorème $\mathbf{T(1)}$ lorsque $\mathbf{T1 = T^t1 = 0}$.

La démonstration de Coifman et Semmes n'est pas la première qui utilise l'idée d'ondelettes. Peu après la construction de la base orthonormée d'ondelettes de Lemarié-Meyer, on s'est rendu compte que si T est un SIO tel que $T1 = T^t1 = 0$, alors les coefficients de la matrice de T dans cette base décroissent relativement vite quand on s'éloigne de la diagonale. Tchamitchian a donné une démonstration du théorème $T(b)$, dans un cas particulier, en utilisant cette idée [T].

La démarche de Coifman-Semmes est basée sur une (légère) hérésie : on décide d'abandonner les douces ondelettes, et de revenir au système de Haar ! On y perd pas mal de décroissance (mais il en reste encore un peu) mais par contre, les calculs sont grandement simplifiés.

La démonstration de la continuité de T lorsque T est un SIO satisfaisant $T1 = T^t1 = 0$ sera donc effectuée de la manière suivante : on estimera la matrice de T dans le système de Haar, et on montrera que les coefficients de cette matrice décroissent assez vite, quand on s'éloigne de la diagonale, pour permettre l'application du lemme de Schur !

Donnons-nous donc T, et notons $\left(h_Q^\epsilon \right)_{(Q,\epsilon) \in I}$ le système de Haar, avec la convention que Q parcourt l'ensemble $\mathcal{R}$ des cubes dyadique, et $\epsilon \in E = \{0, 1\}^n - \{(0, ...0)\}$. Nous voulons estimer $C_{Q,R}^{\epsilon,\epsilon'} = < Th_Q^\epsilon, h_R^{\epsilon'} >$; comme l'estimation ne dépend pas de ϵ et ϵ', on oubliera systématiquement d'écrire les indices ϵ et ϵ'.

LEMME 1. $| Th_Q(x) | \leq C \mid Q \mid^{\frac{1}{2}+\frac{\delta}{n}} dist(x,Q)^{-n-\delta}$ pour $x \notin 2Q$.

Pour cela, on utilise seulement le fait que $\int h_Q = 0$, que h_Q est à support dans Q, et $\| h_Q \|_\infty = | Q |^{-1/2}$:

$$| Th_Q(x) | = \left| \int K(x,y) h_Q(y) dy \right| = \left| \int_Q [K(x,y) - K(x,x_Q)] h_Q(y) dy \right|$$

(où x_Q est le centre de Q) $\leq C \mid Q \mid^{\delta/n} \mid x - x_Q \mid^{-n-\delta} \mid Q \mid^{-1/2}$.

LEMME 2. *Soient Q et R deux cubes dyadiques ; supposons que $\mid Q \mid \leq \mid R \mid$. Alors (en notant $C_{Q,R} = < Th_Q, h_R >$)*

$$(6) \qquad \mid C_{Q,R} \mid + \mid C_{R,Q} \mid \leq C \mid Q \mid^{1/2} \mid R \mid^{-1/2} \left\{ 1 + \frac{dist(Q, Squ(R))}{\mid Q \mid^{1/N}} \right\}^{-\delta},$$

où $Squ(R)$ désigne l'union des frontières des cubes dyadiques de taille $2^{-n} \mid R \mid$ contenus dans R ;

$$\text{si de plus } dist(Q,R) \geq \mid R \mid^{1/n}, \text{ alors}$$

$$(7)$$

$$\mid C_{Q,R} \mid + \mid C_{R,Q} \mid \leq C \mid Q \mid^{1/2} \mid R \mid^{1/2} \mid Q \mid^{\delta/n} dist(Q,R)^{-n-\delta}.$$

Le lemme 2 contient assez d'information pour conclure en utilisant le lemme de Schur (nous y reviendrons bientôt). Des estimations brutales (n'utilisant que la taille des h_Q et du noyau) donneraient (6) et (7) avec $\delta = 0$, mais bien sûr ne seraient pas suffisantes !

Essayons d'expliquer rapidement comment on gagne la décroissance supplémentaire. Par symétrie, on se rend aisément compte qu'il suffit d'étudier $C_{Q,R}$.

- Si $dist(Q,R) \geq \mid R \mid^{1/n}$, on obtient (7) en sommant sur le cube R l'estimation du lemme 1.

- Si $dist(Q,R) \geq \mid Q \mid^{1/n}$, on obtient (6) en sommant l'estimation du lemme 1 hors d'une boule de rayon $\simeq dist(Q,R)$.

- Si Q est hors de R, mais $dist(Q,R) \geq \mid Q \mid^{1/n}$, on complète l'estimation précédente par le fait que $\int_Q \int_{2Q \setminus Q} \mid K(x,y) \mid dx \, dy \leq C \mid Q \mid$.

- Si $Q = R$, on utilise le fait que T est faiblement borné. A ce stade, on doit faire un petit calcul parce que les fonctions h_Q ne sont pas dans $\mathcal{D}$; on décompose donc h_Q en une série de fonctions de $\mathcal{D}$, avant d'appliquer le fait que T est faiblement borné. Le calcul marche parce que h_Q est bornée, et ses singularités sont portées par un petit ensemble $(Squ(Q))$.

- Il ne reste plus que le cas où Q est strictement contenu dans R. Soit R_0 le *fils* de R qui contient Q, et λ la valeur de h_R sur R_0 [on utilise le fait que h_R est constante sur chaque fils de R]. On écrit maintenant

$$C_{Q,R} = < Th_Q, h_R > = < Th_Q, h_R - \lambda >,$$

en utilisant l'hypothèse $T^t 1 = 0$.

Il reste $C_{Q,R} = \int \int K(x,y) h_Q(x)(h_R(y) - \lambda) dx\, dy$, où la somme en y porte sur le complémentaire de R_0 ! La même estimation que plus haut donne

$$\mid C_{Q,R} \mid \le C \mid Q \mid^{1/2} \mid R \mid^{-1/2} \left\{ 1 + \frac{dist(Q, R_0^c)}{\mid Q \mid^{1/n}} \right\}^{-\delta},$$

qui donne (6).

Voyons maintenant, en quelques mots, comment on déduit la continuité de T du lemme 2. Comme annoncé plus haut, on va se contenter d'appliquer le lemme de Schur. On ne peut tout de même pas sommer directement sur les lignes et les colonnes, parce que l'on préviligierait trop les petits cubes qui sont plus nombreux. On introduit donc le poids $\omega(Q) = \mid Q \mid^{\frac{1}{2} - \frac{\delta}{2n}}$.

LEMME 3. *Pour tout* $(Q, \epsilon) \in I$,

$$\sum_{(R, \epsilon') \in I} \left\{ \mid C_{Q,R}^{\epsilon, \epsilon'} \mid + \mid C_{R,Q}^{\epsilon', \epsilon} \mid \right\} \omega(R) \le C\omega(Q).$$

Déduire le lemme 3 du lemme 2 est un exercice un peu bête qui consiste à compter le nombre de cubes R de taille donnée qui sont à une certaine distance de Q, et à sommer ensuite. Nous épargnerons les calculs au lecteur.

Le lemme 3 est exactement l'hypothèse du lemme de Schur, de sorte que les $C_{Q,R}^{\epsilon, \epsilon'}$ sont les coefficients d'une matrice d'opérateur borné sur $\ell^2(I)$. On en déduit la continuité de T. Pour plus de renseignements sur le lemme de Schur, on pourra par exemple consulter [CM], ou prouver le résultat directement [*indication* : la preuve se fait en moins de cinq lignes, et utilise l'inégalité de Schwarz].

3. Construction d'un paraproduit

Pour finir de prouver le théorème $T(1)$, il suffit de construire, pour chaque $\beta \in BMO$, un SIO borné sur L^2, T_β, tel que $T_\beta 1 = \beta$ et $T_\beta^t 1 = 0$. Si T satisfait aux hypothèses du théorème, il ne nous restera plus qu'à appliquer le paragraphe 2 à l'opérateur $\tilde{T} = T - T_\beta - T_{\beta'}^t$, où $\beta = T1$ et $\beta' = T^t 1$.

La façon de définir le *paraproduit* T_β qui semble se généraliser le plus facilement est une modification de la construction de [LM]. Pour chaque cube dyadique Q, on note $\theta_Q = | Q |^{-1} 1_Q$. On note aussi (C_Q^ϵ) les coefficients de β dans la base (h_Q^ϵ). Alors, l'opérateur T_β est défini par son noyau

$$(8) \qquad K_\beta(x,y) = \sum_{Q,\epsilon} \sum C_Q^\epsilon h_Q^\epsilon(x) \theta_Q(y).$$

On vérifie aisément que T_β est borné, que $T_\beta 1 = \beta$ et $T_\beta^t 1 = 0$ et, bien que K_β ne vérifie pas tout à fait (3), on peut quand même prouver le lemme 1 pour T_β. Nous n'insisterons pas davantage sur cette partie de la démonstration, car elle est très semblable aux démonstrations standards.

4. Enoncé du théorème T(b)

On se donne deux fonctions b_1 et $b_2 \in L_C^\infty(\mathbb{R}^n)$, et un opérateur T défini sur $b_1 \mathcal{D}$ et à valeur dans $(b_2 \mathcal{D})'$, tel que l'on puisse trouver un noyau standard K pour lequel (1) soit vrai quand $f \in b_1 \mathcal{D}$ et $g \in b_2 \mathcal{D}$ ont des supports disjoints.

Notons M_{b_i} l'opérateur de multiplication ponctuelle par b_i. Une autre manière de présenter T est de dire que $M_{b_1} T M_{b_2}$ est défini de $\mathcal{D}$ dans $\mathcal{D}'$, et est associé au noyau $K(x,y) b_1(x) b_2(y)$.

Pour un tel opérateur, on définit $T b_1$ et $T^t b_2$ comme on a défini $T1$ plus haut : ce sont des formes linéaires sur $(b_2 \mathcal{D})$ et $(b_1 \mathcal{D})$ respectivement, connues modulo une constante additive.

THEOREME T(b) [DJS]. *Soient b_1 et b_2 deux fonctions "para-accrétives" (voir la définition ci-dessous), et $T : (b_1 \mathcal{D}) \to (b_2 \mathcal{D})'$ comme ci-dessus. L'opérateur T admet une extension continue sur $L^2(\mathbb{R}^n)$ si et seulement si $T b_1 \in BMO$, $T^t b_2 \in BMO$, et $M_{b_1} T M_{b_2}$ est faiblement borné.*

Remarques.
Les définitions peuvent paraître manquer de naturel. En fait, une définition de T plus simple (où : $\mathcal{D} \to \mathcal{D}'$) aurait moins de sens. Pour s'en convaincre, on peut regarder

l'exemple où T est défini à partir du noyau $K(x, y) = [x+iA(x)-y-iA(y)]$, où $A : \mathbb{R} \to \mathbb{R}$ est lipschitzienne : il est plus simple de définir Tf lorsque $f \in (1 + iA')\mathcal{D}$.

Les conditions du théorème sont nécessaires, encore à cause du théorème de Peetre, Spanne et Stein cité plus haut.

DEFINITION. *La fonction $b \in L_{\mathbb{C}}^{\infty}(\mathbb{R}^n)$ est para-accrétive s'il existe $\gamma > 0$ et $C \geq 0$ tels que, pour tout $x \in \mathbb{R}^n$ et tout $r > 0$, il existe un cube $Q \subset B(x,r)$, de côté $\geq \frac{r}{c}$, et tel que*

(9)
$$\left| \frac{1}{|Q|} \int_Q b(y)\,dy \right| \geq \gamma.$$

L'idée de (9) est que, quand on écrit $Tb = 0$, par exemple, cela ne puisse pas provenir du fait que b oscille beaucoup, mais seulement d'une cancellation due à T. On peut montrer que, pour que le théorème $T(b)$ soit vrai avec $b_1 = b_2 = b$, il faut que b soit para-accrétive.

Un cas particulier est celui de fonctions "accrétives", c'est-à-dire telles que $\operatorname{Im} b(x) \geq \gamma > 0$ presque partout. Ce cas est suffisant pour traiter l'intégrale de Cauchy sur un graphe lipschitzien, par exemple. Un cas particulier un peu plus général est celui où (9) est vrai pour tout cube dyadique (nous dirons alors que b est "presque accrétive").

5. Le cas où $\mathbf{Tb_1} = \mathbf{T^t b_2} = 0$: idée de la démonstration.

Soient b_1, b_2 et T comme dans le théorème, et supposons de plus que $Tb_1 = T^t b_2 = 0$. Nous voulons montrer que T est borné sur $L^2(\mathbb{R}^n)$ de la même manière qu'au paragraphe 2, et, pour cela, nous voulons construire deux bases de Riesz $h_Q^{\epsilon,1}$ et $h_Q^{\epsilon,2}$, ayant des propriétés semblables au système de Haar, mais adaptées aux fonctions b_i.

PROPOSITION. *Soit b une fonction presque accrétive ; alors il existe une base de Riesz $(h_Q^{\epsilon})_{(Q,\epsilon)\in I}$ de $L^2(\mathbb{R}^n)$, indexée par l'ensemble des couples (Q, ϵ), où Q est un cube dyadique et $\epsilon \in E = \{0,1\}^n \backslash \{(0,...0)\}$, et avec les propriétés suivantes :*

(10)
$$\begin{cases} h_Q^{\epsilon} \text{ est supportée sur } Q, \text{ et est constante sur chaque cube} \\ \text{dyadique de volume } 2^{-n}\,|Q| \, ; \end{cases}$$

(11)
$$\int_Q h_Q^\epsilon(x) b(x) dx = 0 \; ;$$

(12)
$$\| h_Q^\epsilon \|_\infty \leq C \mid Q \mid^{-1/2} \; ;$$

(13)
$$\begin{cases} \text{toute fonction } f \in L^2(\mathbb{R}^n) \text{ s'écrit } f = \sum_{(Q,\epsilon) \in I} \alpha_Q^\epsilon h_Q^\epsilon, \\ \text{avec } \alpha_Q^\epsilon = \int_Q f(x) h_Q^\epsilon(x) b(x) dx, \text{ et de plus } \frac{1}{C} \| f \|_2^2 \leq \sum_{(Q,\epsilon) \in I} \mid \alpha_Q^\epsilon \mid^2 \leq C \| f \|_2^2 \,. \end{cases}$$

Nous verrons plus tard comment on prouve la proposition. Disons d'abord comment on s'en sert pour conclure dans le cas où $Tb_1 = T^t b_2 = 0$ pour des fonctions b_1 et b_2 presque accrétives. On estime $< M_{b_2} T M_{b_1} f, g >$ en écrivant $f = \sum_{Q,\epsilon} \alpha_Q^\epsilon h_Q^{\epsilon,1}$ et $g = \sum_{R,\eta} \alpha_R^\eta h_R^{\eta,2}$, de sorte que

$$< M_{b_2} T M_{b_1} f, g >= \sum \sum \alpha_Q^\epsilon \alpha_R^\eta C_{Q,R}^{\epsilon,\eta},$$

où

$$C_{Q,R}^{\epsilon,\eta} =< T(b_1 h_Q^{\epsilon,1}), b_2 h_R^{\eta,2} > \,.$$

Les $\mid C_{Q,R}^{\epsilon,\eta} \mid$ sont majorés exactement comme dans le paragraphe 2, en utilisant les propriétés (10), (11) et (12) des $(h_Q^{\epsilon,i})$. Ils définissent donc une matrice bornée sur ℓ^2 ; on en déduit la continuité de T.

Le cas général des fonctions para-accrétives qui ne sont pas presque accrétives est considéré au paragraphe 7.

6. Construction d'une base de Riesz

Voyons maintenant comment on démontre la proposition. Pour simplifier un peu, on supposera que la dimension est $n = 1$. On souhaite modifier un peu le système de Haar, mais en gardant des projection qui se comportent comme des opérateurs de martingale.

Commençons par définir l'équivalent d'une *analyse multiéchelle*. Les opérateurs de projections associés au système de Haar sont définis par $E_k f(x) = m_I f \left(=: \frac{1}{|I|} \int_I f \right)$, où I est l'intervalle dyadique de longueur 2^{-k} qui contient x, et $D_k = E_{k+1} - E_k$.

On définit aussi des variantes de ces projections : $F_k f(x) = [E_k b(x)]^{-1} E_k(bf)(x) = (m_I b)^{-1} m_I(bf)$, où I est comme plus haut, et $\Delta_k = F_{k+1} - F_k$ (grâce à (9), les dénominateurs ne sont pas nuls). Notons encore V_k l'espace des fonctions de L^2, qui sont constantes sur chaque intervalle dyadique de longueur 2^{-k}, et W_k le sous-espace de V_{k+1} composé des fonctions $f \in V_{k+1}$ telles que $\int_I f(x) b(x) dx = 0$ pour chaque intervalle dyadique I de longueur 2^{-k}. F_k est une projection (pas nécessairement orthogonale) sur V_k, et Δ_k est une projection sur W_k. Comme pour les ondelettes, nous allons prouver que les W_k sont en position de somme directe, et construire une base de chaque W_k.

LEMME 4. *Il existe une constante $C \geq 0$ telle que*

$$C^{-1} \parallel f \parallel_2^2 \leq \sum_{k \in \mathbb{Z}} \parallel \Delta_k f \parallel_2^2 \leq C \parallel f \parallel_2^2$$

pour $f \in L^2$.

Prouvons la seconde inégalité ; la première suivra par dualité. Ecrivons

$$\Delta_k f = (E_{k+1}b)^{-1} E_{k+1}(bf) - (E_k b)^{-1} E_k(bf)$$
$$= \left[(E_{k+1}b)^{-1} - (E_k b)^{-1} \right] E_{k+1}(bf) + (E_k b)^{-1} \left[E_{k+1}(bf) - E_k(bf) \right].$$

Grâce à (9), $[(E_k b)(E_{k+1}b)]^{-1} \leq C$, de sorte que

$$\mid \Delta_k f \mid^2 \leq C \mid D_k b \mid^2 \mid E_{k+1}(bf) \mid^2 + C \mid D_k(bf) \mid^2,$$

et

$$\sum_k \parallel \Delta_k f \parallel_2^2 \leq C \sum_k \parallel (D_k b) E_{k+1}(bf) \parallel_2^2 + C \sum_k \parallel D_k(bf) \parallel_2^2 .$$

Le second terme est inférieur à $C \parallel f \parallel^2$, simplement parce que bf est la somme orthogonale des $D_k(bf)$.

Pour le premier terme, on utilise l'argument habituel de mesures de Carleson : comme b est bornée, $\sum_k \mid D_k b(x) \mid^2 dx \, d\delta_{2^{-k}}(t)$ est une mesure de Carleson sur $\mathbb{R}_+^2$, de sorte que le théorème de Carleson dit que $\int \sum_k \mid D_k b(x) \mid^2 \mid E_{k+1}(bf) \mid^2 dx \leq C \parallel f \parallel_2^2$.

La première inégalité du lemme 4 est une conséquence de la seconde. Rappelons rapidement comment on le montre par un argument de dualité :

$$\parallel f \parallel^2 = \int (b^{-1}f) fb = \int \left[\sum_k \Delta_k (b^{-1}f) \right] \left[\sum_\ell \Delta_\ell f \right] b \, dx$$
$$= \sum_k \int \Delta_k (b^{-1}f) \Delta_k f \, b \, dx$$

(les termes où $k \neq \ell$ disparaissent grâce à la manière dont on a défini les Δ_k)

$$= C \left\{ \int \sum_k \mid \Delta_k (b^{-1}f) \mid^2 \right\}^{1/2} \left\{ \int \sum_k \mid \Delta_k f \mid^2 \right\}^{1/2}$$
$$\leq C \parallel f \parallel_2 \left\{ \int \sum_k \mid \Delta_k f \mid^2 \right\}^{1/2} .$$

Compte-tenu du lemme 4, nous allons pouvoir construire notre base de Riesz de $L^2(\mathbb{R})$ en prenant la réunion de bases des W_k.

Pour chaque intervalle dyadique I de longueur 2^{-k}, notons $W_k(I)$ le sous-espace de W_k composé des fonctions de W_k à support dans I. $W_k(I)$ est de dimension 1 ; on choisit $h_I \in W_k(I)$, telle que $\int_I h_I^2 b = 1$. Il est clair que h_I vérifie (10), (11), (12).

Comme W_k est la somme directe orthogonale des $W_k(I)$, toute fonction $f \in L^2(\mathbb{R}^n)$ admet une décomposition de la forme $f = \sum_I \alpha_I h_I$, avec $\| f \|^2 \sim \sum_I | \alpha_I |^2$. Finalement, le fait que

$$\alpha_I = \int_Q f(x) h_I(x) b(x) dx$$

est simplement dû à ce que

$$\int_Q h_J(x) h_I(x) b(x) dx = \delta_{I,J}.$$

Ceci termine la démonstration de la proposition en dimension 1. En dimension supérieure, on doit ajouter un petit calcul car $W_k(I)$ est de dimension $2^n - 1$. On choisit une base de $W_k(I)$ composée de fonctions h_I^ϵ telles que $\int_I h_I^\epsilon(x) h_I^{\epsilon'}(x) b(x) dx = \delta_{\epsilon,\epsilon'}$, et on termine la démonstration comme en dimension 1.

7. Conclusion

La démonstration que nous venons de voir peut encore être modifiée un peu. Au lieu de travailler avec les cubes dyadiques, nous aurions pu utiliser des partitions successives de $\mathbb{R}^n$ en *pseudocubes*, de la forme $\mathbb{R}^n = \bigcup_{Q \in \mathcal{R}_k} Q$, avec les propriétés suivantes.

D'abord, si $k \le k'$ et si $Q' \in \mathcal{R}_{k'}$ rencontre $Q \in \mathcal{R}_k$, alors $Q' \subset Q$. de plus, il existe $C > 0$ telle que $C^{-1} 2^k \le | Q | \le C 2^k$ pour tout $Q \in \mathcal{R}_k$. Notons que ceci entraîne que chaque $Q \in \mathcal{R}_k$ a un nombre de fils (i.e. de $Q' \in \mathcal{R}_{k+1}$ tels que $Q' \subset Q$) compris entre 1 et C'.

On demande aussi que ∂Q, et $diam\, Q$, soient assez petits (en fonction du volume de Q) pour que l'on puisse déduire le lemme 3 du lemme 2. Dans le cas euclidien dont nous parlons, la condition est pratiquement insignifiante (et nous n'en dirons donc pas plus).

Enfin, on veut que l'inégalité (9) soit satisfaite (peut-être avec une constante γ' différente) pour tout pseudo-cube Q.

La construction de réseaux de pseudo-cubes adaptés à une fonction para-accrétive donnée b est facile. L'idée est que si le cube dyadique Q est tel que $| m_Q b | < \delta' << \delta$, on

49

peut remplacer Q par deux pseudo-cubes $\tilde{Q}$ et $Q\backslash\tilde{Q}$, où $\tilde{Q}$ est un cube dyadique contenu dans Q et tel que $\mid m_{\tilde{Q}}b\mid\geq\delta/C$. L'existence de $\tilde{Q}$ est due à la para-accrétivité de b, et le fait que $\mid m_{Q\backslash\tilde{Q}}b\mid>\delta'$ est obtenu par différence. Le lecteur n'aura aucun mal à compléter les détails.

Signalons encore que la même démonstration convient encore sur les espaces de type homogène, dans la mesure où l'on peut construire sur ces espaces des variantes appropriées de l'ensemble des arbres dyadiques. C'est le cas, par exemple, pour un ensemble $S\subset\mathbb{R}^N$, muni d'une mesure μ telle que $C^{-1}r^n\leq\mu(B(x,r)\cap S)\leq Cr^n$ pour tout $x\in S$ et tout $r>0$ [cette remarque permet de simplifier considérablement la démonstration d'un théorème de Semmes [S], qui autrement utiliserait la démonstration originale de [DJS]].

Terminons par un commentaire : la démonstration de Coifman et Semmes dont nous venons de parler a les avantages suivants :

- simplicité conceptuelle (on calcule la matrice de T dans une base appropriée) ;

- les manipulations algébriques sont grandement simplifiées par le fait que les approximations de l'identité que l'on utilise viennent de projection (cela permet d'éviter pas mal des problèmes qui empoisonnaient les calculs dans [DJS]). Le lecteur qui ne serait pas convaincu de l'étendue des simplifications est invité à consulter [DJS].

- on obtient malgré tout le théorème $T(b)$ dans toute sa généralité.

Bibliographie

[CJS] **R. Coifman, P. Jones & S. Semmes** Two elementary proofs of the L^2-boundedness of Cauchy integrals on Lipschitz curves. *J. Amer. Math. Soc. 2 (1989), 553-564.*

[D] **G. David** Noyau de Cauchy et opérateurs de Calderón-Zygmund. *Thèse d'Etat, Paris XI, Centre Scientifique d'Orsay, n° 3193 (1986).*

[DJ] **G. David & J.-L. Journé** A boundedness criterion for generalized Calderón-Zygmund operators. *Ann. Math. 120 (1984), 371-397.*

[DJS] **G. David, J.-L. Journé & S. Semmes** Opérateurs de Calderón-Zygmund, fonctions para-accrétives et interpolation. *Revista Matematica Iberoamericana 1 (1985), 1-56.*

[LM] **P. G. Lemarié & Y. Meyer** Ondelettes et bases hilbertiennes. *Revista Matematica Iberoamericana 2 (1986), 1-18.*

[M] **Y. Meyer** Ondelettes et opérateurs. *Paris, Hermann, 1990.*

[S] **S. Semmes** A criterion for the boundedness of singular integrals on hypersurfaces. *Trans. Amer. Math. Soc.* 311 (1989), 501-513.

[T] **P. Tchamitchian** Ondelettes et intégrale de Cauchy sur les courbes lipschitziennes. *Ann. Math.* 129 (1989), 641-649.

Adresse :

Guy David
Ecole Polytechnique
Centre de Mathématiques
Route de Saclay
91128 PALAISEAU CEDEX (France)

Exposé n° 5

ANALYSE MULTIECHELLE, VISION STEREO ET ONDELETTES

Jacques Froment & Jean-Michel Morel

Résumé. Dans cette conférence nous commençons par décrire le programme de recherches de David Marr, basé sur l'hypothèse de l'existence d'une "vision bas niveau" accessible à la formalisation mathématique. Ensuite nous examinons les développements qui ont conduit à la notion d'analyse multiéchelle, et nous discutons les rapports qu'entretient avec celle-ci la théorie des ondelettes. Nous continuons en décrivant les premiers résultats obtenus sur un aspect applicatif particulièrement prometteur des ondelettes en traitement d'images : la compression. Nous concluons cet exposé, étayé d'images expérimentales, par quelques commentaires sur l'apport de la théorie des ondelettes aux problèmes de vision.

1. Vision bas niveau et programme de Marr

A en croire David Marr [27], la "vision par ordinateur" (Computer Vision) serait née dans les années 1970 de la rencontre d'idées issues de l'intelligence artificielle et de l'effervescence provoquée par plusieurs expériences de psychophysique et de physiologie.

L'intelligence artificielle d'abord : selon cette doctrine, d'inspiration logico-positiviste, la pensée humaine se réduirait à un "calcul" et pourrait être simulée, voire littéralement répliquée sur un programme d'ordinateur. Il suffirait donc de doter un ordinateur d'instruments de perception adéquats pour le faire "voir". Encore faut-il pouvoir définir le domaine propre de la vision et le circonscrire de manière à éviter les apories sur lesquelles butent les programmes d'intelligence artificielle trop généraux [1].

L'hypothèse de Marr est que l'information lumineuse émise par les surfaces des objets et captée par des récepteurs locaux (cellules rétiniennes, capteurs électroniques) permet de reconstruire les surfaces des objets.

La "vision stéréoscopique bas niveau" ainsi définie serait un module essentiel de l'organisation perceptive des êtres vivants, et justifierait donc les recherches en robotique. Cette position de Marr s'appuie sur un certain nombre d'expériences de psychophysique et de neurologie (on en verra plus loin des exemples) qui tendent à justifier l'existence chez les êtres vivants de modules perceptifs indépendants de toute connaissance du monde (Cf. [9] pour un exposé systématique de cette hypothèse). Ces "modules" sont pratiquement assimilables à des activités réflexes, et on peut les décrire comme des machines de reconstruction géométrique.

Le travail de Marr et de ses épigones s'oriente alors vers la définition des problèmes mathématiques que résoudrait la vision des vertébrés.

Comme Chomsky, Marr distingue la "compétence" des êtres vivants en matière de perception, cette compétence pouvant être décrite en termes mathématiques, et leur performance, à savoir le mode selon lequel ces problèmes mathématiques sont effectivement implémentés. Les informations dont on dispose sur ce dernier sujet sont généralement succintes. Aussi cherchera-t-on à programmer directement des algorithmes aux performances comparables. Examinons maintenant les différents "modules" visuels étudiés en Computer Vision et leurs relations avec le concept d'analyse multiéchelle.

Il y a d'abord le problème de la représentation des données perceptives. Ce problème fondamental va être discuté en détail au paragraphe 3 et nous le laissons de côté pour l'instant. Pour saisir les enjeux du problème de la représentation, il nous faut examiner d'abord les aspects proprement géométriques du programme de Marr. Dans la suite, on va supposer que les données perceptives primaires, avant toute représentation, sont identifiables en vision binoculaire à deux "images", deux photogrammes reflétant les émissions de lumière de l'environnement.

VISION STEREO : RECONSTITUTION DE LA PROFONDEUR, MISE EN CORRE-SPONDANCE ET ANALYSE MULTIECHELLE.

Un des premiers arguments en faveur de l'hypothèse de Marr se trouve dans les expériences de Bela Julesz sur la vision stéréo [27] : Julesz eut l'idée de synthétiser des "paires stéréo" d'images et de les présenter à des sujets. Dans l'expérience la plus classique référée par Marr, une des images est composée d'une distribution aléatoire uniforme de points noirs.

Pour obtenir l'autre image, on délimite un carré plus petit dans la première image et on déplace légèrement vers la droite les points qu'il contient. Si on comble le blanc apparu à la gauche du carré par des points distribués suivant la même loi et qu'on efface les points à droite du carré qui sont cachés par le déplacement de celui-ci, on obtient une image très semblable à la précédente. Que voient les sujets invités à superposer ces deux images en vision binoculaire ? Une image tridimensionnelle où le carré semble flotter dans l'espace, au dessus du cadre formé par la superposition des deux images [figures 1 et 2].

Cette expérience met un point final à un vieux débat en montrant que la perception du relief à partir des disparités des deux "images" rétiniennes ne dépend d'aucune connaissance a priori des objets considérés : c'est un pur réflexe, et qui plus est d'une précision stupéfiante dans la mise en correspondance de détails infimes et sans aucune signification pour le sujet.

Voilà pour la compétence. Qu'en est-il des algorithmes qui l'émuleraient en vision par ordinateur ? Ceux-ci doivent mettre en correspondance des détails semblables dans les deux images. Cela relève d'une gageure dès que des motifs identiques apparaissent en plusieurs exemplaires dans l'une et l'autre image : si c'est un échiquier vu de face par exemple. Les possibilités de mise en correspondance locale entre ces détails dans l'une et l'autre image se multiplient alors. Dans le cas de l'échiquier, la "décision" de mise en correspondance de chaque case de l'échiquier dans l'une et l'autre image dépendra soit de détails macroscopiques tels que les bords de l'échiquier, soit de détails microscopiques tels que les défauts du bois de la marquèterie, sa "texture". De même, si les deux images comportent des zones homogènes importantes, la mise en correspondance ponctuelle est impossible à moins là encore de "défauts" des surfaces permettant quelques mises en correspondance locales, *qu'il faut alors compléter par interpolation* [20].

Vingt ans après les expériences de Julesz, on en arrive à la notion que les stéréogrammes de points aléatoires décrits précédemment sont à la fois les plus faciles à traiter algorithmiquement et ceux où la perception se trompe le moins. Cela est dû à la richesse en détails tous différents que produit la distribution aléatoire des points. Des mises en correspondances très précises sont alors possibles. On peut en fait monter à domicile [26] des expériences fort simples (il suffit d'un collier de perles assez long !) qui prouvent que la perception humaine est sujette à de fausses mises en correspondance dès que l'objet considéré présente une périodicité, et dans un tel cadre, le problème de la mise en correspondance devient indécidable. Comment fonctionne un algorithme de stéréovision binoculaire? Somme toute assez mal si on pense aux ambiguïtés que nous venons dé décrire, et à l'interaction entre des mises en correspondance à toutes échelles qu'il implique (certains chercheurs s'orientent pour cette raison vers la vision trinoculaire [12]). On a en tout cas besoin d'une représentation de la paire d'images stéréo vérifiant les spécifications suivantes, qui nous conduisent tout droit aux concepts de l'analyse multiéchelle (multiscale analysis) telle que la conçoivent les chercheurs en vision.

1. *Une représentation numérique efficace des images de la paire stéréo doit rendre compte des détails de chaque image quelle que soit leur échelle* : ces détails peuvent être très locaux comme dans les paires stéréo de Julesz, ou à la fois locaux et globaux comme les bords de l'échiquier, les "arêtes".

La représentation qui s'impose est donc *multiéchelle (à ne pas confondre avec la notion d'analyse multirésolution de Stéphane Mallat et Yves Meyer : cf. plus bas).* Un détail d'une image, si on se réfère aux exemples précédents, *est une configuration à la fois localisée spatialement et, à cause des exigences de contraste, d'une précision croissante quand sa localisation augmente.* En termes d'analyse de Fourier, les configurations perceptuellement significatives ont donc une fréquence qui croît comme l'inverse de leur localisation spatiale.

2. La représentation des détails doit, en vue de la comparaison entre les images du stéréogramme, être invariante par translation : en effet, d'une image à l'autre, les objets physiques observés sont plus ou moins décalés selon leur éloignement et c'est ce décalage qui permet de déterminer leur distance. *Pour que ces objets puissent être mis en correspondance, il est nécessaire que leur codage numérique soit invariant par translation.* (Nous entendons par là que les coefficients codant une image translatée doivent être les translatés des coefficients de l'image de départ). Cela implique que ce codage est essentiellement non-linéaire : en effet le seul codage linéaire et invariant par translation au sens précédent (à un facteur de phase près) est *grosso modo* la transformation de Fourier, qui est exclue par les exigences de localisation spatiale du 1).

Les transformées en ondelettes, orthogonales ou non, sont remarquablement adaptées à l'exigence 1). Elles ne le sont au 2) que dans les fréquences dont l'échantillonnage est beaucoup plus petit que l'amplitude spatiale des détails à analyser. C'est pourquoi la notion d'analyse multirésolution ne coïncide pas avec celle d'analyse multiéchelle. En effet la première privilégie une grille dyadique comme support des coefficients et permet de construire des bases orthonormales. La seconde, telle qu'elle est comprise en traitement d'images avec les travaux de Hildreth et Marr [28], Koenderink [18] et Witkin [37], doit comme nous allons voir satisfaire aux spécifications 1 et 2.

Nous reviendrons sur ce dernier point à propos de l'analyse des textures et allons donner, maintenant que notre parcours est jalonné, un aperçu plus rapide des autres techniques de reconstruction géométrique que l'on attribue aux êtres vivants.

"SHAPE FROM SHADING"

Il s'agit de la capacité réflexe des humains à reconstruire un volume dont la surface a des propriétés de réflection lumineuse uniformes, à partir des différences de luminosité que présentent les points de la surface selon leur orientation. Ainsi reconstruit-on mentalement un bas relief, ou un moulage en plâtre vu à une certaine distance ou en photographie (pour isoler cet effet de l'effet stéréo). Cette faculté de reconstruction permet aux utilisateurs du microscope électronique de lire directement leurs épreuves, aux archéologues de reconstituer mentalement un objet à partir de ces dessins à points d'encre qui parsèment leurs compte-rendus de fouilles, ou au promeneur de lire le relief sur certains types de cartes de géographie [15 et 33]. Il peut y avoir beaucoup de solutions locales à ce problème et ce sont des considérations de recollement globales qui permettent de rejeter les solutions globalement non acceptables. On voit donc réapparaître l'analyse multiéchelle. Plus encore, si, comme c'est le cas avec les images satellites, ou dans un dispositif de robotique, on dispose des images d'un objet sous plusieurs éclairages : on retrouve alors le problème déjà abordé de la mise en correspondance, qui relève essentiellement comme on a vu d'une analyse "multiéchelle". C'est la possibilité de mise en correspondance qui permet au sculpteur de reconstruire mentalement une forme en la faisant tourner sous un éclairage fixe. (En fait, le sculpteur utilise aussi les silhouettes perçues lors de ce mouvement).

PERSPECTIVE, MISE EN CORRESPONDANCE INTERNE ET GROUPAGE.

Mentionnons également la possibilité de reconstruction par perspective : le *même objet présent à plusieurs échelles différentes est interprété comme présent dans des positions plus ou moins éloignées.* C'est le même phénomène qui par l'identification d'une texture ou tesselation périodique sur la surface d'un objet permettrait également de reconstruire sa forme. (Cf.[figure 7] et son commentaire). On tombe là sur un problème de *mise en correspondance* à l'intérieur d'une même image que nous rencontrerons aussi à propos des "textures". Ce phénomène de mise en correspondance (groupage dans la terminologie des psychologues de la Gestalt) relève aussi d'une analyse multiéchelle et des exigences 1) et 2) formulées plus haut. En fait la question du groupage (grouping) est une pierre d'angle de la doctrine gestaltiste développée par Köhler et Wertheimer [19].

Pour ces auteurs, qui se basaient essentiellement sur la phénoménologie de la perception chez les hommes et les animaux, la formation de formes, de "Gestalt" est un processus primaire et antérieur à toute connaissance du monde. Par *Gestalt*, il faut entendre un tout perceptuel, c'est-à-dire en premier lieu une zone homogène de l'image (homogène en luminosité, couleur, texture). Mais des "patterns" semblables disséminés dans l'image à diverses places et échelles doivent aussi être regroupés et former un "tout"perceptuel. La similitude entre ces patterns peut être la taille, la forme, l'orientation, etc... Plusieurs groupes de ce type *peuvent être spatialement superposés* et parfaitement distingués comme tels. Ainsi deux motifs différents sur un papier peint, un groupe d'oiseaux sur un fil télégraphique et les feuilles d'un arbre à l'arrière plan, etc...

David Marr [27] reprend donc à son compte les thèses gestaltistes quand il classe le processus de groupage, de mise en correspondance interne, dans ce qu'il appelle le "raw primal sketch", c'est-à-dire le traitement "bas niveau" de l'image, celui qui s'effectue avant toute interprétation.

Le dernier mais non le moindre des processus de groupage considérés correspond à la notion plus récente de *texture*. Il n'est pas possible de définir ce terme. Il s'agit de notre capacité de percevoir des pseudopériodicités dans des zones du champ de vision, et de segmenter l'image, de la découper en zones de texture homogène. On va voir plus loin quelques exemples de textures [figures 3 et 4]. Disons que du point du vue des chercheurs en vision, chaque essence de bois présente une texture distincte, et qui suffit à les distinguer. Un tapis de feuilles mortes, un pré fleuri ou un tissu écossais seront aussi des textures. Il n'est donc pas plus question de définir des textures que de donner une description exhaustive du monde tel que nous l'imaginons. Aussi les caractérisations des textures dépendent-elles d'un modèle a *priori*. Mais ces modèles ont des points communs frappants en ce que tous reposent sur une analyse mutiéchelle:

a) Un premier critère définissant les textures serait la présence, distribuée de manière spatialement homogène, de motifs plus ou moins réguliers. La présence de ces motifs, présents à une certaine échelle, serait approximativement périodique et la taille de chacun d'entre eux petite et à peu près constante, justifiant l'approche par des modèles de champ Markovien [10] qui privilégient une échelle d'analyse unique et des voisinages d'analyse constants.

b) Egalement essentiel pour David Marr est la relative indépendance du comportement des textures à des échelles différentes [27]. On pourrait donc effectuer une *analyse par groupage indépendante dans chaque échelle*. Il est clair qu'une analyse multiéchelle, permettant l'analyse locale de motifs présents à des échelles différentes s'impose pour créer des méthodes efficaces de discrimination, et nous reviendrons au paragraphe 4 sur le rôle qu'y pourraient jouer les bases d'ondelettes.

2. "Edge detection" (détection d'arêtes) : théorie de Hildreth et Marr et analyse multiéchelle

PRINCIPES DE L'ANALYSE MULTIECHELLE

Après les considérations qui précèdent, le lecteur est sans doute préparé à ce qui peut bien être considéré comme l'hypothèse fondamentale de Marr concernant la représentation efficace d'une image. **C'est qu'une image est caractérisée par ses variations locales d'intensité à chaque échelle.**

On va voir comment cette hypothèse a conduit Marr et Hildreth [28] à la définition d'un monde de représentation totalement nouveau. Les principes de cette représentation se résument à quatre, auxquels s'ajoutera plus loin le principe de l'"edge detection".

PRINCIPE 1. Les variations à chaque échelle doivent être obtenues à l'aide d'un opérateur linéaire et local (et donc c'est un opérateur différentiel).

PRINCIPE 2. Cet opérateur doit être isotrope et d'ordre le plus petit possible : c'est donc le laplacien.

PRINCIPE 3. Pour accéder à une échelle donnée, il faut éliminer les échelles supérieures par un filtre "passe-bas" qui soit le mieux possible localisé

    - en espace (événements de plus en plus locaux)
    - en fréquence : pour ne pas faire apparaître d'"artefacts". Ce filtre passe-bas doit donc se ramener à la convolution avec une gaussienne, dont on sait qu'elle réalise l'égalité dans l'inégalité exprimant le principe d'incertitude de Heisenberg. En d'autres termes, la gaussienne réalise la meilleure localisation simultanée en espace et fréquence.

PRINCIPE 4. La suite des échelles d'analyse est dyadique. Le choix de ce rapport 2 entre les fréquences d'analyse doit évidemment beaucoup à la difficulté pratique qu'il y aurait à transformer une image en une suite trop grande d'images représentant la décomposition du *perceptum* suivant beaucoup de canaux. Par ailleurs, Hildreth et Marr se limitent à quatre canaux.

Le détecteur de variations à chaque échelle obéissant le mieux aux principes 1, 2, 3 et 4 est donc l'opérateur de convolution par ΔG, où

$$G(x, y) = exp\left(-(x^2 + y^2)/2\pi\sigma^2)\right),$$

et l'amplitude de la gaussienne est échantillonnée par le principe 4 de deux en deux : $\sigma = 2^j$, $j = 1, 2, ...$

On reconnaît dans ΔG, fonction communément appelée le "chapeau mexicain", une des ondelettes favorites de Grossmann et Morlet.

Notons que pour axiomatique qu'elle soit, la définition de Hildreth et Marr tente de rejoindre les résultats d'expériences psychophysiques très frappantes de Campbell, Robson, Wilson, Bergen, Giese [Cf. 27] sur l'accoutumance des sujets à des excitations répétées à certaines fréquences (concrétisées par des raies noires de largeur variable). De ces expériences découle que le système perceptif réagit comme s'il y avait en chaque point du champ visuel quatre filtres dont la forme correspondrait à la différence de deux gaussiennes et les échelles (en degrés) seraient : 3.1, 6.2, 11.7 et 21.

Or il se trouve que ΔG est "presque" la différence de deux Gaussiennes, l'une "inhibitrice" et l'autre "excitatrice" avec un rapport d'échelle égal à 1.6 !

EDGE DETECTION ET COMPLETUDE DE LA REPRESENTATION

La théorie de Hildreth et Marr épouse donc les résultats des expériences psychophysiques précédentes, mais elle va plus loin dans la réduction de la taille des données auxquelles aboutit la représentation. On a vu que l'idée générale de la représentation est qu'une image est caractérisée par ses variations locales d'intensité à chaque échelle. Il s'agit maintenant de représenter de manière efficace ces variations locales. Hildreth et Marr choisissent de ne garder que les "arêtes" (edges) de l'image filtrée par la gaussienne G. Par arêtes, ces auteurs entendent le lieu des points de l'image où le module du gradient passe par un maximum, c'est-à-dire les points d'inflexion de l'image. Ces arêtes représenteraient les contours intéressants de l'image, et en ne gardant que ces contours, on obtiendrait une représentation analogue à celle popularisée par les estampes japonaises et certaines bandes dessinées, notamment de l'école belge (Cf. [13], [32], [31]). Ces contours sont donc définis, à chaque échelle, comme le lieu des points où le laplacien de l'image filtrée par la gaussienne s'annule, c'est-à-dire tous les points (x, y) où $(\Delta G_\sigma * f)(x, y)$ "passe par zéro".

Le dernier principe sur lequel se fonde la représentation multiéchelle de l'image est alors le suivant :

PRINCIPE 5. L'information significative (du point de vue des problèmes de vision "bas niveau") est contenue dans les "passages par zéro" du laplacien de l'image à chaque échelle.

SYNTHESE ET CONJECTURE DE MARR

Résumons la doctrine qui découle des quatre principes énoncés plus haut : nous avons une image $f(x,y)$ et pour l'analyser nous la convolons avec des gaussiennes $G(x,y) = \exp\left(-(x^2+y^2)/2\pi\sigma^2\right)$ dont l'amplitude σ varie comme 2^j. On obtient la suite d'images de plus en plus floues $G_\sigma * f$, et on ne retient de ces images que le lieu des points où $\Delta G_s * f$ passe par zéro. Les figures [8 et 9] montrent des exemples de représentation en passages par zéro correspondant aux textures [3 et 4]. Pour plus de détails, voir les explications de ces figures. Dans son livre, Marr va plus loin, puisqu'il énonce le principe suivant.

PRINCIPE 6. La représentation en "passages par zéro du Laplacien" est complète. On conjecture en conséquence que toute image peut être reconstruite à partir de ses passages par zéro du Laplacien pour des fréquences échelonnées en une suite de raison 2.

Une démonstration de cette conjecture en dimension 1 sous des hypothèses un peu restrictives est due à Logan [cité dans 27]. Hummel [16] l'a montrée en dimension 2 mais sa démonstration est basée sur le principe du maximum et utilise la représentation continue en passages par zéros. Hummel utilise une remarque de Witkin [37] : la séquence des images obtenues en filtrant l'image originale par la gaussienne sont solutions de l'équation de la chaleur si on fait un changement de variable adéquat. La représentation en passages par zéro continue en fréquence revient donc à coder le signal par les zéros du laplacien de la solution $f(x,y,t)$ de l'équation de la chaleur avec le signal $f(x,y,0) = f(x,y)$ comme condition initiale. *L'algorithme de reconstruction obtenu par cette méthode semble être instable.* Une variation intéressante de la théorie de Marr et Hildreth a été développée par Canny [3] : Canny travaille avec une "ondelette" analysante qui est proche d'une dérivée première de la gaussienne et qui effectue un filtrage optimal du bruit tout en maintenant la localisation des arêtes la plus précise possible : le filtre de Canny serrerait donc au plus près la limite de performance dans l'"edge detection" impliquée par le principe d'incertitude de Heisenberg (Cf. [29]).

L'ALGORITHME DE STEPHANE MALLAT

La première réponse pratique à la conjecture de Marr a été apportée par Stéphane Mallat [24 et 25]. Utilisant le "noyau reproduisant" associé à une transformation en ondelettes continue [11], Mallat a élaboré un algorithme performant de reconstruction de l'image à partir de sa représentation en passages par zéro à chaque octave : l'algorithme de Mallat montre donc la vraisemblance de la conjecture de Marr, et explique pourquoi l'analyse multiéchelle classique utilisée par les chercheurs en vision n'a pas buté sur des questions d'incomplétude. Mallat a étudié plusieurs variantes de son algorithme, suivant que la représentation code les maxima et minima de la fonction $f * \Delta G$ à chaque octave, ses passages par zéros et la dérivée en ces points de passage, ses passages par zéro et la norme quadratique de $f * \Delta G$ entre deux passages par zéro [24]. De plus, les algorithmes de Mallat peuvent être adaptés à l'ondelette utilisée, qui n'est pas nécessairement ΔG.

La démonstration théorique de la complétude de la représentation dyadique en passages par zéro reste à l'état de conjecture. Il faut peut-être des hypothèses additionnelles sur le signal analysé. Faisons maintenant le point sur l'apport des ondelettes à l'analyse multiéchelle telle qu'elle est conçue par Marr, Hildreth et Witkin. Tout d'abord remarquons que du point de vue de l'analyse, la théorie des ondelettes ne conduit à rien de nouveau sur le plan pratique si on maintient l'exigence d'une représentation invariante par translation des signaux analysés. Du point de vue théorique, les résultats de Mallat constituent une promesse, celle de rassurer les traiteurs d'images sur la complétude de la représentation qu'ils utilisent. Enfin l'algorithme de Mallat ne résout pas pour l'instant un inconvénient de taille des représentations en "passages par zéro" : elles ne supportent pas de modifications : nous voulons dire que si on supprime ou ajoute, par exemple, des passages par zéro à la représentation d'une fonction on n'obtient pas nécessairement la représentation en passages par zéro d'une nouvelle fonction. On est donc très loin de la souplesse de maniement des coefficients en ondelettes, qui permet de supprimer ou modifier les coefficients à certains endroits et à certaines fréquences, et de recomposer ensuite pour obtenir un signal avec des caractéristiques nouvelles. Ainsi dans la figure [11], obtenue à partir des coefficients de la figure [10], les coefficients d'ondelette haute fréquence sont supprimés au fur et à mesure qu'on s'éloigne d'un point de l'image (le téléphone) : on obtient ainsi une image nettement comprimée, et dans laquelle les détails choisis ressortent. Pas question d'opérer ainsi avec les passages par zéro, même si l'intuition suggère qu'on obtiendrait un effet semblable en supprimant sélectivement les passages par zéro haute fréquence d'une représentation du type Hildreth-Marr : on n'a alors plus d'algorithme de reconstruction facile.

3. Compression du signal et bases orthonormales en compression d'images

Nous avons jusqu'à présent discuté des problèmes spécifiques de la vision bas niveau, avec leur cortège d'exigences géométriques. On a le champ bien plus libre avec les problèmes de compression. La transmission rapide d'images repose sur trois exigences auxquelles les transformées utilisées actuellement, du type Fourier, satisfont excellemmment. Il s'agit de la rapidité de décomposition et recomposition et de la "décorrélation" du signal. Nous reviendrons sur les exigences de rapidité. Nous verrons que la transformée en ondelettes orthogonales permet d'ajouter des propriétés nouvelles et extrêmement intéressantes, notamment celle de codage progressif. L'exigence première étant la compression, on va d'abord présenter un modèle permettant de définir la décorrélation optimale.

LE MODELE DE REFERENCE POUR LA DECORRELATION: KL-COMPRESSION (KARHUNEN-LOEVE)

On considère une image comme un champ de variables aléatoires dont les valeurs en chaque pixel sont corrélées. On veut transformer les valeurs des niveaux de gris en un ensemble de variables aléatoires indépendantes. Adoptons un modèle continu et stochastique: on va supposer que l'image à analyser est un champ aléatoire défini sur un carré. Pour tous les points (x, y) de $[0, 1]^2$, on suppose que le niveau de gris $f(x, y)$ est une variable aléatoire et on appelle $R((x, y), (x', y')) = E(f(x, y)f(x', y'))$ la fonction d'autocorrélation du signal.

On va alors rechercher une famille orthonormale et complète de fonctions $F_{m,n}(x, y)$ de manière que les produits scalaires $< f, F_{m,n} >$ (calculés dans L^2) soient décorrélés. Une telle base existe et on a le résultat suivant [35].

THEOREME. Les fonctions $F_{m,n}$ qui décorrèlent l'image f doivent satisfaire

$$\int \int R(x, y, x', y') F_{m,n}(x', y') dx' dy' = c_{m,n} F_{m,n}(x, y),$$

avec $c_{m,n} = E(|< f, F_{m,n} >|^2)$.

La démonstration est très simple et on peut donner un équivalent discret de cette théorie. Le champ aléatoire f est alors défini sur $M * N$ échantillons, ainsi que les $F_{m,n}$. On a alors $M * N$ fonctions inconnues, et $M^3 * N^3$ equations : il suffit de les résoudre !

On y arrive pour certaines fonctions d'autocorrélation R correspondant assez bien à la statistique des images télévisées et qui sont reconnues comme une norme de référence:

$$E(f(x, y)f(x', y')) = exp^{-c|x-x'|-d|y-y'|}.$$

Ces fonctions, appelées fonctions de Karhunen-Loève ressemblent alors à des produits tensoriels de cosinus (Cf. [35], chapitre sur la compression d'images).

Dans ce dernier cas on a une transformée KL relativement rapide, et la transformée KL est une référence en compression : pour tout procédé nouveau de compression, il est de bon ton de montrer qu'il est asymptotiquement équivalent à KL.

Les autres procédés de compression classiquement comparés à la précédente sont: la transformée de Haar (ondelette irrégulière), Fourier discret et une variante, la "transformée en cosinus" (norme européenne de télévision haute définition).

Ces transformées correspondent toutes à des bases orthonormées. Elles relèvent d'une analyse fonctionnelle du signal et *leurs performances peuvent être comparées théoriquement*

[35]. Il n'en est pas de même pour les filtres miroirs en quadrature, qui excepté ceux (nouveaux) provenant de l'analyse en ondelettes, n'ont pas d'équivalent continu.

LES TRAVAUX DE A. COHEN ET J. FROMENT EN COMPRESSION PAR ONDELETTES [4].

Dès ses premières publications sur les ondelettes, Mallat avait fait noter les excellentes perspectives de la transformée en ondelettes [23]. Albert Cohen et Jacques Froment ont pu insérer la transformée en ondelettes dans le cadre classique de la comparaison des bases orthonormées, qui consiste à estimer la décroissance de l'erreur quadratique en fonction du nombre n de coefficients conservés sur la base : les ordres d'erreur de toutes les transformées orthogonales connues sont comparables : $C/n^{1/2}$, et la constante associée à chaque transformée est calculable et admet même une expression analytique. Dans un travail (en cours de rédaction) ces auteurs montrent que certaines des transformées en ondelettes ont une constante C plus petite que celle de la transformée en cosinus, jusqu'ici considérée comme le plus efficace. Les ondelettes examinées n'ont pas l'inconvénient rédhibitoire que présente l'ondelette de Haar : la discontinuité.

FILTRES MIROIR EN QUADRATURE, ONDELETTES ET CODAGE PROGRESSIF

Il est remarquable de constater qu'une variante des filtres récursifs associés aux ondelettes, découverts par Mallat [22], existe depuis 1977 : il s'agit des filtres miroir en quadrature (QMF) inventés par Esteban et Galland [7 et 8]. Les chercheurs travaillant sur la compression par QMF semblent s'être depuis convertis aux QMF issus de l'analyse en ondelettes, qui permettent de préserver l'orthogonalité des canaux. L'étude de Cohen et Froment permet donc de comparer, à l'avantage de la seconde, des méthodes pratiques de compression qui ne pouvaient être jusqu'à présent confrontées qu'expérimentalement : la FFT (Fast Fourier Transform) et ses variantes d'une part, et les QMF de l'autre.

La transformée en ondelettes orthogonales semble donc cumuler des avantages de compression excellents et la souplesse du codage QMF, qui permet entre autres ce que les chercheurs en compression ont baptisé "codage progressif" (progressive coding). Il s'agit de la possibilité, déjà exposée plus haut, de "focaliser" l'attention sur telle ou telle partie d'une image en ajoutant des coefficients haute fréquence, c'est-à-dire des "détails", *seulement là où c'est nécessaire* (Cf. figures [10 et 11]).

4. Conclusion et perspectives :
l'apport des transformées en ondelettes aux problèmes de vision

De l'étude précédente se dégagent les faits suivants :

1. Les transformées en ondelettes, si elles sont non échantillonnées, *coïncident* avec la notion d'analyse multiéchelle développée par les chercheurs en vision. En ce qui concerne les transformées à échantillonnage dyadique, orthogonales ou pas, elles ne vérifient pas une des spécifications importantes pour l'analyse multiéchelle, à savoir l'invariance par translation telle que nous l'avons définie dans le paragraphe 1.

Le seul point nouveau, et très important, est la possibilité, démontrée pratiquement par Mallat, de recomposer une image à partir de sa représentation multiéchelle classique, celle des "passages par zéro du laplacien". De plus, si on utilise une ondelette au lieu du Laplacien de la Gaussienne, on peut utiliser le schéma pyramidal de Mallat sur une image de départ suréchantillonnée pour calculer très rapidement la représentation en "passages par zéro". (Dans le cas d'ondelettes non orthogonales, on pourra de même utiliser "l'algorithme à trous" [14]).

2. L'apport en compression du signal peut être considéré comme certain, en vertu de l'expérimentation déjà bien avancée pour les QMF. Ici, l'apport des ondelettes est pratique (l'introduction d'une exigence d'orthogonalité dans les QMF est avantageuse), et théorique: les QMF relèvent maintenant de *l'analyse fonctionnelle* au même titre que la FFT.

3. Nous allons maintenant émettre une hypothèse de travail concernant le bon usage des ondelettes, et spécialement des ondelettes orthogonales en ce qui concerne notamment l'analyse de textures (cf. paragraphe 1 pour cette notion). Cette hypothèse s'appuiera sur l'examen des figures [5 et 6].

Un des immenses avantages de la transformée en ondelettes discrète appliquée à une image est sa visibilité, puisque le schéma pyramidal de Mallat calcule exactement le même nombre de coefficients que les pixels de l'image de départ. Cette possibilité de représentation complète dans un format accessible était déjà présente, mais à un degré moindre, dans la pyramide Laplacienne de Burt et Adelson [Cf. 6], qui exige quand même de doubler la taille de l'image. De plus, nous avons pour "lire" les coefficients en ondelettes deux fils conducteurs nouveaux, dus à l'interprétation en analyse fonctionnelle des coefficients, et qui peuvent se révéler extrêmement suggestifs pour l'analyse fine des signaux.

Le premier est l'orthogonalité des différents canaux. Si nous regardons les analyses en ondelettes [figures 5 et 6] des textures [figures 3 et 4], nous savons qu'à chaque rectangle correspond l'énergie de l'image dans une certaines direction (verticale, horizontale, oblique) et à une certaine échelle. La somme de ces énergies est égale à la norme L^2 de l'image de départ. Les figures [5 et 6] suggèrent que ces énergies constituent en elles-mêmes un facteur discriminant efficace : on vérifie aisément que certains canaux ont des énergies qui varient beaucoup d'une texture à l'autre. Une objection évidente, comme l'a remarqué Mallat [26] est que ces énergies ne sont pas indépendantes de la place de l'origine, la grille dyadique utilisée privilégiant certains échantillons. Nous devons donc faire l'hypothèse que les énergies des canaux varient peu quand on déplace l'origine. La vérification expérimentale et théorique de ce dernier point reste à faire. Par ailleurs, les figures [5 et 6] montrent que la pseudo -périodicité des textures est observable à plusieurs échelles. La détection de cette régularité peut donc être effectuée à une échelle parfois beaucoup plus petite que l'échelle de départ, rendant praticable une analyse en matrices de corrélation par exemple.

Voici maintenant une information cachée à l'oeil, extrêmement importante du point du vue de l'analyse de texture et indépendante de l'origine de la grille dyadique utilisée : il s'agit de la *régularité de la fonction en chaque point*. Cette régularité peut être calculée grâce à un résultat de Stéphane Jaffard [17] qui exprime qu'elle est donnée très simplement par la suite des coefficients des ondelettes centrées au point considéré. Par exemple, la fonction est Hölderienne d'exposant r en x si et seulement si les coefficients d'ondelettes en x décroissent comme $2^{-j/2-jr}$ avec l'échelle 2^j. Cette information devrait permettre de classifier les points d'une image par une méthode généralisant l'"edge detection". En effet dans la détection d'arêtes on s'attache à discriminer les points où la fonction effectue un saut, c'est-à-dire est discontinue. On peut expérer une classification plus riche selon le type d'irrégularité observé en chaque point.

Références

[1] **M. Boden** Computer models of mind. *Cambridge University Press 1987.*

[2] **Ph. Brodatz** Textures for artists and designers. *Dover Publ. Inc. NY 1966.*

[3] **J. Canny** Finding edges and lines in images. *Technical Report 720, MIT, Artificial Intelligence Laboratory, 1983.*

[4] **A. Cohen & J. Froment** Article à paraître.

[5] **I. Daubechies** The wavelet transform, time-frequency localization and signal analysis. *AT& T Bell Laboratories, 600 Mountain Avenue, Murray Hill, N.J. 07974, USA.*

[6] **I. Daubechies** Orthonormal basis of compactly supported wavelets. *AT& T Bell Labs., Murray Hill.*

[7] **D. Esteban & C. Galand** Application of quadrature mirror filters to split band voice coding schemes. *IBM Laboratory, 06610 La Gaude, France.*

[8] **D. Esteban & C. Galand** Design and evaluation of parallel quadrature mirror filters. *(Ibidem)*.

[9] **A. J. Fodor** La modularité de l'esprit. *Propositions, Editions de Minuit, 1983.*

[10] **S. Geman & D. Geman** Stochastic relaxation, Gibbs distributions and the Bayesian restoration of images. *IEEE PAMI 6, 1984.*

[11] **A. Grossmann & J. Morlet** Decompositions of Hardy functions into square integrable wavelets of constant shape. *SIAM Journal Math. Anal. 15, 1984, 723-736.*

[12] **C. Hansen, N. Ayache & F. Lustman** Towards real-time trinocular stereo. *ICCV 1988.*

[13] **Hergé** Aventures de Tintin et Milou. *Casterman, Bruxelles.*

[14] **M. Holschneider, R. Kronland-Martinet, J. Morlet & Ph. Tchamitchian** A real-time algorithm for signal analysis with the help of the wavelet transform. *Preliminary version, Feb. 88, Centre de Physique Théorique, CNRS, case 907, Luminy 13288, Marseille cedex 9.*

[15] **B. K. P. Horn** Robot Vision. *MIT Press 1987.*

[16] **R. Hummel** Representations based on zero-crossings in scale space. *Technical report 225, New York Univ., Courant Institute of Math. Sci., 1986.*

[17] **S. Jaffard** Estimations Hölderiennes ponctuelles des fonctions au moyen de leurs coefficients d'ondelettes. *A paraître aux C. R. Acad. Sci. Paris.*

[18] **J. J. Koenderink** The structure of images. *Biol. Cybern. 50, 1984, 363-370.*

[19] **W. Köhler** Psychologie de la forme. *Idées nrf-Gallimard, 1964.*

[20] **E. Le Bras-Mehlman, M. Schmitt, O. D. Faugeras, J. D. Boissonat** How Delaunay triangulation can be used for representing stereo date. *ICCV 1988.*

[21] **P. G. Lemarié & Y. Meyer** Ondelettes et bases hilbertiennes. *Revista Matematica Iberoamericana 2, 1986, 1-18.*

[22] **S. Mallat** Multiresolution approximation and wavelets orthonormal bases of $L^2(\mathbf{R})$, *A paraître dans Trans. Amer. Math. Soc. 1989.*

[23] **S. Mallat** A theory for multiresolution signal decomposition : the wavelet representation. *A paraître dans IEEE Trans. on Pattern Analysis and Machine Intelligence, Tech.*

Rep. MS-CIS-87-22, Univ. Pennsylvania, 1989.

[24] **S. Mallat** Dyadic wavelets energy zero–crossings. *To appear as an invited paper in IEEE Trans. on Information Theory. Tech. rep. MS-CIS-88-30, Univ. Pennsylvania, 1989.*

[25] **S. Mallat** Review of multifrequency channel decompositions of images and wavelets models. *Invited paper for a special issue of IEEE on Acoustic, Speech and Signal Processing, Multidimensional Signal Processing.*

[26] **S. Mallat** Communication personnelle.

[27] **D. Marr** Vision. *Freeman and Co. 1982*

[28] **D. Marr & E. Hildreth** Theory of edge detection. *Proc. Roy. Soc. Lond. B207, 1980, 187-217.*

[29] **Y. Meyer** Ondelettes, fonctions splines et analyses graduées. *Cahiers Mathématiques de la Décision, n° 8703, Ceremade.*

[30] **Y. Meyer** Principe d'incertitude, bases hilbertiennes et algèbres d'opérateurs. *Séminaire Bourbaki, 1985-86, 662, Astérisque (Société Mathématique de France).*

[31] **J. M. Morel & S. Solimini** Segmentation d'images par méthode variationnelle: une preuve constructive d'existence. *C. R. Acad. Sci. Paris, à paraître.*

[32] **T. Pavlidis** Structural Pattern recognition. *Springer, New York 1977.*

[33] **A. Pentland** Shape information from shading : a theory about human perception. *ICCV 1988.*

[34] **P. Perona & Malik Jitendra** Scale space and edge detection using anisotropic diffusion. *Proc. IEEE Computer Soc. Workshop on Computer Vision 1987.*

[35] **A. Rosenfeld & A. C. Kak** Digital picture processing. *Computer Science and Applied Mathematics, Academic Press 1982.*

[36] Second International Conference on Computer Vision (Proceedings of), ICCV 88, *IEEE n° 883.*

[37] **A. P. Witkin** Scale-space filtering. *Proc. of IJCAI, Karlsruhe 1983, 1019-1021.*

Figure 1

Figure 2

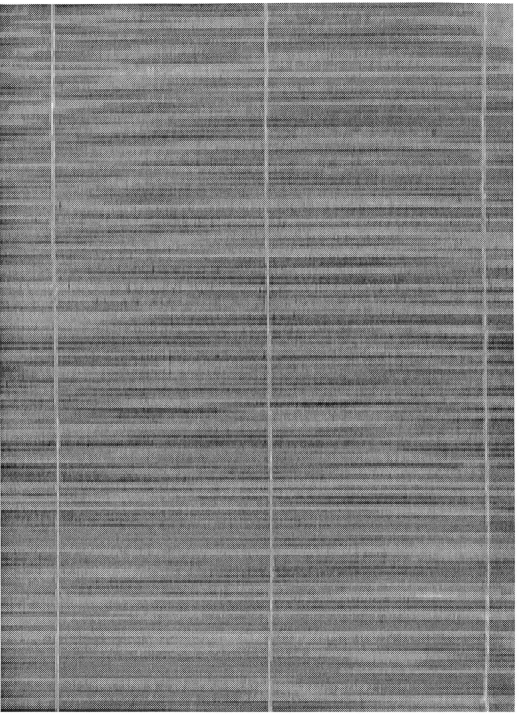

Figure 3

Figure 4

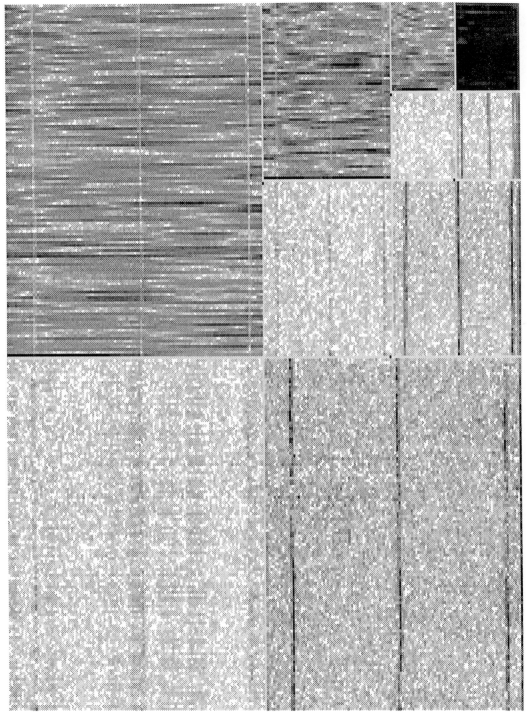

Figure 5

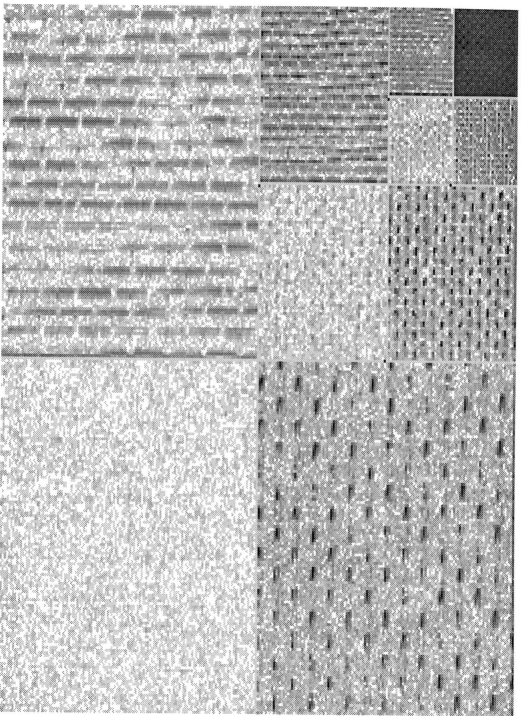

Figure 6

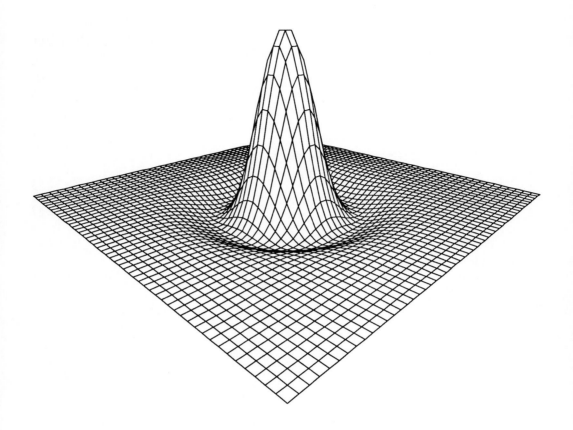

Figure 7

Figure 8

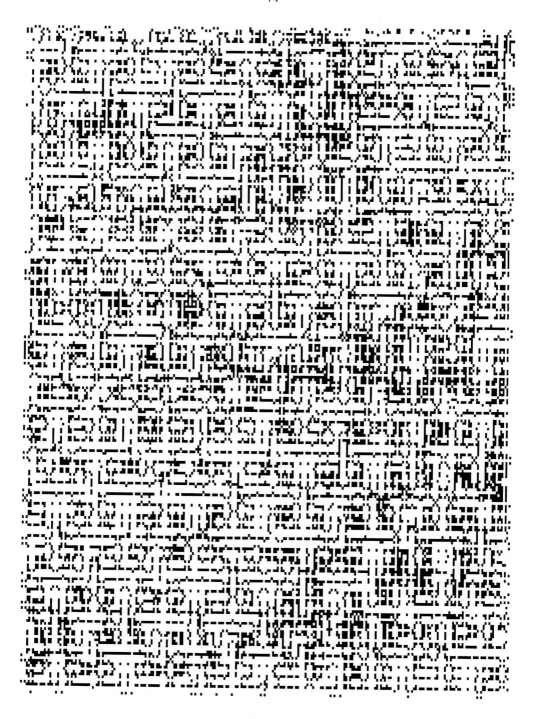

Figure 9

Figure 10

Figure 11

Figure 12

78

Figure 13

Commentaires des figures

Figures 1 et 2 : paire d'images stéréo suivant le modèle de Julesz. La figure 1 représente une distribution aléatoire de points noirs et blancs. La seconde est obtenue en déplaçant le carré central vers la droite et en comblant les blancs apparus par une distribution aléatoire du même type. Quand on superpose les deux images en vision binoculaire, le carré apparaît "flottant" en avant du plan de l'image.

Figures 3 et 4 : deux exemples de textures naturelles. La première est une photographie de paille tissée et la seconde de fils d'aluminium tissé. (Ces images sont extraites de *Textures*, un album de photographie pour artistes et "designers" publié par Phil Brodatz, Dover Publications, NY 1966. La reproduction de ces images est libre jusqu'à concurrence de trois illustrations).

Figures 5 et 6 : représentent les transformées en ondelettes des figures 3 et 4 suivant le format adopté par Stéphane Mallat. La base d'ondelettes utilisée est celle associée à la fonction de Battle et Lemarié (splines linéaires). Un pixel blanc correspond à un coefficient d'ondelette nul et plus un pixel est foncé, plus la valeur absolue du coefficient d'ondelette est élevée. Le petit rectangle en haut à droite représente les coefficients splines linéaires de l'image à la résolution $1/8$. Les trois rectangles entourant ce petit rectangle représentent les coefficients d'ondelettes à la résolution $1/8$: celui de gauche détecte les bords horizontaux (produit tensoriel de $\varphi(x)$ par $\psi(y)$), celui du bas à droite des bords verticaux et celui en diagonale les "coins" (produit tensoriel de $\psi(x)$ par $\psi(y)$). En reconstruisant l'image à l'aide des coefficients contenus dans les quatre petits rectangles, on obtient un *spline* de l'image à la résolution $1/4$. Remarquer l'étonnante auto-similitude (caractère fractal) de la paille tissée.

Figure 7 : représente une vue perspective du "Laplacien de la gaussienne" qui est le "détecteur d'arête" préconisé par David Marr. Cette figure, qui justifie amplement la dénomination de "chapeau mexicain", illustre aussi les capacités de reconstruction du relief offertes par une tesselation régulière prise en perspective.

Figures 8 et 9 : Les "passages par zéro du Laplacien" de la paille tissée et des fils d'aluminium tissés. On pourra être surpris de l'aspect discontinu des contours obtenus. En réalité, les contours réguliers ou "arêtes" apparaissant dans la littérature de traitement d'image sont obtenus après un raccomodage astucieux et délicat des segments de passages par zéro.

Figures 10 et 11 : La première figure représente un bureau familier aux traiteurs d'image, puisqu'il apparaît dans de nombreuses publications de l'INRIA. La seconde a été obtenue en annulant de plus en plus de coefficients en ondelettes haute fréquence quand on s'éloigne du téléphone. Le résultat en est un aspect plus dynamique de l'image, et plus conforme à la vision humaine, de plus en plus floue quand on s'éloigne du point focal. Cette possibilité de comprimer une image (ici onze fois moins d'information !) sans perdre l'information utile pourra être utilisée dans les simulateurs de vol et dans les transmissions rapides et est connue sous le nom de "codage progressif".

Figures 12 et 13 : illustrent le taux de compression obtenu avec une transformée en ondelettes plus régulière que la transformée de Haar (ici l'ondelette à support compact à huit coefficients d'Ingrid Daubechies [6] : on voit que dans la figure 13 beaucoup plus de coefficients sont nuls (pixels blancs) que dans l'image originale [figure 12].

<u>Adresses</u> :

INRA
Laboratoire de Biométrie
78350 Jouy-en-Josas (France)

CEREMADE
Université Paris-Dauphine
Place du Maréchal de Lattre de Tassigny
75775 Paris Cedex 16 (France)

QUELQUES METHODES TEMPS-FREQUENCE ET TEMPS-ECHELLE EN TRAITEMENT DU SIGNAL

Patrick Flandrin

1. Introduction

L'analyse des signaux non-stationnaires passe généralement par la description de l'évolution temporelle de certaines propriétés jugées pertinentes des signaux analysés. Deux grandes classes d'approches sont offertes suivant que l'on privilégie le contenu *spectral* (ce sont alors les méthodes *temps-fréquence*) ou le comportement du signal à différentes *échelles d'observation* (ce sont alors les méthodes *temps-échelle*).

Si les premières suscitent de l'intérêt depuis plusieurs dizaines d'années, ce n'est que récemment que les secondes se sont développées autour du concept unificateur d'*ondelettes*. Il s'avère cependant que plusieurs approches semblables existaient déjà en traitement du signal sous d'autres noms, le plus souvent d'ailleurs par extension de méthodes temps-fréquence [1]. Le but de ce texte n'est pas de balayer le champ des méthodes existantes, mais plutôt d'en situer quelques-unes dans une perspective commune en montrant que, dans le cas de signaux déterministes à temps continu, les deux approches (temps-fréquence et temps-échelle) peuvent se déduire de voies tout-à-fait parallèles. L'utilité de cette démarche serait bien évidemment d'aider à leur compréhension mutuelle, à leur comparaison et à leur utilisation raisonnée dans leurs domaines d'excellence respectifs.

2. Transformations linéaires

La représentation conjointe d'un signal par l'intermédiaire de transformations liné-aires est avant tout liée à une idée de *décomposition*. Considérant en effet un signal $x(t)$ d'énergie finie, on se propose dans cette approche de trouver une transformation du type :

$$(1) \qquad x(t) \rightarrow \mathcal{L}_x(t,\theta) \overset{\triangle}{=} \int_{-\infty}^{+\infty} x(u)L^*(u;t,\theta)du$$

où L^* est (le conjugué complexe d')un noyau paramétré par le temps t et une variable de description auxiliaire θ. L'interprétation en termes de décomposition vient de ce que la transformation (1) doit pouvoir s'inverser suivant :

$$(2) \qquad x(t) = \int \int_{-\infty}^{+\infty} \mathcal{L}_x(u,\theta) L(t; u, \theta) d\mu(u, \theta)$$

où $d\mu$ est une mesure naturelle associée au plan transformé (t, θ).

D'après (2), le signal apparaît donc comme résultant de la superposition de "briques de base" : les $L(t; u, \theta)$. Le poids affecté à chacune n'est autre que la transformée (1), obtenue en fait par projection du signal analysé sur chacune des briques de base, que l'on peut voir aussi comme des signaux analysants.

De façon à simplifier l'analyse et à la rendre la plus générale possible, on peut imposer deux contraintes aux signaux analysants :

(i) chacun doit pouvoir se déduire simplement d'un signal élémentaire unique $h(t)$, ce que l'on écrira :

$$(3) \qquad L(u; t, \theta) \overset{\triangle}{=} [L(t, \theta)h](u)$$

où L est un groupe de transformations paramétré par t et θ ;

(ii) le signal élémentaire $h(t)$ doit être le plus concentré possible dans le plan transformé (t, θ), de façon à rendre la décomposition la plus "atomique" possible.

L'arbitraire de telles représentations repose maintenant sur le choix du groupe de transformation L et sur l'interprétation physique de la variable auxiliaire θ.

2.1. Transformée de Fourier à court-terme

Un premier choix est de travailler avec une variable fréquentielle $\theta = \nu$ et le groupe, dit de *Weyl-Heisenberg*, des translations en temps et en fréquence :

$$(4) \qquad [L_{WH}(t, \nu)h](u) \overset{\triangle}{=} h(u - t)e^{i2\pi\nu u}.$$

Portant (4) dans (3) et (1), on obtient ainsi une preprésentation temps-fréquence :

$$(5) \qquad F_x(t, \nu) \overset{\triangle}{=} \int_{-\infty}^{+\infty} x(u)h^*(u - t)e^{-i2\pi\nu u} du$$

appelée *transformée de Fourier à court-terme* [3]. Elle réalise en effet une analyse spectrale au sens classique du terme mais sur un horizon limité (autour de l'instant d'évaluation t) par la fenêtre h.

Une telle représentation est une représentation admissible de carré intégrable de $x(t)$ puisque, pourvu que $h(t)$ soit d'énergie unité, on a :

$$(6) \qquad \int\int_{-\infty}^{+\infty} |F_x(t,\nu)|^2\, dt\, d\nu = \int_{-\infty}^{+\infty} |x(t)|^2\, dt.$$

De plus, elle s'inverse suivant :

$$(7) \qquad x(t) = \int\int_{-\infty}^{+\infty} F_x(u,\nu)h(t-u)e^{i2\pi\nu t}\, du\, d\nu,$$

ce qui constitue la généralisation au cas continu de la décomposition discrète d'un signal en "logons", telle qu'elle avait été proposée par Gabor [4-6].

Comme c'est bien connu, la résolution en temps (resp. en fréquence) d'une telle analyse est fixée par la largeur de $h(t)$ (resp. de sa transformée de Fourier $H(\nu)$). Dans la mesure où ces deux largeurs sont liées par une inégalité de type Heisenberg [4], un compromis est toujours nécessaire. En outre, il est à noter d'après (4) que le passage à des fréquences analysées de plus en plus élevées est obtenu par un nombre d'oscillations de plus en plus important sous une enveloppe identique.

2.2. Transformée en ondelettes

Revenant à l'arbitraire possible des représentations, un deuxième choix est de travailler avec une variable d'échelle $\theta = a$ et le groupe, dit *affine*, des translations et des changements d'échelle en temps :

$$(8) \qquad [L_A(t,a)h](u) \overset{\triangle}{=} \frac{1}{\sqrt{a}} h\left(\frac{u-t}{a}\right) \;;\quad a > 0.$$

Portant maintenant (8) dans (3) et (1), on obtient alors une représentation temps-échelle :

$$(9) \qquad T_x(t,a) \overset{\triangle}{=} \frac{1}{\sqrt{a}} \int_{-\infty}^{+\infty} x(u)h^*\left(\frac{u-t}{a}\right) du$$

appelée *transformée en ondelettes* [7-8]. Celle-ci peut s'interpréter comme l'analyse du signal à différentes échelles d'observation, l'horizon du système unique de réponse $h(t)$ étant contrôlé par le paramètre d'échelle a.

On a là encore une représentation admissible de carré intégrable de $x(t)$ puisque, pourvu que l'ondelette analysante $h(t)$ vérifie les conditions d'admissibilité :

$$(10) \qquad \int_{-\infty}^{+\infty} |H(\nu)|^2\, \frac{d\nu}{|\nu|} = 1 \;;\quad H(0) = 0,$$

on a :

$$(11) \qquad \int\int_{-\infty}^{+\infty} \mid T_x(t,a) \mid^2 \frac{dt\, da}{a^2} = \int_{-\infty}^{+\infty} \mid x(t) \mid^2 dt$$

et (formule de reconstruction) :

$$(12) \qquad x(t) = \int_{-\infty}^{+\infty} \int_0^{+\infty} T_x(u,a) \frac{1}{\sqrt{a}} h\left(\frac{t-u}{a}\right) \frac{du\, da}{a^2}.$$

Les conditions d'admissibilité (10) imposent à $h(t)$ d'être du type réponse d'un filtre passe-bande et donc de posséder au moins quelques oscillations, d'où le nom d'ondelette. Contrairement au cas précédent (Fourier à court-terme), il est à noter que changer d'échelle revient à comprimer ou dilater (en temps) l'enveloppe du signal analysant tout en maintenant constant le nombre d'oscillations sous cette enveloppe. On obtient ainsi une exploration de l'axe fréquentiel mais de manière indirecte, la relation entre fréquence analysée et échelle pouvant s'écrire [9] :

$$(13) \qquad \nu = \nu_0/a,$$

si ν_0 est la fréquence nominale de $h(t)$ à l'échelle naturelle $a = 1$.

2.3. Transformée de Fourier à court-terme et transformée en ondelettes

La transformée de Fourier à court-terme et la transformée en ondelettes étant toutes deux en relation bijective avec le signal sur lequel elles sont construites, il est facile de les mettre en relation directe. On obtient ainsi une paire de transformées [2] :

$$(14) \qquad T_x(t,a) = \int\int_{-\infty}^{+\infty} F_x(\theta,n) G_h(\theta,n,t,a) d\theta\, dn$$

$$(15) \qquad F_x(t,\nu) = \int_{-\infty}^{+\infty} \int_0^{+\infty} T_x(\theta,a) G_h^*(t,\nu,\theta,a) \frac{d\theta\, da}{a^2}$$

par l'intermédiaire d'un noyau

$$(16) \qquad G_h(\theta,n,t,a) \overset{\triangle}{=} \int_{-\infty}^{+\infty} [h(u-\theta)e^{i2\pi nu}] \left[\frac{1}{\sqrt{a}} h\left(\frac{u-t}{a}\right)\right]^* du.$$

Ce noyau n'est autre que le produit scalaire entre les signaux analysants de la transformée de Fourier à court-terme et les ondelettes analysantes de la transformée en ondelettes. En d'autres termes, il correspond soit à la transformée en ondelettes de l'ondelette analysante elle-même, lorsqu'elle est modifiée par l'action du groupe de

Weyl-Heisenberg, soit encore au complexe conjugué de la transformée de Fourier à court-terme de la fenêtre d'analyse, lorsqu'elle est modifiée par l'action du groupe affine.

2.4. Temps-fréquence, temps-échelle et bancs de filtres

Les relations entre temps-fréquence et temps-échelle peuvent être précisées en réécrivant les définitions (5) et (9) dans le domaine fréquentiel suivant :

$$(17) \qquad F_x(t, \nu) = \int_{-\infty}^{+\infty} [X(n)e^{i2\pi nt}][H(n - \nu)]^* dn;$$

$$(18) \qquad T_x(t, a) = \int_{-\infty}^{+\infty} [X(n)e^{i2\pi nt}][\sqrt{a}H(an)]^* dn.$$

Dans les deux cas, l'interprétation physique est celle de la sortie (temporelle) d'un banc de filtres, chaque filtre du banc étant déduit d'un gabarit unique.

Dans le cas (17) de la transformée de Fourier à court-terme, le passage d'un filtre à l'autre du banc est obtenu par une simple translation fréquentielle, ou *hétérodynage*. Le banc de filtres résultat est *uniforme* et son invariant est la largeur de bande absolue de chacun des filtres.

Par contre, dans le cas (18) de la transformée en ondelettes, le passage d'un filtre à l'autre du banc est obtenu par un changement d'échelle selon l'axe fréquentiel. Le banc de filtres résultat est donc *non-uniforme*, son invariant étant la largeur de bande relative de chacun des filtres : il s'agit ainsi d'une analyse connue par ailleurs sous le nom d'analyse *à surtension constante*, ou à *Q-constant* [10 - 11]. Dans la perspective d'une interprétation fréquentielle, la transformée en ondelettes est équivalente à une analyse spectrale évolutive à surtension constante réalisée dans le domaine temporel.

2.5. Temps-fréquence, temps-échelle et fonctions d'ambiguïté

Dans un grand nombre de problèmes classiques de traitement du signal (radar, sonar, contrôle non-destructif,...), la situation est souvent la suivante : un signal $x_e(t)$ est émis pour "interroger" un système ; il en résulte une réponse par l'intermédiaire d'un signal reçu $x_r(t)$ dont les modifications par rapport au signal émis portent une information sur le système interrogé. Les procédures optimales de détection, d'estimation, de reconnaissance,... passent alors généralement par une comparaison, en termes de *corrélation* ou de *filtrage adapté* [12], entre des copies de l'émission $x_e(t)$ et la réponse $x_r(t)$.

Dans le cas du radar ou du sonar, on peut considérer en première approximation que la différence de structure entre signal émis et signal reçu est due à l'existence d'un terme de retard τ (lié à la distance entre l'émetteur et la cible) et à l'effet Doppler (lié au mouvement relatif entre l'émetteur et la cible). Si les signaux émis sont à bande fréquentielle suffisamment étroite (cas du radar), l'effet Doppler se traduit par un glissement global φ de tout le spectre de fréquences. Il s'en suit que la statistique utilisée pour la décision (détection de la cible et estimation de sa distance et de sa vitesse radiale relative) est basée sur la quantité :

$$(19) \qquad A_{x_r}^{(BE)}(\tau, \varphi) \stackrel{\triangle}{=} \int_{-\infty}^{+\infty} x_r(t) x_e^*(t - \tau) e^{-i2\pi\varphi t} dt,$$

appelée *fonction d'*(inter-)*ambiguïté à bande étroite* [13]. La terminologie "ambiguïté" vient du fait qu'une valeur observée identique de (19) peut provenir d'une infinité de couples retard-Doppler (τ, φ), et donc conduire à une ambiguïté dans leur estimation conjointe.

Si maintenant les signaux émis sont à bande fréquentielle large, l'approximation précédente relative à l'effet Doppler n'est plus valable et une modélisation plus réaliste est nécessaire. Celle-ci met en jeu un effet de dilatation ou de compression selon l'axe temporel et, en appelant η le taux d'effet Doppler, la statistique utilisée se base maintenant sur une nouvelle quantité :

$$(20) \qquad A_{x_r}^{(LB)}(\tau, \eta) \stackrel{\triangle}{=} \sqrt{\eta} \int_{-\infty}^{+\infty} x_r(t) x_e^*(\eta(t - \tau)) dt,$$

appelée *fonction d'*(inter-)*ambiguïté à large bande* [14].

Il est clair d'après leur définition que fonction d'ambiguïté à bande étroite (resp. à large bande) et transformée de Fourier à court-terme (resp. en ondelettes) sont de structure mathématique identique.

Une interprétation simple de cette similarité est d'envisager l'idée de décomposition d'un signal, sous-jacente aux transformée de Fourier à court-terme et en ondelettes, en termes de détection-estimation, contexte dans lequel l'apparition de la notion de fonction d'ambiguïté est naturelle [1]. En effet, si l'on considère un signal à analyser comme un signal "reçu" et le signal analysant élémentaire comme un signal "émis", décomposer le signal revient à reconnaître où, et avec quels poids, les différentes briques de base le constituant se manifestent, c'est-à-dire à tester toutes les composantes hypothétiques, telles qu'on peut les déduire du signal analysant élémentaire par l'action d'un groupe naturel de transformations : il s'agit donc bien aussi d'un problème de détection (y-a-t-il briques de bases ?)-estimation (où et avec quels poids ?).

Quoique la structure mathématique de la transformée en ondelettes et celle de la fonction d'ambiguïté à large bande soient tout-à-fait semblables, il faut néanmoins remarquer que leurs paramètres d'échelle possèdent des domaines de variations différents. Pour des raisons physiques, le taux Doppler y reste généralement proche de l'unité, alors que, dans une transformée en ondelettes, les signaux sont habituellement analysés sur plusieurs octaves, conduisant le paramètre d'échelle a correspondant à s'écarter notablement de l'unité. D'une manière raccourcie, une fonction d'inter-ambiguïté à large bande peut donc s'interpréter comme une exploration fine d'une transformée en ondelettes au voisinage de l'échelle naturelle de l'ondelette analysante.

3. Transformations bilinéaires

Abandonnant l'idée de décomposer directement un signal selon deux variables, on peut chercher à distribuer son *énergie* dans un plan transformé. Une façon de faire est alors de chercher à construire des transformations bilinéaires du type :

$$(21) \qquad x(t) \rightarrow p_x(t, \theta) \overset{\triangle}{=} \int \int_{-\infty}^{+\infty} \Delta(u, v; t, \theta) x(u) x^*(v) \, du \, dv$$

où Δ est un noyau à spécifier [15].

3.1. Distribution de Wigner-Ville

Une première contrainte est d'imposer à la représentation cherchée d'être compatible avec les translation temporelles et fréquentielles, i.e. avec le groupe de Weyl-Heisenberg. Il est alors remarquable de constater que cette seule contrainte réduit la classe des solutions admissibles à la classe, dite de Cohen, définie par [16] :

$$(22) \qquad C_x(t, \nu; \Pi) \overset{\triangle}{=} \int \int_{-\infty}^{+\infty} \Pi(t - t', \nu - \nu') W_x(t', \nu') dt' \, d\nu'$$

où $\Pi(t, \nu)$ est une fonction arbitraire caractérisant les différentes représentations de la classe et où :

$$(23) \qquad W_x(t, \nu) \overset{\triangle}{=} \int_{-\infty}^{+\infty} x\left(t + \frac{\tau}{2}\right) x^*\left(t - \frac{\tau}{2}\right) e^{-i2\pi\nu\tau} d\tau$$

est la distribution de Wigner-Ville [17,19].

On possède ainsi une paramétrisation dans laquelle des contraintes supplémentaires sur les représentations envisageables peuvent se traduire directement en contraintes sur la fonction arbitraire $\Pi(t, \nu)$ [15,16]. On peut alors montrer par différents jeux d'exigences naturelles que la distribution de Wigner-Ville est l'outil central des analyses temps-fréquence bilinéaires [15,18].

C'est bien sûr une distribution énergétique :

$$(24) \qquad \int \int_{-\infty}^{+\infty} W_x(t, \nu) dt \, d\nu = \int_{-\infty}^{+\infty} |x(t)|^2 \, dt$$

qui est en outre, à une phase pure près, en bijection avec le signal sur lequel elle est construite :

$$(25) \qquad x(t) = \frac{1}{x^*(0)} \int_{-\infty}^{+\infty} W_x \left(\frac{t}{2}, \nu \right) e^{i2\pi\nu t} d\nu.$$

De nombreuses autres propriétés, qu'il serait trop long de citer ici, la rendent particulièrement attrayante en traitement du signal (cf. e.g. [15], [17] ou [19]), en particulier des propriétés de localisation permettant de dépasser le compromis inhérent aux analyses de type Fourier à court-terme.

3.2. Distribution de Wigner affine

En analogie avec le cas linéaire, il est possible de suivre les étapes conduisant à l'unicité conditionnelle de la distribution de Wigner-Ville, mais en prenant comme point de départ une compatibilité avec le groupe affine en lieu et place de celle concernant le groupe de Weyl-Heisenberg. Ceci conduit à une nouvelle classe de représentations bilinéaires, appelées *distributions de Wigner affines* [20], et dont une des expressions s'écrit :

$$(26) \qquad B_x(t, \nu) \overset{\triangle}{=} \nu \int_{-\infty}^{+\infty} k(u) X_a(\nu\lambda(u)) X_a^*(\nu\lambda(-u)) e^{-i2\pi\nu tu} du$$

avec :

$$(27) \qquad k(u) = \left(\frac{u}{2\, sh(u/2)} \right)^{2(n+1)}, \ n \in \mathcal{N} \ ; \ \lambda(u) = \frac{u\, e^{-u/2}}{2\, sh(u/2)}$$

et où X_a correspond à la représentation fréquentielle du signal analytique associé au signal (supposé réel) $x(t)$ [21].

On possède là encore une distribution énergétique admissible dont l'introduction a été essentiellement motivée par la nécessité d'analyser des signaux à large bande soumis à des changements d'horloge [20].

Il est à noter que, dans l'approximation des signaux à bande étroite, l'expression (26) de la distribution de Wigner affine tend à se réduire à celle (23) de la distribution de Wigner-Ville usuelle [20].

3.3. Temps-fréquence, temps-échelle et régularisation

Distributions bilinéaires et transformées linéaires ne sont pas de même nature. Une comparaison est cependant possible si l'on s'intéresse aux versions énergétiques (et donc bilinéaires elles-aussi) de ces dernières.

Parmi ses nombreuses propriétés, la distribution de Wigner-Ville possède celle de vérifier la *formule de Moyal* selon laquelle, pour tout couple de signaux $x(t)$ et $y(t)$, on a l'équivalence [17] :

$$(28) \qquad |\int_{-\infty}^{+\infty} x(u)y^*(u)\,du\,|^2 = \int\int_{-\infty}^{+\infty} W_x(u,n)W_y(u,n)\,du\,dn.$$

Ceci assure une conservation de produit scalaire entre le domaine temporel (ou fréquentiel) et le plan temps-fréquence transformé, permettant entre autres une formulation temps-fréquence naturelle de la théorie de la détection optimale [22].

L'équation (28) étant vraie pour tout signal $y(u)$, on peut dans un premier temps s'intéresser au cas :

$$(29) \qquad y(u) \overset{\triangle}{=} h(u-t)e^{i2\pi\nu u},$$

i.e. à la famille des signaux analysants de la transformée de Fourier à court-terme. Utilisant alors l'invariance de la distribution de Wigner-Ville par rapport au groupe de Weyl-Heisenberg, on obtient directement, en portant (29) dans (28) :

$$(30) \qquad |F_x(t,\nu)|^2 = \int\int_{-\infty}^{+\infty} W_x(u,n)W_h(u-t,n-\nu)\,du\,dn.$$

Ceci montre que le module carré de la transformée de Fourier à court-terme (encore appelé *spectrogramme* ou *sonogramme*) est une version doublement lissée en temps et en fréquence de la distribution de Wigner-Ville [15,16]. La fonction de lissage est elle-même une distribution de Wigner-Ville, celle de la fenêtre d'analyse, le lissage étant homogène dans tout le plan.

Si l'on s'intéresse dans un deuxième temps au cas :

$$(31) \qquad y(u) \overset{\triangle}{=} \frac{1}{\sqrt{a}}h\left(\frac{u-t}{a}\right) \quad ; \quad a > 0,$$

les propriétés de compatibilité de la distribution de Wigner-Ville permettent alors d'écrire [23] :

$$(32) \qquad |T_x(t,a)|^2 = \int_{-\infty}^{+\infty}\int_{-\infty}^{+\infty} W_x(u,n)W_h\left(\frac{u-t}{a}, an\right)du\,dn.$$

Ainsi, la version energique de la transformée en ondelettes apparaît elle aussi comme étant une version doublement lissée de la distribution de Wigner-Ville, le lissage n'étant cependant pas homogène dans tout le plan mais à surtension constante. Localement, le comportement de (32) est très similaire à celui de (31) à la différence près que la fenêtre à court-terme $h(t)$ équivalente est dépendante du point d'évaluation, large en basses fréquences et courte en hautes fréquences.

Il est à noter que des relations de régularisations semblables existent pour les distributions de Wigner affines [20,2].

4. Conclusion

Les résultats qui viennent d'être présentés n'ont pas la prétention d'être exhaustifs quant aux méthodes temps-fréquence et temps-échelle disponibles en traitement du signal. Leur présentation avait deux buts essentiels.

(i) montrer comment des approches temps-échelle peuvent s'introduire d'une manière toute parallèle à des approches temps-fréquence, peut-être plus connues ;

(ii) se servir de ce cadre commun pour mettre en relation les deux classes de méthodes.

Pour ce dernier point, il semble important de noter que l'interprétation temps-fréquence d'une transformée temps-échelle, comme la transformée en ondelettes, n'est qu'indirecte et approximative. Il n'y faut donc pas nécessairement chercher des avantages supérieurs à ceux qu'offrent de "vraies" méthodes temps-fréquence, la réciproque étant vraie en ce qui concerne les méthodes temps-fréquence confrontées à des problèmes d'échelle.

Références

[1] P. Flandrin. Some aspects of non-stationary signal processing with emphasis on time-frequency and time-scale methods, in Wavelets (J. M. Combes, A. Grossmann, P. Tchamitchian, eds.), Springer-Verlag, to appear.

[2] P. Flandrin. Time-frequency and time-scale. IEEE 4th ASSP Workshop on spectrum estimation and modeling, Minneapolis (MN), 1988, 77-80.

[3] J. B. Allen & L. R. Rabiner. A unified approach to short-time Fourier analysis and synthesis. Proc. IEEE 65 (11), 1977, 1558-1564.

[4] D. Gabor. Theory of communication. J. IEE 93 (III), 1946, 429-457.

[5] C. W. HElström. An expansion of a signal in Gaussian elementary signals. IEEE Trans. on Info. Theory IT-12, 1966, 81-82.

[6] L. K. MOntgormery & I. S. Reed. A generalization of the Gabor-Helström transform. IEEE Trans. on Info. Theory IT-13, 1967, 344-345.

[7] A. Grossmann & J. Morlet. Decomposition of Hardy functions into square integrable wavelets of constant shape. SIAM J. Math. Anal. 15 (4), 1984, 723-736.

[8] R. Kronland-Martinet, J. Morlet & A. Grossmann. Analysis of sound patterns through wavelet transforms. Int. J. Pattern Recogn. Artif. Intell. 1 (2), 1987, 273-302.

[9] B. Vidalie & P. Flandrin. Comparaison théorique de deux méthodes temps-fréquence et temps-échelle obtenues par lissage de la distribution de Wigner-Ville. Rapport interne ICPI TS-8810, 1988.

[10] G. Gambardella. A contribution to the theory of short-time spectral analysis with non-uniform bandwidth filters. IEEE Trans. on Circuit Theory CT-18 (4), 1971, 455-460.

[11] J. E. Youngberg & S. F. Boll. Constant-Q signal analysis and synthesis. IEEE int. conf. on acoust., Speech and Signal Proc. ICASSP-78, Tulsa (OK), 1978, 375-378.

[12] H. L. van Trees. Detection, estimation and modulation theory. J. Wiley, 1971.

[13] P. M. Woodward. Probability and information theory with application to radar. Pergamon Press, 1953.

[14] E. J. Kelly & R. P. Wishner. Matched filter theory for high velocity, accelerating targets. IEEE Trans. Mil. Electron, MIL-9, 1965, 56-69.

[15] P. Flandrin. Représentations temps-fréquence des signaux non-stationnaires. Thèse doct. Etat ès sc. physiques, Univ. Grenoble, 1987.

[16] T.A.C.M. Claasen & W.F.G. Mecklenbräuker. The Wigner distribution - A tool for time-frequency signal analysis. Part III : Relations with other time-frequency signal transformations. Philips J. Res. 35 (6), 1980, 372-389.

[17] T.A.C.M. Claasen & W.F.G. Mecklenbräuker. The Wigner distribution - A tool for time-frequency signal analysis. Part I : Continuous-time signals, Philips J. Res. 35 (3), 1980, 217-250.

[18] P. Flandrin & W. Martin. Sur les conditions physique assurant l'unicité de la représentation de Wigner-Ville comme représentation temps-fréquence. 9ème coll. GRETSI, Nice, 1983, 43-49.

[19] P. Flandrin & B. Escudié. Principe et mise en oeuvre de l'analyse temps-fréquence par transformation de Wigner-Ville. Traitement du signal 2 (2), 1985, 143-151.

[20] J. Bertrand & P. Bertrand Time-frequency representations of broad-band signals. IEEE int. conf. on acoust., Speech and Signal Proc. ICASSP-88, New York (NY), 1988, 2196-2199.

[21] J. Ville. Théorie et applications de la notion de signal analytique. Cables set transm. 2A (1), 1948, 61-74.

[22] P. Flandrin. A time-frequency formulation of optimum detection. IEEE Trans. on Acoust., Speech and Signal Proc. ASSP-36 (9), 1988, 1377-1384.

[23] O. Rioul. Wigner-Ville representations of signals adapted to shifts and dilatations. Preprint, 1988.

Adresses :

Laboratoire de Traitement du Signal (URA 346 CNRS)
ICPI, 25 rue du Plat
69288 LYON Cedex 02 (France)

et

GRECO CNRS Traitement du Signal et Images

SCHEMA ITERATIF D'INTERPOLATION

Gilles Deslauriers, Jacques Dubois et Serge Dubuc

RESUME. Après avoir défini le schéma itératif d'interpolation, donné ses pro-priétés et quelques exemples, nous indiquerons une condition nécessaire et suffisante pour obtenir un prolongement continu à tout l'espace $\mathcal{R}^d$. Une condition plus simple est démontrée lorsque le polynôme caractéristique du schéma est non négatif. Dans le cas unidimensionnel, nous rappelons l'étude de la régularité du schéma itératif de Lagrange de type (b, N). Quelques ajouts de calculs sont donnés. Le cas (2.4) y est exposé.

Définition

L'idée de base de ce schéma itératif d'interpolation est la suivante : partant d'une fonction f à valeurs complexes, définie sur un sous-groupe G de l'espace euclidien de dimension, d, $\mathcal{R}^d$, nous voulons étendre cette fonction itérativement à une suite croissante de sous-groupes G_k dont l'union G est dense dans $\mathcal{R}^d$. Pour ce faire, nous utiliserons une transformation linéaire T définie sur $\mathcal{R}^d$ ainsi qu'une fonction poids W à valeurs complexes et nous supposerons que G est un sous-groupe discret fermé de $\mathcal{R}^d$ dont le sous-espace vectoriel qu'il engendre est l'espace $\mathcal{R}^d$ au complet. Nous devons faire quelques hypothèses si nous voulons que le procédé converge.

Pour que l'union des G_k soit dense dans $\mathcal{R}^d$, nous supposerons que le rayon spectral de T est inférieur à 1 et que $G \subset T(G) = G_1$.

Pour qu'il y ait interpolation, nous supposerons que $W(0) = 1$ et $W(x) = 0$ si $x \neq 0$ et $x \in G$. C'est une hypothèse de compatibilité. Nous pourrions transformer ce schéma d'interpolation en n'exigeant pas cette condition de compatibilité. Il est possible que le nouveau schéma itératif ne converge pas et il faudra trouver des conditions de convergence. Dans le cas unidimensionnel, il faut lire les très beaux papiers de I. Daubechies et J. C. Lagarias [1,2] à ce sujet.

Pour étendre f à la suite croissante des $G_k = T^k(G)$, nous exigerons que le domaine de définition de W soit $T(G)$ et que le support de W soit fini. Cette dernière condition pourrait être remplacée en exigeant que la somme des $\mid W(x) \mid$, pour $x \in T(G)$, soit convergente. Nous conserverons la condition que W ne s'annule pas pour un nombre fini de points.

Dans l'article [3], nous avons indiqué qu'il existe une et une seule fonction g, extension de f dite interpolation itérative de f selon T et W, définie sur G_∞ telle que, quel que soit $x \in G$,

$$g(x) = f(x)$$

et quel que soit l'entier non négatif k,

$$g(T^{k+1}x) = \sum_{y \in G} W(Tx - y)g(T^k y).$$

Nous pouvons vérifier, sans trop de difficultés que ce schéma ainsi défini est *linéaire*, *invariant* sous translation d'un point de G et *homogène* ; c'est-à-dire, si $f(x) = g(T^k x)$ pour $x \in G$ et k un entier fixe, alors l'interpolation itérative de f selon T et W est la fonction $g \circ T^k$.

Exemples

Voici trois familles d'exemples que nous étudierons par la suite. Nous supposerons que b est un entier supérieur à 1, que N est un entier supérieur ou égal à 1 et que S_N désigne l'ensemble $\{-N+1, -N+2, \cdots, N-1, N\}$. Pour les deux premiers exemples, nous poserons la dimension $d = 1$, le sous-groupe $G = Z$ et nous utiliserons comme transformation linéaire $Tx = x/b$ pour $x \in \mathcal{R}$.

EXEMPLE A : schéma itératif de type (b, N).

Si $j \in S_N$, $L_j(x) = \prod_{k \in S_N - \{j\}}(x - k)/\prod_{k \in S_N - \{j\}}(j - k)$ est le polynôme de Lagrange. Nous prendrons comme fonction poids : si $n \in S_N$, $k = 0, 1, 2, \cdots, b - 1$, $W(n + k/b) = L_{-n}(k/b)$ et $W(x) = 0$ autrement.

Le cas $N = 2$, $b = 2$ a été le premier exemple traité par S. Dubuc [7]. Dans le cas b arbitraire, nous avons parlé du processus d'interpolation itérative symétrique de Lagrange [6].

EXEMPLE B : courbes de von Koch-Mandelbrot [8].

Soit $Z_0 = 0$, Z_1, $Z_2, \cdots Z_{b-1}, Z_b = 1$, $b + 1$ nombres complexes. La fonction poids utilisée sera $W(k/b) = 1 - Z_k$ si $k = 0, 1, \cdots, b$, $W(k/b) = Z_{b+k}$ si $k = -b$, $-b + 1, \cdots, -1, 0$ et égale à zéro autrement. Si $f(0) = Z_0$, $f(1) = Z_b$, le prolongement continu de l'interpolation itérative restreint à l'intervalle $[0, 1]$ donne la courbe de von Koch-Mandelbrot [5].

EXEMPLE C : schéma itératif plan de type $(2, N)$.

La dimension $d = 2$, le sous-groupe $G = Z \times Z$ et comme transformation linéaire, nous utiliserons la transformation de similitude $T(x, y) = \left(\frac{x-y}{2}, \frac{x+y}{2}\right)$. La fonction poids sera
$W(T(2k-1, 0)) = W(T(0, 2k-1)) = \frac{1}{2}L_k(\frac{1}{2})$ où $k \in S_N$, L_k est le polynôme de Lagrange $W((0,0)) = 1$ et $W(x, y) = 0$ autrement.

On retrouve cet exemple lorsque $N = 2$ dans [3]. On pourra trouver d'autres exemples dans [1,2,4].

Fonctions associées

Nous associerons au schéma, une fonction F dite *Interpolante fondamentale*, un *polynôme caractéristique* $P(y)$, une *distribution* de Schwartz D ainsi que sa *transformée de Fourier* que nous noterons par $G(y)$. L'interpolante fondamentale F est l'extension itérative selon T et W de la fonction suivante définie sur G : $F(x) = 0$ pour tout $x \in G$ sauf si $x = 0$ où elle vaut 1. Cette fonction F est telle que $F(x) = W(x)$ si $x \in T(G)$ et si S est le support de W alors le support du prolongement continu de F à $\mathcal{R}^d$ est la fermeture de la somme de Minkowski des $T^k(S)$ pour $k \geq 0$.

Le lien entre cette fonction F et l'interpolation itérative g d'une fonction f est le suivant :
$$g(x) = \sum_{y \in G} f(y)F(x - y) \quad \text{pour} \quad x \in G_\infty.$$

Ceci montre que l'étude des fonctions g se ramène à celle de F, l'interpolante fondamentale associée au schéma itératif.

Associons maintenant à cette fonction F une suite de polynômes trigonométriques. Si y est un vecteur de $\mathcal{R}^d$, $< x, y >$ étant le produit scalaire usuel dans $\mathcal{R}^d$,
$$P_n(y) = \sum_{x \in G} F(T^n x)e^{i<x,y>}.$$

$P_1(y) = P(Y)$ sera le polynôme caractéristique du processus d'interpolation. Nous pouvons vérifier [3], si T^* est l'adjointe de T et si $U = (T^*)^{-1}$,
$$P_n(Y) = \prod_{k=0}^{n-1} P(U^k Y) = P_{n-1}(UY)P(Y).$$

Comme F est déjà étendue à G_∞, nous aimerions obtenir un prolongement à tout l'espace $\mathcal{R}^d$. Pour cela, nous associerons une distribution tempérée à la fonction F. Soit φ une fonction C^∞ à support compact et posons
$$D_n(\varphi) = \sum_{x \in G} F(T^n x)\varphi(T^n x)(| \det T |)^n.$$

est en fait une somme absolument convergente de masses de Dirac localisées sur $G_n = T^n(G)$. C'est une distribution au sens de Schwartz. Nous avons montré [3] : si T est de rayon spectral inférieur à 1 et si $\sum_{x \in G} W(Tx) = 1/ \mid \det T \mid$ alors la suite D_n converge faiblement vers une distribution D dont la transformée de Fourier est

$$G(y) = \prod_{k=1}^{\infty} \left\{ P(-T^{*k}y) \mid \det T \mid \right\}.$$

De plus $G(y)$ satisfait la relation fonctionnelle

$$G(y) = G(y)P(-y) \mid \det T \mid \quad \text{et} \quad G(O) = 1.$$

Continuité

Nous dirons qu'un schéma itératif d'interpolation est continu si l'interpolante fondamentale associée est uniformément continue sur $\mathcal{R}^d$. Toute interpolation itérative g, extension d'une fonction f, sera continue si le schéma est continu car

$$g(x) = \sum_{y \in G} f(y)F(x - y) \quad \text{pour} \quad x \in \mathcal{R}^d.$$

Un cas intéressant de schéma itératif est celui pour lequel nous pouvons démontrer que la transformée de Fourier $G(y)$ est intégrable et ainsi montrer qu'il est continu. Nous en donnons ici la démonstration.

THEOREME. *Soit G la transformée de Fourier associée au schéma itératif d'interpolation de transformation linéaire T et de fonction poids W. Supposons que le polynôme caractéristique $P(y) = \sum_{x \in G} F(Tx)e^{i<x,y>}$ soit non négatif où F est l'interpolante fondamentale alors $G(y)$ est intégrable.*

Démonstration. Elle est sensiblement la même qu'en dimension 1 [6]. Posons $\Delta = \mid \det T \mid$. On sait que $G(y) = \prod_{k=1}^{\infty} \left\{ P(-T^{*k}y)\Delta \right\}$ et G est une fonction non-négative. Soit C le cube $[-\pi, \pi]^d \subset \mathcal{R}^d$ et intégrons G sur l'ensemble $\Gamma_k = U^k(C)$ où $U = (T^*)^{-1}$

$$\int_{\Gamma_k} G(y)dy = \int_C \Delta^k G(U^k y)dy.$$

Puisque $G(U^k y) = G(y) \sum_{n=0}^{k-1} \left\{ P(-U^n y)\Delta \right\}$,

$$\int_{\Gamma_k} G(y)dy = \int_C G(y) \prod_{n=0}^{k-1} \left\{ P(-U^n y)\Delta \right\} dy.$$

Si M est la valeur maximale de G sur C alors

$$\int_{\Gamma_k} G(y)dy \leq M \int_C \prod_{n=0}^{k-1} \{P(-U^n y)\Delta\}\, dy.$$

Mais nous savons que la série de Fourier associée à $\quad \prod_{n=0}^{k-1} \{P(-U^n y)\Delta\}$
est $\sum_{x \in G} F(T^k x) e^{i<x,y>}$ de sorte que

$$\int_C \prod_{n=0}^{k-1} \{P(-U^n y)\Delta\}\, dy = (2\pi)^d F(0) = (2\pi)^d.$$

Chaque intégral $\int_{\Gamma_k} G(y)dy$ est borné par $(2\pi)^d M$, $G(y)$ est donc intégrable.

Nous pouvons affirmer que la fonction fondamentale F associée à un tel schéma possède une extension continue unique à $\mathcal{R}^d$ et que la transformée de Fourier de cette extension est $G(y)$. La démonstration est la même que dans le cas où $d = 1$.

Si $P(y)$ est le polynôme caractéristique associé au schéma itératif défini à l'exemple A, nous avons montré [6] que ce polynôme était non-négatif et qu'ainsi le schéma était continu.

Pour l'exemple C, nous pouvons vérifier que le polynôme caractéristique $Q(y_1, y_2)$ s'écrit : $Q(y_1, y_2) = \frac{1}{2}[P(y_1) + P(y_2)]$ où P est le polynôme défini précédemment. Ceci montre que la transformée de Fourier est intégrable et que l'interpolante fondamentale se prolonge continuement à tout $\mathcal{R}^2$.

Nous avons donné [3] une condition nécessaire et suffisante pour qu'un schéma itératif d'interpolation soit continu. Avant de rappeler cette condition, définissons quelques termes. Posons

$$C_n(h) = \max \left\{ \sum_{z \in G} \mid F(T^n x - z) - F(T^n y - z) \mid \, : \, x, y \in G, \mid x - y \mid \leq h \right\},$$

$$S_n = \{x \in G_n = T^n(G) \mid F(x) \neq 0\},$$

R_n est le rayon de la plus petite boule centrée à l'origine recouvrant S_n et $\parallel T \parallel = \sup\{\mid T_x \parallel x \in \mathcal{R}^d, \mid x \mid = 1\}$.

Le processus d'interpolation sera continu si pour tout $x \in G_1 = T(G)$, $\sum_{y \in G} F(x - y) = 1$, s'il existe un nombre entier $n \geq 1$ et un nombre réel positif h tels que $\parallel T^n \parallel < 1, h \geq 2R_n/(1- \parallel T^n \parallel)$, $C_n(h) < 2$ et si le sous-groupe engendré par $\{x \in G \mid \mid x \mid \leq h\}$ est exactement G.

Notons que ce résultat ne fait pas intervenir la transformée de Fourier $G(y)$. Nous donnerons deux exemples.

Comme premier exemple, considérons la courbe en C de Gosper. C'est une courbe de von Koch-Mandelbrot engendrée par les points $z_0 = 0$, $z_1 = (1+i)/2$ et $z_2 = 1$. On peut vérifier facilement que

$$C_n(2) = \max\{\sum_{k \in Z} \mid F(\frac{i}{2^n} - k) - F(\frac{j}{2^n} - k) \mid : \mid i - j \mid \leq 2, \ i, j \in Z\}$$

est supérieure à 2 si $n = 1, 2$ et inférieure à 2 pour $n = 3$. En fait $C_3(2) = \sqrt{2}$.

Pour le deuxième exemple, considérons le schéma itératif suivant : la dimension $d = 1$, le sous-groupe de $\mathcal{R}$ est $G = Z$, la transformation linéaire T est $Tx = \frac{x}{3}$ pour $x \in \mathcal{R}$ et la fonction poids choisie est : $W(\frac{1}{2}) = W(-\frac{1}{2}) = \frac{1}{2} - a$, $W(\frac{3}{2}) = W(-\frac{3}{2}) = a$, $W(0) = 1$ où a est un nombre réel et $W(x) = 0$ autrement.

Dans [4], nous avons étudié le prolongement continu de ce schéma et déterminé les valeurs de a pour que la transformée de Fourier $G(y)$ soit intégrable. Nous avons obtenu $-\frac{3}{16} \leq a \leq \frac{1}{16}$. Si nous essayons de déterminer les valeurs de a pour que le module de continuité $C_n(h)$ soit inférieur à 2 nous avons obtenu numériquement que $C_q(6) < 6$ si $-0.4075 < a < \frac{1}{2}$. Si nous désignons par α_n la borne inférieure de cet intervalle, que peut-on dire de la limite de α_n lorsque n tend vers l'infini ? Dans [1] on conjecture que
$$\lim_{n \to \infty} \alpha_n = -\frac{1}{2}.$$

REGULARITE DE F

Nous avons antérieurement [6], étudié la régularité des fonctions obtenues par le schéma itératif d'interpolation du type (b, N), voir exemple A. Nous en rappellerons les grandes lignes et ajouterons certains calculs.

Pour un tel processus, le polynôme caractéristique s'écrit sous la forme

$$P(Y) = 1 + 2 \sum_{j=0}^{N-1} \sum_{k=1}^{b-1} L_{-j}(k/b)\cos((jb+k)Y).$$

Nous avons montré que ce polynôme non négatif peut se décomposer en un produit de $[\sin(by/2)/\sin(y/2)]^{2N}$ et d'un facteur secondaire $S(Y) = \sum_k S_k e^{iky}$, polynôme trigonométrique de degré $N - 1$. Ayant associé à $S(Y)$ une matrice $B = (b_{j,k})$ où $b_{jk} = S_{j-kb}$; cette matrice peut être tronquée en une matrice carrée d'ordre $2M + 1$, $[B]_M$, où M est la partie entière de $(N-1)/(b-1)$. Si r est le rayon spectral de $[B]_M$, nous appellerons le nombre E tel que $b^E = 1/r$, l'exposant critique du processus.

THEOREME [6]. *Si m est un entier positif inférieur à E, alors la dérivée d'ordre m de la fonction interpolante fondamentale F est continue. De plus si m est un entier non négatif et si α est un nombre réel compris entre 0 et 1 tels que $m + \alpha$ est inférieur à E alors $F^{(m)}(x)$ appartient à la classe de Lipschitz d'ordre α.*

Ce résultat ne peut substantiellement être amélioré.

Voici un tableau de l'exposant critique pour différentes valeurs de b et de N.

$N\backslash b$	2	3	4	5	6
2	2	$\leftarrow$	$1 < E_2 < 2$	$-$	$\rightarrow$
3	$2,83$	$2,32$	$2,1$	$1 < E_3 < 2$	$\rightarrow$
4	$3,55$	$2,63$	$2,29$	$2,18$	$2,06$
5	$4,19$	$2,73$	$2,55$	$2,34$	$2,21$

$E_2 = \ell n(3b^3/(b^2+2))/\ell nb$
$E_3 = \ell n(20b^5/(4b^4+5b^2+11)/\ell nb$

Tableau de l'exposant critique E

Comme nous venons de la voir, il est possible de dériver l'interpolante fondamentale, un nombre de fois, r, inférieur à l'exposant critique E. Pour calculer la dérivée $r^{\text{ième}}$ de F aux points de la forme k/b^m nous devons connaître uniquement $F^{(r)}(x)$ où x est entier. En effet, si nous dérivons r fois

$$F(x/b^m) = \sum_n F(n/b^m)F(x-n),$$

nous voyons, en remplaçant x par k

$$\left(\frac{1}{b^m}\right)^r F^{(r)}(k/b^m) = \sum_n F(n/b^m)F^{(r)}(k-n),$$

qu'il suffit de connaître $F^{(i)}(j)$, j entier.

Donnons sous forme de théorème le cas $b=2$, $N=4$.

THEOREME. *Pour un processus d'interpolation du type (2,4) les valeurs de $F^{(r)}(x)$ où $r=1,2,3$, et où x est entier, sont données dans le tableau suivant :*

On posera $a = 5946360$, $d = 2506560$

x	0	1	2	3	4	5	6
$F(x)$	1	0	0	0	0	0	0
$aF'(x)$	0	-4715520	1141695	-199680	13225	1024	-5
$F''(x)$	$-21/8$	$64/45$	$-1/9$	0	$1/720$	0	0
$df'''(x)$	0	-4677632	3047987	-476928	-10952	11520	-225

D'autres calculs sont explicités dans [6].

CONCLUSION

Ce schéma itératif d'interpolation donne, suivant le choix de la fonction poids, une fonction interpolante fondamentale dont le graphe est très irrégulier (fractal). Il peut en être de même des dérivées de cette fonction, lorsqu'elles existent. Peut-on calculer la dimension de Hausdorff de ces graphes ?

Nous avons donné une condition nécessaire et suffisante pour que l'interpolante fondamentale associée à un schéma itératif d'interpolation se prolonge continument à tout R^d. Existe-t-il une condition nécessaire et suffisante pour qu'un tel schéma soit différentiable une fois, deux fois...?

REMERCIEMENTS

Cette recherche a été rendue possible grâce aux subventions suivantes :
FCAR [CRP-2093, Québec] (G. Deslauriers et S. Dubuc)
FCAR [#EQ-1128, Québec] (J. Dubois)
CRSNG [n° A8133, Canada] (J. Dubois)
CRSNG [n° A8860, Canada] (S. Dubuc).

Bibliographie

[1] **I. Daubechies and J. Lagarias** Two-scale difference equations : I. Global regularity of solutions. *Preprint AT and T Bell Laboratories, 1989.*

[2] **I. Daubechies and J. Lagarias** Two-scale difference equations : II. Infinite products of matrices, local regularity and fractals. *Preprint AT and T Belle Laboratories, 1989.*

[3] **G. Deslauriers, J. Dubois et S. Dubuc** Multidimensional iterative interpolation. *Rapport technique n° 41, Univ. de Sherbrooke, 1988.*

[4] **G. Deslauriers, S. Dubuc** Interpolation dyadique. *Fractals. Dimensions non entières et applications. Paris, Masson, 1987, 44-55.*

[5] **G. Deslauriers, S. Dubuc** Transformées de Fourier de courbes irrégulières. *Ann. Sc. Math. du Québec, 11 (1987), 25-44.*

[6] **G. Deslausriers, S. Dubuc** Symmetric iterative Interpolation Processes. *Constructive approximation (to appear).*

[7] **S. Dubuc** interpolation through an iterative scheme. *J. Math. Anal. Appl. 114 (1986), 185-204.*

[8] **B. Mandelbrot** The fractal geometry of nature. *San Francisco, W. H. Freeman, 1982.*

Adresses :

Gilles Deslauriers
Départment de mathématiques appliquées
Ecole Polytechnique
C.P. 6079
Succ. A
Montréal, Québec, H3C 3A7 (Canada)

Jacques Dubois
Département de mathématiques et d'informatique
Université de Sherbrooke
Sherbrooke, Québec, J1K 2R1 (Canada)

Serge Dubuc
Département de mathématiques et de Statistique
Université de Montréal
C.P. 6128, Succ. A
Montréal, Québec, H3C 3J7 (Canada)

REGULARITE LOCALE DE LA FONCTION "NON-DIFFERENTIABLE" DE RIEMANN

Mathias Holschneider & Philippe Tchamitchian

RESUME. *Nous montrons comment analyser la régularité locale des fonctions à l'aide de la transformation en ondelettes. Ces résultats sont appliqués à la fonction de Riemann, pour laquelle nous montrons l'existence d'un ensemble dense de points où elle est dérivable. Pour un autre ensemble dense nous montrons l'existence de points de rebroussement. Sur un troisième ensemble nous montrons la dérivabilité à droite (à gauche). Sur le restant des points, on verra que la fonction n'est pas dérivable.*

1. Introduction et remarques historiques

En 1872 Weierstrass introduisit sa fameuse fonction [1] :

$$\sigma(x) = \sum_{n=1}^{\infty} b^n \sin(a^n x), \quad 0 < b < 1$$

pour laquelle il pouvait démontrer, en supposant $a \cdot b$ supérieur à une certaine valeur et a un entier impair, qu'elle était continue et nulle part dérivable. Plus tard, Hardy montra [2] que seule la taille de $a \cdot b$ intervenait pour démontrer la non-dérivabilité. L'histoire des fonctions nulle part dérivables définies par des séries de Fourier lacunaires remonte même à Riemann qui aurait proposé [3] auparavant la fonction

$$(1.1) \qquad\qquad W(x) = \sum_{n=1}^{\infty} \frac{1}{n^2} \sin(\pi n^2 x),$$

- moins lacunaire que la fonction de Weierstrass σ — comme exemple d'une fonction continue nulle part dérivable ; cependant ni lui ni Weierstrass ne réussirent à prouver cette non-dérivabilité. L'assertion de Riemann fut toutefois partiellement confirmée par Hardy, qui prouva que W n'était différentiable en aucun point irrationnel ni en aucun point rationnel de la forme P/Q avec soit $P \equiv 0 \mod 2$ et $Q \equiv 1 \mod 4$ soit $P \equiv 1 \mod 2$ et $Q \equiv 2 \mod 4$ [2]. De sorte que tout semblait indiquer la validité de la conjecture de Riemann, jusqu'à ce que, en 1970, Gerver démontre qu'en fait W est dérivable en tout point rationnel de la forme P/Q avec $P \equiv Q \equiv 1 \mod 2$ [4]. La preuve reposait sur des estimations de sommes trigonométriques, estimations élémentaires mais compliquées. Il prouva par la suite [5] que la fonction de Riemann n'était dérivable en aucun autre point rationnel, ce qui résolvait complètement la question de la dérivabilité de la fonction de Riemann.

En 1988, l'un d'entre nous montra comment relier, à l'aide d'une transformation en ondelettes, l'étude du comportement local de W à l'étude d'une fonction théta de Jacobi au voisinage de l'axe réel [6]. La transformation en ondelettes est une sorte de microscope mathématique qui analyse des fonctions arbitraires à de nombreuses échelles au voisinage de n'importe quel point de l'axe réel. Cependant tous les résultats de [6] reposaient sur des hypothèses a priori très fortes sur la fonction à analyser, hypothèses que W pouvait ne pas vérifier.

Le but de ce texte est de donner des résultats rigoureux pour l'analyse de la régularité locale des fonctions à l'aide de transformations en ondelettes. Nous appliquerons ces résultats à l'analyse du comportement local de la fonction de Riemann-Weierstrass (1.1). Nous retrouverons les résultats de Hardy et Gerver sur la dérivabilité de la fonction de Riemann. De plus, nous prouverons qu'en tout point rationnel P/Q avec $P \equiv 1 \bmod 2$ et $Q \equiv 0 \bmod 2$ ou son inverse la fonction de Riemann a un point de rebroussement, que nous serons en mesure de caractériser complètement.

Le texte est organisé de la manière suivante. La section 2 introduit rapidement la transformation en ondelettes. La section 3 montre comment prouver la régularité hölderienne globale par une transformation en ondelettes. L'analyse de la régularité hölderienne locale sera l'objet de la section 4. La section 5 montrera comment prouver la dérivabilité locale à l'aide de la transformation en ondelettes. Enfin tous ces résultats seront appliqués à la fonction de Riemann-Weierstrass dans les sections 6 à 9.

2. Introduction à la transformation en ondelettes

Considérons une fonction φ (relativement arbitraire) à valeurs complexes, à laquelle nous demanderons en général d'être bien localisée et régulière, par exemple en imposant la condition suivante :

$$| \varphi(x) | + | \varphi'(x) | = O\left(\frac{1}{1+ | x |^{2+\epsilon}}\right).$$

De plus nous supposerons les deux premiers moments de φ nuls :

$$\int_{-\infty}^{+\infty} \varphi(x)dx = \int_{-\infty}^{+\infty} x\,\varphi(x)dx = 0.$$

[Ces conditions sont maximales en ce sens que tous les théorèmes énoncés par la suite seront valables pour de telles ondelettes. Nous serons en mesure d'affaiblir considérablement ces conditions suivant les problèmes étudiés].

Une telle fonction sera appelée une ondelette, puisque l'annulation de certains moments oblige la fonction φ à avoir des oscillations. En translatant et dilatant l'ondelette φ, on obtient une famille à deux paramètres de fonctions $\frac{1}{a}\varphi\left(\frac{x-b}{a}\right)$. Le paramètre $b \in \mathbb{R}$ est un paramètre de position tandis que $a > 0$ s'interprète comme un paramètre d'échelle. La transformée en ondelettes d'une fonction arbitraire s relativement à une ondelette φ est donnée [7], [8] par les produits scalaires suivants - chaque fois que ces expressions ont un sens :

$$T(b,a) = \int_{-\infty}^{+\infty} \frac{1}{a}\bar{\varphi}\left(\frac{x-b}{a}\right) s(x)dx.$$

[Plus généralement, une analyse en ondelettes continue est construite à l'aide d'une représentation irréductible de carré intégrable d'un groupe [7]. Ici, il s'agit du groupe affine $ax + b$].

En général, la fonction $T(b,a)$ est une fonction régulière sur le demi-plan position-échelle. Analyser une fonction à l'aide de sa transformée en ondelettes revient à l'analyser sur différentes échelles autour de positions arbitraires. Cette transformation est une sorte de microscope mathématique, dont $\frac{1}{a}$ serait le grossissement et b la position au-dessus de la fonction à analyser. L'optique spécifique est déterminée par l'ondelette elle-même. Cette interprétation est utile dans l'étude d'objets fractals par cette transformation.

La transformation en ondelettes est inversible. Une formule d'inversion explicite est donnée par l'intégrale double ci-dessous sur le demi-plan position-échelle :

$$s(x) = \int_{0}^{+\infty} \int_{-\infty}^{+\infty} \frac{1}{a}g\left(\frac{x-b}{a}\right) T(b,a)\frac{da}{a}db$$

où g est une fonction intégrable relativement arbitraire, sujette aux seules restrictions ci-dessous :

(2.1)
$$i) \quad \int_{0}^{+\infty} \hat{\varphi}^*(a)\hat{g}(a)\frac{da}{a} = 1$$

$$ii) \quad \int_{0}^{+\infty} \hat{\varphi}^*(-a)\hat{g}(-a)\frac{da}{a} = 1$$

$$iii) \quad \hat{g}(a) = O(a) \quad \text{quand} \quad a \to 0.$$

Une telle fonction est appelée *ondelette par reconstruction* pour l'ondelette φ. En particulier, pour une ondelette intégrable, on peut choisir son ondelette de reconstruction à support compact et deux fois continûment dérivable. Dans ce cas, pour tout x, l'intégrale de reconstruction ne porte que sur un cône de sommet x et d'angle d'ouverture déterminé par le support de g. Ce cône est parfois appelé *cône d'influence* de g en x. La formule d'inversion est valable point par point, comme le montre le théorème suivant.

(2.2) *THEOREME. Soit s une fonction bornée qui, essentiellement, oscille autour de 0, ce qu'on exprimera par la condition* :

$$\lim_{y \to +\infty} \frac{1}{2y}\int_{x-y}^{x+y} s(t)dt = 0 \; uniformément \; en \; x.$$

Soit T sa transformée en ondelettes par rapport à une ondelette intégrable φ et soit g une ondelette intégrable et une fois dérivable. Alors en tout point x où s est continue on a :

$$(2.3) \qquad s(x) = \lim_{\epsilon \to 0,\, \rho \to +\infty} \int_\epsilon^\rho \int_{-\infty}^{+\infty} \frac{1}{a} g\left(\frac{x-b}{a}\right) T(b,a) \frac{da}{a} db.$$

Démonstration. En remplaçant T par sa définition et en échangeant l'ordre d'intégration, on obtient :

$$s_{\epsilon,\rho}(x) = \int_\epsilon^\rho \int_{-\infty}^{+\infty} \frac{1}{a} g\left(\frac{x-b}{a}\right) T(b,a) \frac{da}{a} db$$

$$= \int_\epsilon^\rho \int_{-\infty}^{+\infty} \int_{-\infty}^{+\infty} \frac{1}{a} g\left(\frac{x-b}{a}\right) \frac{1}{a} \bar{\varphi}\left(\frac{y-b}{a}\right) s(y) \frac{da}{a} db\, dy$$

$$= \int_{-\infty}^{+\infty} M_{\epsilon,\rho}(y-x) s(y) dy$$

où $M_{\epsilon,\rho}$ désigne

$$M_{\epsilon,\rho}(x) = \int_\epsilon^\rho \int_{-\infty}^{+\infty} \frac{1}{a} \bar{\varphi}\left(-\frac{b}{a}\right) \frac{1}{a} g\left(\frac{x-b}{a}\right) \frac{da}{a} db.$$

La transformée de Fourier de ce noyau se calcule directement, ce qui donne :

$$\hat{M}_{\epsilon,\rho}(\omega) = \int_\epsilon^\rho \hat{\varphi}^*(a\omega) \hat{g}(a\omega) \frac{da}{a}$$

$$= \hat{M}(\epsilon\omega) - \hat{M}(\rho\omega)$$

où nous avons écrit :

$$(2.4) \qquad \hat{M}(\omega) = \int_{|\omega|}^\infty \hat{\varphi}^*(a \operatorname{sgn} \omega) \hat{g}(a \operatorname{sgn} \omega) \frac{da}{a}.$$

La régularité de g entraîne une décroissance rapide de $\hat{g}$ et pour cela $\hat{M}$ est donc intégrable. Maintenant, $\hat{M}$ est dérivable pour $\omega \neq 0$ et en $\omega = 0$ est encore lipschitzienne par définition d'une ondelette de reconstruction. D'après un théorème de Bernstein [10] on trouve alors que M, la transformée de Fourier inverse de $\hat{M}$, est intégrable et que de plus $\int M(x)dx = \hat{M}(0) = 1$. Ce qui nous permet d'écrire, à l'aide d'une transformation de Fourier inverse :

$$s_{\epsilon,\rho}(x) = \int_{-\infty}^{+\infty} \frac{1}{\epsilon} M\left(\frac{y-x}{\epsilon}\right) s(y) dy - \int_{-\infty}^{+\infty} \frac{1}{\rho} M\left(\frac{y-x}{\rho}\right) s(y) dy.$$

Le premier terme tend vers $s(x)$ quand $\epsilon \to 0$ d'après le lemme d'approximation de l'identité.

Pour analyser le second terme, on approxime M en norme L^1 par une suite de fonctions M_n de la forme $M_n = \sum_{i=-\infty}^{+\infty} c_i^n \chi_i^n$ où χ_i^n est la fonction caractéristique de $[\frac{i}{n}, \frac{i+1}{n}[$. En intervertissant les limites et en utilisant l'oscillation de s autour de 0 on obtient :

$$\lim_{\rho \to +\infty} \int_{-\infty}^{+\infty} \frac{1}{\rho} M\left(\frac{y-x}{\rho}\right) s(y)dy =$$

$$= \lim_{\rho \to +\infty} \lim_{n \to +\infty} \int_{-\infty}^{+\infty} \sum_{i=-\infty}^{+\infty} C_i^n \frac{1}{\rho}\chi_i^n\left(\frac{y-x}{\rho}\right) s(y)dy$$

$$= \lim_{n \to +\infty} \sum_{i=-\infty}^{+\infty} C_i^n \lim_{\rho \to +\infty} \int_{-\infty}^{+\infty} \frac{1}{\rho}\chi_i^n\left(\frac{y-x}{\rho}\right) s(y)dy$$

$$= 0$$

ce qui prouve le théorème.

REMARQUES.

i) On peut supposer que s est à croissance polynômiale dans les hypothèses du théorème à condition que l'ondelette décroisse suffisamment vite à l'infini.

ii) Il est clair qu'un théorème analogue est valide pour des fonctions s et des ondelettes φ dont la transformée de Fourier est portée par les fréquences positives (négatives) seulement. Dans ce cas, une ondelette de reconstruction n'a que la première (seconde) équation de (2.1) à satisfaire.

Nous appellerons une représentation de la forme (2.3) d'une fonction arbitraire comme superposition de fonctions localisées autour d'une certaine échelle et d'une certaine position une *représentation échelle-espace* de la fonction s. La fonction T est appelée *les coefficients d'échelle-espace* par rapport à l'ondelette de reconstruction. Comme nous l'avons vu, ces représentations existent, mais elles sont loin d'être uniques - il y en a au moins autant que d'ondelettes de reconstruction. De plus toutes les représentations échelle-espace ne proviennent pas de transformations en ondelettes.

3. Transformée en ondelettes d'une fonction hölderienne

Dans cette section nous rappelons comment analyser la régularité hölderienne uniforme à l'aide des coefficients d'ondelettes [8]. D'une manière générale le degré de régularité uniforme d'une fonction se reflète dans sa transformée en ondelettes par la décroissance des coefficients d'ondelettes aux petites échelles, comme l'indique le théorème suivant :

(3.1) *THEOREME. Si une fonction bornée s satisfait pour une constante $C > 0$:*

$$\mid s(x) - s(y) \mid \leq C \mid x - y \mid^\alpha , \quad \alpha \in]0,1]$$

alors sa transformée en ondelettes par rapport à une ondelette φ vérifie uniformément en b :

$$T(b, a) = O(a^\alpha).$$

L'ondelette analysante φ devra vérifier : $\varphi \in L^1$, $x^\alpha \varphi \in L^1$, $\int \varphi \, dx = 0$.

Démonstration. Puisque $\int \varphi \, dx = 0$ on peut écrire :

$$T(b, a) = \int_{-\infty}^{+\infty} \frac{1}{a} \bar{\varphi} \left(\frac{x - b}{a} \right) s(x) dx$$

$$= \int_{-\infty}^{+\infty} \frac{1}{a} \bar{\varphi} \left(\frac{x - b}{a} \right) (s(x) - s(b)) dx.$$

Passant aux valeurs absolues et en utilisant $| \, s(x) - s(y) \, | = O(| \, x - y \, |^\alpha)$ on obtient l'estimation voulue pour T :

$$| \, T(b, a) \, | \le \int_{-\infty}^{+\infty} | \, \frac{1}{a} \varphi \left(\frac{x - b}{a} \right) \, | \, | \, s(x) - s(b) \, | \, dx$$

$$= O(1) \, \| \, x^\alpha \varphi \, \|_{L^1} \, a^\alpha = O(a^\alpha)$$

ce qui prouve le théorème.

Inversement une décroissance uniforme des coefficients d'échelle-espace d'ordre $O(a^\alpha)$ entraîne une régularité hölderienne d'exposant α :

(3.2) THEOREME. *Si les coefficients d'échelle-espace T d'une fonction s par rapport à une ondelette de reconstruction g à support compact et une fois continûment dérivable satisfont :*

$$T(b, a) = O(a^\alpha)$$

uniformément en b pour un $\alpha \in]0, 1[$ alors s est höldérienne d'exposant de régularité α.

Démonstration. Par hypothèse, on peut écrire :

$$s(x) = \int_0^\infty \int_{-\infty}^{+\infty} \frac{1}{a} g \left(\frac{x - b}{a} \right) T(b, a) \frac{da}{a} db$$

$$= \left\{ \int_0^1 + \int_1^\infty \right\} \int_{-\infty}^{+\infty} \frac{1}{a} g \left(\frac{x - b}{a} \right) T(b, a) \frac{da}{a} db$$

$$= s_{PE}(x) + s_{GE}(x).$$

L'intégrale sur les grandes échelles $(a > 1)$ fournit une fonction régulières $s_{GE}(x)$. Le comportement local de s est donc déterminé par l'intégrale sur les petites échelles $s_{PE}(x)$. Cette intégrale est absolument convergente et on peut écrire :

$$s_{PE}(x + h) - s_{PE}(x) = \int_0^1 \int_{-\infty}^{+\infty} \left\{ \frac{1}{a} g \left(\frac{x + h - b}{a} \right) - \frac{1}{a} g \left(\frac{x - b}{a} \right) \right\} T(b, a) \frac{da}{a} db$$

$$= \int_0^h \frac{1}{a} g\left(\frac{x+h-b}{a}\right) T(b,a) \frac{da}{a} db \qquad (T1)$$

$$- \int_0^h \frac{1}{a} g\left(\frac{x-b}{a}\right) T(b,a) \frac{da}{a} db \qquad (T2)$$

$$+ \int_h^1 \left\{ \frac{1}{a} g\left(\frac{x+h-b}{a}\right) - \frac{1}{a} g\left(\frac{x-b}{a}\right) \right\} T(b,a) \frac{da}{a} db \qquad (T3)$$

Nous ne considérons que le cas $h > 0$, le cas $h < 0$ étant analogue. L'intégrale sur le demi plan ne porte en fait que sur la réunion de deux cônes d'influence de sommets respectifs x et $x + h$, en raison de la compacité du support de g. Géométriquement les contributions $T1$ et $T2$ correspondent essentiellement aux régions où les supports des ondelettes restent disjoints, tandis que dans T3 les deux ondelettes interagissent. Maintenant, nous allons estimer chacun de ces termes séparément.

T1, T2 : D'après la décroissance des coefficients d'ondelettes en $O(a^\alpha)$ aux petites échelles, on peut écrire :

$$|T2| \leq \int_0^h \int_{-\infty}^{+\infty} |\frac{1}{a} g\left(\frac{x-b}{a}\right)| \, || \, T(b,a) \, | \, \frac{da}{a} db$$

$$= O(1) \, || \, g \, ||_{L^1} \int_0^h a^\alpha \frac{da}{a}$$

$$= O(h^\alpha).$$

De même, en remplaçant x par $x + h$, on a : $T_1 = O(h^\alpha)$ également.

T3 : Comme g a été choisie continûment dérivable, on peut décrire l'interaction des ondelettes par :

$$g\left(\frac{x+h-b}{a}\right) - g\left(\frac{x-b}{a}\right) = \frac{h}{a} g'\left(\frac{x+\tau-b}{a}\right)$$

pour un $\tau \in]0, h[$, g' désignant la dérivée de g. L'estimation de $|T3|$ donne alors :

$$|T3| \leq \int_h^1 \int_{-\infty}^{+\infty} \left| \frac{1}{a} g\left(\frac{x+h-b}{a}\right) - \frac{1}{a} g\left(\frac{x-b}{a}\right) \right| \, | \, T(b,a) \, | \, \frac{da}{a} db$$

$$= h \int_h^1 \int_{-\infty}^{+\infty} \left| \frac{1}{a^2} g'\left(\frac{x\tau-b}{a}\right) \right| \, | \, T(b,a) \, | \, \frac{da}{a} db$$

$$= O(h) \, || \, g' \, ||_{L^\infty} \int_h^1 a^{\alpha-1} \frac{da}{a}$$

$$= O(h^\alpha).$$

En réunissant ces trois estimations, on voit que s_{PE}, et donc s est hölderienne d'exposant α.

4. Analyse par ondelettes de la régularité hölderienne locale

La régularité locale d'une fonction implique une décroissance locale équivalente de ses coefficients d'ondelettes aux petites échelles, comme le montre le théorème suivant :

(4.1) THEOREME. *Soit s une fonction bornée qui satisfait*

$$s(x_0 + h) - s(x_0) = O(h^\alpha), \quad \alpha \in]0, 1]$$

en un point $x_0 \in \mathbb{R}$. Alors sa transformée en ondelettes par rapport à une ondelette φ vérifie :

$$T(x_0 + b, a) = O(a^\alpha + \mid b \mid^\alpha).$$

L'ondelette est supposée vérifier : $\varphi \in L^1$, $x^\alpha \varphi \in L^1$ et $\int \varphi \, dx = 0$.

Démonstration. Comme auparavant, le fait que φ est de moyenne nulle permet de faire apparaître le comportement local de s. Par une translation générale, on peut supposer que $x_0 = 0$ et alors :

$$T(a, b) = \int_{-\infty}^{+\infty} \frac{1}{a} \bar\varphi \left(\frac{x - b}{a} \right) s(x) dx$$

$$= \int_{-\infty}^{+\infty} \frac{1}{a} \bar\varphi \left(\frac{x - b}{a} \right) (s(x) - s(0)) dx.$$

L'estimation de $\mid T(b, a) \mid$ donne :

$$\mid T(b, a) \mid = O(1) \int_{-\infty}^{+\infty} \mid \frac{1}{a} \varphi \left(\frac{x - b}{a} \right) \mid \| x \mid^\alpha dx$$

$$= O(1) \int_{-\infty}^{+\infty} \mid \varphi(x) \mid \mid ax + b \mid^\alpha dx$$

$$= O(a^\alpha) \| x^\alpha \varphi \|_{L^1} + O(\mid b \mid^\alpha) \| \varphi \|_{L^1}$$

$$= O(a^\alpha + \mid b \mid^\alpha),$$

ce qui prouve le théorème.

Inversement une décroissance locale des coefficients d'échelle-espace prouve une régularité locale de la fonction. Cependant pour montrer la régularité hölderienne locale on doit supposer des conditions plus fortes. Le théorème suivant est similaire à un théorème démontré dans [11] :

(4.2) THEOREME. *Supposons qu'une fonction bornée s a une représentation échelle-espace avec une ondelette de reconstruction g à support compact et continûment dérivable et des coefficients T qui satisfont pour un $\gamma > 0$ et un $\alpha \in]0, 1[$*

i) $T(b, a) = O(a^\gamma)$ *uniformément en b*

ii) $T(x_0 + b, a) = O\left(a^\alpha + \dfrac{|\, b\,|^\alpha}{|\, \log b\,|}\right)$

alors s a en x_0 une régularité locale d'exposant α, au sens que $s(x_0 + h) - s(x_0) = O(|\, h\,|^\alpha)$.

Démonstration. Par une translation et une dilatation générale, ce qui ne change pas la régularité locale de s, on peut supposer que le support de g est contenu dans $[-1/2, +1/2]$ et que $x_0 = 0$.

Comme dans la preuve du théorème (3.2), on n'a à estimer que l'intégrale des petites échelles :

$$\Delta(h) = s_{PE}(h) - s_{PE}(0)$$
$$= \int_0^1 \int_{-\infty}^{+\infty} \left\{ \frac{1}{a} g\left(\frac{h-b}{a}\right) - \frac{1}{a} g\left(\frac{-b}{a}\right) \right\} T(b, a) \frac{da}{a} db.$$

Nous ne traitons que le cas $h > 0$, le cas $h < 0$ étant analogue. Alors, à l'aide de la fonction $\eta(h) = |\, h\,|^{\alpha/\gamma}$ on peut couper l'intégrale en plusieurs morceaux :

$$\Delta(h) = \int_0^{\eta(h)} \int_{-\infty}^{+\infty} \frac{1}{a} g\left(\frac{h-b}{a}\right) T(b, a) \frac{da}{a} db \qquad (T1)$$

$$+ \int_{\eta(h)}^h \int_{-\infty}^{+\infty} \frac{1}{a} g\left(\frac{h-b}{a}\right) T(b, a) \frac{da}{a} db \qquad (T2)$$

$$- \int_0^h \int_{-\infty}^{+\infty} \frac{1}{a} g\left(-\frac{b}{a}\right) T(b, a) \frac{da}{a} db \qquad (T3)$$

$$+ \int_h^1 \int_{-\infty}^{+\infty} \left\{ \frac{1}{a} g\left(\frac{h-b}{a}\right) - \frac{1}{a} g\left(-\frac{b}{a}\right) \right\} T(b, a) \frac{da}{a} db \qquad (T4)$$

Chacun de ces termes sera estimé séparément.

T1 : D'après la régularité hölderienne globale de s, on peut estimer $T(b, a) = O(a^\gamma)$ ce qui nous donne :

$$|\, T1\,| \leq \int_0^{\eta(h)} \int_{-\infty}^{+\infty} \left|\frac{1}{a} g\left(\frac{h-b}{a}\right)\right| |\, T(b, a)\,| \frac{da}{a} db$$
$$= O(1) \|\, g\,\|_{L^1} \int_0^{\eta(h)} a^\gamma \frac{da}{a}.$$

D'après le choix de $\eta(h) = O(h^{\alpha/\gamma})$ on obtient $T1 = O(h^\alpha)$.

T2 : Puisque le support de g est compris dans $[-1/2, +1/2]$, on a sous le signe intégral $a \leq h$ et $b \leq 2h$. On peut donc estimer $T(b, a) = O(a^\alpha + h^\alpha/\,|\, \log h\,|)$. Le terme en a^α

peut être estimé comme ci-dessous pour T3 et donne un ordre $O(h^\alpha)$, et enfin :

$$
\begin{aligned}
\mid T2 \mid &\leq \int_{\eta(h)}^{h} \int_{-\infty}^{+\infty} \mid \frac{1}{a} g\left(\frac{h-b}{a}\right) \mid \parallel T(b,a) \mid \frac{da}{a} db \\
&= O(1)\frac{\mid h \mid^\alpha}{\mid \log h \mid} \int_{\eta(h)}^{h} \int_{-\infty}^{+\infty} \mid \frac{1}{a} g\left(\frac{x-b}{a}\right) \mid db \frac{da}{a} + O(h^\alpha) \\
&= \parallel g \parallel_{L^1} O(1)\frac{h^\alpha}{\mid \log h \mid}.\log\left(\frac{h}{\eta(h)}\right) + O(h^\alpha) \\
&= O(h^\alpha)
\end{aligned}
$$

d'après le choix de $\eta(h)$.

T3 : L'intégrale porte sur le cône d'influence de g en 0. A l'intérieur de ce cône, on a $\mid T(b,a) \mid = O(a^\alpha)$. Comme le terme T1 dans la démonstration du théorème (3.2), cela donne $T3 = O(h^\alpha)$.

T4 : Comme dans la preuve du théorème (3.2), on utilise la régularité de l'ondelette de reconstruction pour écrire :

$$
g\left(\frac{h-b}{a}\right) - g\left(-\frac{b}{a}\right) = \frac{h}{a} g'\left(\frac{\tau-b}{a}\right)
$$

pour un $\tau \in]0,h[$. Le module de T4 se majore alors par :

$$
\begin{aligned}
\mid T4 \mid &\leq \int_{h}^{1} \int_{-\infty}^{+\infty} \frac{1}{a} \left| g\left(\frac{h-b}{a}\right) - g\left(-\frac{b}{a}\right) \right| \mid T(b,a) \mid \frac{da}{a} db \\
&\leq h \int_{h}^{1} \int_{-\infty}^{+\infty} \frac{1}{a^2} \left| g'\left(\frac{\tau-b}{a}\right) \right| \mid T(b,a) \mid \frac{da}{a} db.
\end{aligned}
$$

Comme g' est portée par le support de g et donc par $[-1/2, +1/2]$, l'intégrale porte sur le cône $\mid b \mid \leq 2a$ et donc on peut estimer $T(b,a)$ par $T(b,a) = O(a^\alpha)$. Ce qui donne :

$$
\mid T4 \mid = O(h) \parallel g' \parallel_{L^\infty} \int_{h}^{1} a^{\alpha-1} \frac{da}{a} = O(h^\alpha).
$$

Cela montre que s_{PE}, et donc s, est höldérienne d'exposant α, ce qui prouve le théorème.

4. Différentiabilité ponctuelle et analyse par ondelettes

Dans cette section on étudie la différentiabilité ponctuelle à l'aide des transformées en ondelettes. Le théorème suivant montre que la régularité locale se reflète du côté des ondelettes en une décroissance rapide des coefficients d'ondelettes.

(5.1) *THEOREME. Soit s une fonction bornée, dérivable en x_0. Alors sa transformée en ondelettes vérifie :*

$$T(x_0 + b, a) = o(\mid b \mid + a).$$

L'ondelette analysante est supposée vérifier : $\varphi \in L^1$, $x\varphi \in L^1$, $\int \varphi \, dx = \int x\varphi \, dx = 0$.

Démonstration. Par une translation générale, on peut se ramener à $x_0 = 0$. La dérivabilité de s en x_0 nous autorise à approximer s autour de x_0 par un polynôme de premier degré :

$$s(x) = s(0) + x \, s'(0) + x \, r(x)$$

où le reste r est une fonction bornée, $\mid r(x) \mid \le M$, qui tend vers 0 quand $x \to 0$. Par hypothèse, les ondelettes opèrent modulo les polynômes du premier degré ; elles ne "voient" donc que le terme de reste, c'est-à-dire :

$$T(b, a) = \int_{-\infty}^{+\infty} \frac{1}{a} \bar{\varphi} \left(\frac{x - b}{a} \right) x r(x) dx.$$

Par hypothèse φ décroît à l'infini de sorte que pour tout $\epsilon > 0$ il existe $\delta > 0$ tel que

$$\int_{|x|>\delta} \mid \varphi(x) \mid dx + \int_{|x|>\delta} \mid x \mid \mid \varphi(x) \mid dx \le \frac{\epsilon}{M}.$$

On coupe alors l'intégrale $T(b, a)$ en deux parties, une locale et une globale, et on écrit:

$$T(b, a) = \left\{ \int_{|x-b| \le a\delta} + \int_{|x-b| > a\delta} \right\} \frac{1}{a} \bar{\varphi} \left(\frac{x - b}{a} \right) r(x) dx$$

$$= T_{loc} + T_{glo}.$$

L'estimation du terme local dans la limite $b, a \to 0$ donne :

$$\mid T_{loc} \mid \le \int_{|x-b| \le a\delta} \mid \frac{1}{a} \varphi \left(\frac{x - b}{a} \right) \mid \mid x \mid \mid r(x) \mid sx$$

$$\le \int_{|x| \le \delta} \mid \varphi(x) \mid \mid ax + b \mid \mid r(ax + b) \mid dx$$

$$= O(1) \left(\parallel x\varphi \parallel_{L^1} a + \mid b \mid \parallel \varphi \parallel_{L^1} \right) \sup_{\mid x \mid \le \delta} \mid r(ax + b) \mid$$

$$\le \epsilon(a + \mid b \mid),$$

pour a et b assez petits. Le terme global peut être estimé en utilisant le fait que r est bornée :

$$\mid T_{glo} \mid \le \int_{|x-b| > \delta a} \frac{1}{a} \mid \varphi \left(\frac{x - b}{a} \right) \mid \mid x \mid \mid r(x) \mid dx$$

$$\le M \int_{|x| > \delta} \mid \varphi(x) \mid (a \mid x \mid + \mid b \mid) dx$$

$$\le \epsilon(a + \mid b \mid),$$

d'après l'hypothèse sur δ. Comme ϵ était arbitraire, le théorème est prouvé.

Maintenant nous allons prouver un théorème inverse, qui relie la décroissance locale des coefficients d'échelle-espace à la dérivabilité de la fonction elle-même. Nous verrons qu'il n'est pas possible de prouver la réciproque totale du théorème précédent mais qu'une hypothèse légèrement plus forte du côté ondelettes est nécessaire pour obtenir la dérivabilité d'une fonction à partir de ses coefficients d'échelle-espace.

(5.2) THEOREME. *Si les coefficients d'échelle-espace T d'une fonction s par rapport à une ondelette de reconstruction g à support compact et deux fois continûment dérivable vérifient :*

i) $T(b, a) = O(a^\alpha)$ *uniformément en b*

ii) $T(x_0 + b, a) = O(a\rho(a) + \mid b \mid \rho(b))$

avec un α arbitraire > 0 et une fonction $\rho = \rho(\mid a \mid)$ continue et monotone satisfaisant la condition de Dini
$\int_0^1 \rho(a) \frac{da}{a} < \infty$ *alors s est dérivable en x_0. De plus la condition sur ρ est optimale.*

Démonstration. Par une translation et dilatation générale, ce qui ne change pas la régularité locale, on peut supposer que le support de g est contenu dans $[-1/2, +1/2]$ et que $x_0 = 0$. Soit

$$\Delta(h) = h^{-1}\{s_{PE}(h) - s_{PE}(0)\}.$$

On veut montrer que $\lim_{h \to 0} \Delta(h)$ existe. Cela revient à dire que $\Delta(h, h') = \Delta(h) - \Delta(h')$ tend vers 0 lorsque h et h' tendent vers 0. Par hypothèse, on peut écrire (en notant à partir de maintenant g_h pour $\frac{1}{a}g\left(\frac{h-b}{a}\right)$) :

$$\Delta(h, h') = \int_0^1 \int_{-\infty}^{+\infty} \left\{ \frac{1}{h}(g_h - g_0) - \frac{1}{h'}(g_{h'} - g_0) \right\} T(b, a) \frac{da}{a} db.$$

Soit $\eta(h) = \mid h \mid^{2/\alpha}$. A nouveau, on se restreint à $h > 0$, le cas $h < 0$ étant analogue. On peut supposer $0 < h' < h$. On coupe alors l'intégrale en plusieurs morceaux:

$$\Delta(h, h') = \int_0^{\eta(h)} \int_{-\infty}^{+\infty} \frac{1}{h} g_h T(b, a) \frac{da}{a} db \qquad (T1)$$

$$- \int_0^h \int_{-\infty}^{+\infty} \frac{1}{h} g_0 T(b, a) \frac{da}{a} db \qquad (T2)$$

$$+ \int_{\eta(h)}^h \int_{-\infty}^{+\infty} \frac{1}{h} g_h T(b, a) \frac{da}{a} db \qquad (T3)$$

$$- \int_0^{\eta(h')} \int_{-\infty}^{+\infty} \frac{1}{h'} g_{h'} T(b, a) \frac{da}{a} db \qquad (T4)$$

$$+ \int_0^{h'} \int_{-\infty}^{+\infty} \frac{1}{h'} g_0 T(b, a) \frac{da}{a} db \qquad (T5)$$

$$- \int_{\eta(h')}^{h'} \int_{-\infty}^{+\infty} \frac{1}{h'} g_{h'} T(b, a) \frac{da}{a} db \qquad (T6)$$

$$- \int_{h'}^h \int_{-\infty}^{+\infty} \frac{1}{h'} (g_{h'} - g_0) T(b, a) \frac{da}{a} db \qquad (T7)$$

$$+ \int_h^1 \int_{-\infty}^{+\infty} \left\{ \frac{1}{h} (g_h - g_0) - \frac{1}{h'} (g_{h'} - g_0) \right\} T(b, a) \frac{da}{a} db \qquad (T8).$$

Chacun de ces termes sera traité séparément.

T1, T4 : le passage aux modules donne :

$$h \mid T1 \mid \le \int_0^{\eta(h)} \int_{-\infty}^{+\infty} \left| \frac{1}{a} g\left(\frac{h-b}{a} \right) \right| \mid T(b, a) \mid \frac{da}{a} db.$$

$T(a, b)$ se majore en $O(a^\alpha)$ et donc :

$$h \mid T1 \mid \le O(1) \parallel g \parallel_{L^1} \int_0^{\eta(h)} a^\alpha \frac{da}{a} = o(h)$$

par hypothèse sur η, et donc $T1 = o(1)$. Il en va de même pour T4, en remplaçant h par h'.

T2, T5 : l'estimation du module donne :

$$h \mid T2 \mid \le \int_0^h \int_{-\infty}^{+\infty} \left| \frac{1}{a} g(\frac{-b}{a}) \right| \mid T(b, a) \mid \frac{da}{a} db.$$

L'intégrale porte sur le cône d'influence de g en 0 ; et donc sur $\mid b \mid \le \frac{a}{2}$. On peut donc majorer $T(b, a)$ en $O(a\rho(a))$ de sorte que :

$$h \mid T2 \mid = O(1) \parallel g \parallel_{L^1} \int_0^h a\rho(a) \frac{da}{a} = o(h)$$

puisque ρ vérifie la condition de Dini. Cela donne $T2 = o(1)$ et de même pour T5 en remplaçant h par h'.

T3, T6 : a nouveau, le module se majore en :

$$h \mid T3 \mid \leq \int_{\eta(h)}^{h} \int_{-\infty}^{+\infty} \left| \frac{1}{a} g \left(\frac{h-b}{a} \right) \right| \mid T(b,a) \mid \frac{da}{a} db.$$

Comme le support de g est compris dans $[-1/2, +1/2]$, l'intégrale porte sur la région $\mid b \mid \leq 2h$. Comme ρ est choisie monotone, on a l'estimation $T = O(h\rho(2h))$. Tout ceci donne :

$$\mid T3 \mid = O(1)\rho(2h) \parallel g \parallel_{L^1} \int_{\eta(h)}^{h} \frac{da}{a} = O(1)\rho(2h)\log h$$

par hypothèse sur η. Comme ρ satisfait la condition de Dini, $(\log h)\rho(h) \to 0$ quand $h \to 0$. Cela entraîne $T3 = o(1)$. Il en va de même pour T6, h' remplaçant h.

T7 : l'estimation usuelle donne :

$$\mid T7 \mid \leq \int_{h'}^{h} \int_{-\infty}^{+\infty} \frac{1}{a} \frac{1}{h'} \mid g \left(\frac{h'-b}{a} \right) - g \left(\frac{-b}{a} \right) \mid \parallel T(b,a) \mid \frac{da}{a} db.$$

On utilise la dérivabilité de g (de dérivée g') en écrivant :

$$g \left(\frac{h'-b}{a} \right) - g \left(-\frac{b}{a} \right) = \frac{h'}{a} g' \left(\frac{\tau - b}{a} \right) \quad \text{avec } \tau \in]0, h'[.$$

De même que g, g' a son support contenu dans $[-1/2, +1/2]$ de sorte qu'à nouveau l'intégrale ne porte que sur le cône $\mid b \mid \leq 2a$ ce qui implique $T(b,a) = O(a\rho(2a))$. Tout ceci donne :

$$\mid T7 \mid = O(1) \parallel g' \parallel_{L^\infty} \int_{h'}^{h} \rho(2a) \frac{da}{a} = o(1),$$

puisque ρ satisfait la condition de Dini.

T8 : le dernier terme à estimer se récrit en :

$$\mid T8 \mid \leq \int_{h}^{1} \int_{-\infty}^{+\infty} \mid \frac{1}{h}(g_h - g_0) - \frac{1}{h'}(g_{h'} - g_0) \mid \parallel T(b,a) \mid \frac{da}{a} db.$$

Comme g est deux fois continûment dérivable, on peut écrire :

$$\frac{1}{h}(g_h - g_0) - \frac{1}{h'}(g_{h'} - g_0) = \frac{\sigma}{a^2} g'' \left(\frac{\tau - b}{a} \right)$$

avec $\sigma, \tau \in]0, 1[$. A nouveau l'intégrale porte sur le cône $\mid b \mid \leq 2a$ (g'' est encore portée par $[-1/2, +1/2[$). On a donc toujours $T(b,a) = O(a\rho(2a))$ et donc :

$$\mid T8 \mid = O(1) \parallel g'' \parallel_{L^\infty} h \int_{h}^{1} \rho(2a) \frac{da}{a^2}.$$

Il est clair que $\lim\limits_{a \to 0} \rho(a) = 0$ et donc pour tout $\epsilon > 0$ il existe $\gamma > 0$ tel que $\rho(2a) < \epsilon$ pour $a < \gamma$ et donc:

$$\limsup_{h \to 0} h \int_h^1 \rho(2a)\frac{da}{a^2} \le \limsup_{h \to 0} \left\{ h\epsilon \int_h^\gamma \frac{da}{a^2} + h \int_\gamma^1 \rho(2a)\frac{da}{a^2} \right\}$$

$$\le \epsilon \limsup_{h \to 0} h \int_h^1 \frac{da}{a^2} = \epsilon.$$

Comme ϵ est arbitraire, on obtient $T8 = o(1)$ et la première partie du théorème est donc démontrée.

Que la condition sur ρ soit effectivement la plus faible possible peut se vérifier de la manière suivante. On considère une fonction g de la classe de Schwartz dont la transformée de Fourier est portée par $[1, 2]$, de sorte que les fonctions $2^{j/2}g(2^j x)$, $j = 1, 2, \cdots$, forment un ensemble orthonormal. De plus, nous supposerons $g'(0) = 1$. Alors on pose:

$$s(x) = \sum_{j=1}^\infty 2^{-j}\rho(2^{-j})g(2^j x)$$

pour une fonction ρ continue, positive, monotone, bornée. La transformée en ondelettes de s par rapport à g vérifie:

$$T(0, 2^{-j}) = 2^{-j}\rho(2^{-j}) \quad j = 1, 2, \cdots$$

Or s est dérivable pour $x \ne 0$ et donc $\Delta(h) = h^{-1}(s(h) - s(O))$ peut s'écrire:

$$\Delta(h) = \sum_{j=1}^\infty \rho(2^{-j})g'(2^j \tau)$$

avec un $\tau = o(1)$ quand $h \to 0$. Or ρ satisfait une condition de Dini si et seulement si: $\sum_{j=1}^\infty \rho(2^{-j}) < \infty$, et donc la même condition entraîne la dérivabilité de s en 0.

Inversement supposons que s soit dérivable en 0. Par une dilatation générale on peut supposer que $g'(x) \sim 1$ pour $x \in [-1, 1]$. Alors:

$$\Delta(h) \sim \sum_{2^{-j} \ge \tau} \rho(2^{-j}) + \sum_{2^{-j} < \tau} \rho(2^{-j})g'(2^j \tau) = T_1 + T_2.$$

Comme ρ est uniformément bornée et comme:

$$\sum_{2^{-j} < \tau} \mid g'(2^j \tau) \mid \le \sup_{\xi \in [1/2, 1]} \sum_{j=1}^\infty \mid g'(2^j \xi) \mid < \infty$$

on trouve que $T2$ reste borné quand $h \to 0$. Comme $\Delta(h)$ reste également bornée, il en va de même pour T1. Mais alors ρ satisfait une condition de Dini, de sorte que la transformée en ondelettes de s satisfait la condition du théorème (5.2) si et seulement si elle est dérivable en 0.

6. La fonction de Riemann-Weierstrass

Dans cette section nous allons étudier le comportement local de W à l'aide d'une transformation en ondelettes convenablement choisie. A la place de W, nous allons considérer la famille suivante de fonctions à valeurs complexes de la variable réelle:

$$(6.1) \qquad W_\beta(x) = \frac{2}{\pi^\beta} \sum_{n=1}^{\infty} n^{-2\beta} e^{i\pi n^2 x} \quad \text{pour} \quad \beta > \frac{1}{2}.$$

La fonction classique de Riemann et Weierstrass (1.1) est la partie imaginaire de $W1$. Par calcul direct on peut vérifier la validité de la représentation échelle-espace suivante de W_β :

$$(6.2) \qquad W_\beta(x) = \int_0^\infty \int_{-\infty}^{+\infty} \frac{1}{a} g\left(\frac{x-b}{a}\right) T(b+ia) \frac{da}{a} db$$

avec $T(\tau) = (I\tau)^\beta \theta(\tau)$, $\tau = b + ia$, $I\tau = a$ et

$$(6.3) \qquad \theta(\tau) = 1 + 2 \sum_{n=1}^{\infty} e^{i\pi n^2 \tau}, \quad \text{pour} \quad I\tau > 0,$$

une fonction théta de Jacobi et g n'importe quelle fonction intégrable qui vérifie:

$$(6.4) \qquad \int_0^\infty \hat{g}(a) a^\beta e^{-a} \frac{da}{a} = 1 \quad \text{et} \quad \hat{g}(0) = 0.$$

Ainsi l'analyse du comportement local de W_β se transforme en l'investigation du comportement d'une fonction analytique au voisinage de la frontière de son domaine d'analyticité.

Le fait que des fonctions analytiques apparaissent comme des représentations échelle-espace de fonctions est moins surprenant si l'on considère la fonction [12]

$$\varphi_m(x) = \frac{\Gamma(m+1)}{(1-ix)^{m+1}} \quad \text{pour} \quad m \text{ fixé} > 0.$$

Lorsqu'on regarde la famille de ses dilatées-translatées, on voit qu'on peut écrire :

$$\frac{1}{a}\bar{\varphi}_m\left(\frac{x-b}{a}\right) = (I\tau)^m \Gamma(m+1)\left(\frac{i}{\tau-x}\right)^{m+1}.$$

[Dans toutes les formules où figurent des puissances de nombres complexes, nous utiliserons la convention que la détermination de l'argument d'un nombre complexe est continue à l'exception de l'axe réel négatif.] Ainsi une analyse par ondelettes d'une fonction bornée en utilisant ces ondelettes fournit - au facteur multiplicatif $(I\tau)^m$ près - une fonction analytique sur le demi-plan complexe supérieur. La condition (6.4) indique que g est une ondelette de reconstruction pour φ_β.

La transformée en ondelettes de W_β par rapport à l'ondelette φ_β est donnée par:

$$(6.6) \qquad T(b,a) = T(\tau) = (I\tau)^\beta(\theta(\tau) - 1).$$

Cependant, l'ondelette analysante ne satisfait pas l'hypothèse du théorème (5.1). Donc la décroissance apparente en au plus $\mathcal{O}(a)$ ne nous renseigne pas sur les propriétés de dérivabilité locale de W. Cependant il est connu [13] que

$$(6.7) \qquad \theta(\tau) = O((I\tau)^{-1/2}) \; ;$$

il s'ensuit comme premier résultat que, d'après le théorème (3.2), W_β satisfait une condition de Hölder uniforme d'exposant $\beta - 1/2$ pour $\beta \in]\frac{1}{2}, \frac{3}{2}[$.

Nous en venons maintenant à l'analyse de θ près de l'axe réel. Les formules de transformation suivantes sont connues pour θ :

$$(6.8) \qquad \theta(K^2\tau) = \theta(\tau) \quad \theta(U\tau) = \sqrt{-i\tau}\theta(\tau)$$

où : $K : \tau \to \tau + 1$ et $U : \tau \to -\frac{1}{\tau}$ sont les générateurs du groupe modulaire. Le sous-groupe engendré par K^2 et U est appelé le groupe thêta G_θ. Il laisse invariant l'axe réel et les rationnels, qui se séparent en deux orbites [14] : l'orbite de 1 qui consiste en l'ensemble des rationnels de la forme $\frac{2P+1}{2Q+1}$ et l'orbite de 0 qui consiste en l'ensemble des rationnels de la forme $\frac{(2P+1)}{(2Q)}$ et de leurs inverses. Ces deux ensembles seront étudiés séparément.

7. L'orbite de O

Le comportement local de la représentation échelle-espace (6.2) est déterminée par le théorème suivant:

(7.1) THEOREME. En tout point $x \neq \infty$ de l'orbite de 0 les coefficients échelle-espace sont de la forme

$$(7.2) \qquad (I\tau)^\beta\theta(x + \tau) = C_x(I\tau)^\beta\sqrt{\frac{i}{\tau}} + O(\tau^{2\beta-1/2-\epsilon})$$

pour tout $\beta > \frac{1}{2}$ et tout $\epsilon > 0$. La constante C_x satisfait aux formules de transformation suivantes

$$C_{K^2x} = C_x \quad , \quad C_{Ux} = \sqrt{\frac{-i}{x}}C_x$$

ce qui, avec $C_0 = 1$, détermine C_x sur toute l'orbite de 0 sous l'action de G_θ.

La preuve de ce théorème est une conséquence immédiate des deux lemmes suivants:

(7.3) LEMME. *Le théorème (7.1) est vrai pour $x = 0$.*

Démonstration. D'après le développement (6.3) de θ sous forme de série, on obtient finalement l'estimation suivante:

$$\text{(7.4)} \qquad \theta(\tau) = 1 + O(e^{-I\tau}) \quad (I\tau \to \infty).$$

La formule de transformation (6.8) donne :

$$\theta(\tau) = \sqrt{\frac{i}{\tau}}\theta(-\frac{1}{\tau}).$$

L'estimation (7.4) et l'estimation globale (6.7) où τ est remplacé par $-\frac{1}{\tau}$ donnent alors le comportement suivant en 0 :

$$\theta(\tau) = \sqrt{\frac{i}{\tau}} + \rho(\tau)$$

où le terme de reste peut s'estimer en :

$$\rho(b + ia) = \begin{cases} O\left(b^2 + a^2\right)^{-1/4}e^{-a/(b^2+a^2)}\right) & \text{pour } \frac{a}{b^2+a^2} > 1 \\ O\left(a^{-1/2}(b^2+a^2)^{1/4}\right) & \text{uniformément.} \end{cases}$$

Soit $\epsilon > 0$ un nombre arbitrairement petit. On considère alors trois cas:

i) $a > |b|$. La première estimation sur ρ s'applique et on a :

$$\frac{a}{b^2 + a^2} > \frac{1}{2a} \to \infty \quad \text{quand} \quad a \to 0.$$

Donc ρ tend vers 0 plus vite que n'importe quelle puissance de a.

ii) $|b| > a > |b|^{2-\epsilon}$. A nouveau la première estimation sur ρ s'applique et on peut écrire:

$$\frac{a}{b^2 + a^2} > \frac{|b|^{2-\epsilon}}{2b^2} = \frac{1}{2}|b|^{-\epsilon} \to \infty \quad \text{quand} \quad b \to 0.$$

Ainsi ρ tend vers 0 plus vite que n'importe quelle puissance de b.

iii) $a \leq |b|^{2-\epsilon}$. La seconde estimation sur ρ donne :

$$a^\beta \rho^{(b+ia)} = O\left(a^{\beta-1/2}(b^2+a^2)^{1/4}\right)$$
$$= 0\left(|b|^{2\beta - \frac{1}{2} - \epsilon'}\right)$$

avec un ϵ' qui tend vers 0 avec ϵ. Tout ceci montre que (7.2) est vérifié en $x = 0$.

Il reste à montrer que tout se comporte bien sous l'action du groupe théta. Pour cela, il suffit de regarder les générateurs de G_θ. Comme cela est évidemment vrai pour K^2, le théorème sera prouvé par le lemme suivant.

(7.5) LEMME. *Supposons qu'en un réel $x \neq 0$ on ait*

$$\theta(x + \tau) = C_x \sqrt{\frac{i}{\tau}} + \rho(\tau)$$

où ρ satisfait l'estimation (7.2). Alors en $U_x = -\frac{1}{x}$ on a:

$$\theta(-\frac{1}{x} + \tau) = \sqrt{-\frac{i}{x}} C_x \sqrt{\frac{i}{\tau}} + \tilde{\rho}(\tau)$$

où $\tilde{\rho}$ satisfait encore (7.2).

Démonstration. Un calcul direct, utilisant la formule de transformation (6.8), donne:

$$\theta\left(-\frac{1}{x} + \tau\right) = \sqrt{\frac{ix}{x\tau - 1}}\, \theta\left(x + \frac{x^2\tau}{1 - x\tau}\right)$$

et par hypothèse sur le comportement de θ en x on a:

$$\theta\left(-\frac{1}{x} + \tau\right) = C_x \sqrt{\frac{1}{x\tau}} + \rho\left(\frac{x^2\tau}{1 - x\tau}\right).$$

Comme $\frac{1}{1-x\tau} \simeq 1$ pour $\tau \to 0$, le reste satisfait à nouveau (7.2). Le lemme et donc le théorème sont alors prouvés.

Nous pouvons maintenant interpréter ces résultats en termes de W_β au moyen du théorème suivant. Il apparaît que W_β est exactement dans la classe fractale conjecturée en [6].

(7.6) THEOREME. *En tout point fini x de l'orbite de 0, la fonction de Riemann et Weierstrass a des points de rebroussement locaux de la forme explicite suivante ($\gamma = \beta - \frac{1}{2}$)*

$$W_\beta(x + h) = C_x^- \mid h \mid_-^\gamma + C_x^+ \mid h \mid_+^\gamma + \rho(h)$$

où $\mid h \mid_\pm = |h \mp \mid h \mid |/2$ Le reste ρ est dérivable en 0 pour $\beta > \frac{3}{4}$ et pour $\frac{1}{2} < \beta \leq \frac{3}{4}$ a une régularité hölderienne locale d'exposant $2\beta - \frac{1}{2} - \epsilon$ pour tout $\epsilon > 0$. Les deux constantes complexes $C_x^\pm$ qui déterminent le comportement local de W_β à gauche (à droite) de x obéissent aux équations de transformation:

$$C_{K_x^2}^\pm = C_x^\pm \quad, \quad C_{U_x}^\pm = \sqrt{\frac{-i}{x}} C_x^\pm$$

ce qui, avec $C_0^\pm = -\sqrt{\pi}\,\frac{e^{\mp i\gamma\pi/2}}{\Gamma(\gamma+1)\sin(\gamma\pi)}$ détermine $C_x^\pm$ le long de l'orbite de 0 sous G_θ.

Démonstration. On considère la fonction

$$s_{\text{loc}}(x) = C_- \mid x \mid_-^\alpha + C_+ \mid x \mid_+^\alpha \quad \text{pour un } \alpha \in\,]0,1]$$

et deux constantes complexes $C_\pm$ qui vérifient : $C_+ = e^{i\alpha\pi}C_-$, ce qui assure que la transformée de Fourier de s_{loc} — au sens des distributions - n'est portée que par les fréquences positives. La transformation de s_{loc} par rapport à l'ondelette φ_m (6.5) qui est bien définie pour $m > \alpha$ donne:

$$\tilde{T}(\tau) = -\frac{1}{\pi}\Gamma(\alpha+1)\Gamma(m-\alpha)\sin(\alpha\pi)e^{i\alpha\pi/2}C_+(I\tau)^m(\frac{i}{\tau})^{m-\alpha},$$

comme le montre un calcul direct. Pour $\alpha = \beta - 1/2$, $m = \beta$ et $C_\pm$ comme décrits par le théorème, le comportement des coefficients échelle-espace en tout point de l'orbite de 0 est - au reste près (7.2) - du même type que $\tilde{T}$. Comme nous pouvons estimer la contribution du reste aux petites échelles à l'aide des théorèmes (5.2) et (4.2) respectivement, il suffit de montrer que l'intégrale de reconstruction des petites échelles portant sur $\tilde{T}$ redonne - à une fonction régulière près - le comportement local de s_{loc}. Pour cela on choisit g une ondelette de reconstruction pour φ_m à valeurs réelles, symétrique et à support compact qui soit dans la classe de Schwartz. De plus on demande que $\hat{g}(w) = O(w^4)$ pour $w \to 0$. La preuve du théorème (2.2) donne:

$$\int_0^1 \int_{-\infty}^{+\infty} \frac{1}{a}g\left(\frac{x-b}{a}\right)\tilde{T}(b+ia)\frac{da}{a}db = s_{\text{loc}}(x) - M * s_{\text{loc}}(x),$$

où M est essentiellement donnée par la formule (2.4) : comme φ_m est supportée par les seules fréquences positives, on a en fait:

$$\hat{M}(w) = \int_{|w|}^\infty a^m e^{-a}\hat{g}(a)\frac{da}{a}.$$

D'après les hypothèses sur g, M est suffisamment régulière et localisée pour que $M * s_{\text{loc}}$ soit régulière également, ce qui montre le théorème.

(7.7) COROLLAIRE. *La fonction classique de Riemann a un ensemble dense de points où elle est dérivable à droite (à gauche) mais pas à gauche (à droite).*

Démonstration. Comme $\beta = 1$ on a $\arg C_0^{+(-)} = \frac{\pi}{4}$. L'action de la translation K^2 ne change pas l'argument, tandis que U fait tourner la phase de $\pm\frac{\pi}{4}$ suivant que $x > 0$ ou $x < 0$. C'est pourquoi on peut, par applications successives de K^{2n} et U, construire un ensemble dense de points $\{x\}$ pour lesquels l'argument de la constante locale $C_x^{+(-)}$ est égal à 0 ou π et donc la partie imaginaire de $C_x^{+(-)}$ s'annule. Comme la fonction de Riemann est la partie imaginaire de W_1, la dérivabilité à droite (à gauche) provient de la dérivabilité du reste dans le théorème précédent.

8. L'orbite de 1

La régularité locale de W_β le long de l'orbite de 1 sous G_θ se caractérise de la manière suivante:

(8.1) *THEOREME. En tout point de l'orbite de 1 sous G_θ la fonction de Riemann-Weierstrass est dérivable pour $\beta > \frac{3}{4}$. Pour $\frac{1}{2} < \beta \leq \frac{3}{4}$, elle est localement hölderienne d'exposant $2\beta - \frac{1}{2} - \epsilon$ pour tout $\epsilon > 0$.*

Démonstration. Notons $\Theta(\tau) = \theta(1 + \tau)$. Alors on a:

$$\Theta(\tau) = \sum_{j=-\infty}^{+\infty} (-1)^j e^{i\pi j^2 \tau}$$

$$= \sum_{j \in 2\mathbb{Z}} e^{i\pi j^2 \tau} - \sum_{j \in 2\mathbb{Z}+1} e^{i\pi j^2 \tau}$$

$$= 2 \sum_{j \in 2\mathbb{Z}} e^{i\pi j^2 \tau} - \theta(\tau)$$

$$= 2\theta(4\tau) - \theta(\tau).$$

Le comportement local de θ aux points de l'orbite de 0 implique que Θ satisfait la même estimation que le reste dans (7.2) en tous les points de l'orbite de 1. Le théorème provient alors des théorèmes (5.2) et (4.2).

9. Les points irrationnels

En tout point irrationnel x, Hardy et Littlewood ont montré [15] qu'il y a une constante $C > 0$ telle que $a_n^{1/4} \mid I\theta(x + ia_n) \mid > C$ et $a_n^{1/4} \mid R\theta(x + ia_n) \mid > C$ pour une suite de réels strictement positifs $a_n \to 0$. D'après le théorème (4.1) cela implique que ni W_β ni ses parties réelle ou imaginaire ne peuvent être lipschitziennes et encore moins dérivables en aucun point irrationnel pour $\beta \in]\frac{1}{2}, \frac{5}{4}[$, puisque la transformée en ondelettes (6.6) ne décroît qu'avec l'ordre $O(a^{1-\epsilon})$, $\epsilon > 0$, en ces points.

Remarquons que cette preuve suit essentiellement le raisonnement de Hardy [10] qui a prouvé la non-dérivabilité de W_β en ces points. Il utilisait la dérivée angulaire de l'intégrale de Poisson pour des fonctions sur le cercle, qui coïncidait dans ce cas avec la fonction théta θ.

10. Conclusion et perspectives

Nous avons montré que l'analyse en ondelettes est un outil puissant pour l'analyse de la régularité locale des fonctions. Dans le cas de la fonction de Riemann, nous avons pu appuyer son analyse locale sur l'investigation d'une fonction théta de Jacobi près de son domaine d'analyticité. Il est clair que le même genre d'analyse s'applique à d'autres fonctions associées aux formes modulaires par les transformations en ondelettes.

11. Remerciements

Nous voudrions remercier Yves Meyer pour les intéressantes discussions que nous avons eues avec lui à ce sujet. L'un de nous tient également à exprimer sa reconnaissance au CEREMADE de Paris-Dauphine (où une partie du travail a été effectuée) pour sa chaude hospitalité.

Références

[1] **K. Weierstrass** Ueber continuirliche Functionen eines reellen Arguments, die für keinen Werth des letzteren einen bestimmten differentialquotienten besitzen. *Königl. Akad. Wiss. (1872), Mathematische Werke II, 71-74.*

[2] **G. H. Hardy** Weierstrass's nondifferentiable function. *Trans. Amer. Math. Soc. 17 (1916), 301-325.*

[3] **P. du Bois-Raymond** Versuch einer Classification der willkürlichen Functionen reeller Argumente nach ihren Anderungen in den kleinsten Intervallen. *J. für Math. 79 (1875), 28.*

[4] **J. Gerver** The differentiability of the Riemann function at certain rational multiples of π. *Amer. J. Math. X C II, Nr. 1 (1970).*

[5] **J. Gerver** More on the differentiability of the Riemann function.

[6] **M. Holschneider** On the wavelet transform of fractal objects. *J. Stat. Phys. 5/6 (1988), 963-993.*

[7] **A. Grossmann & J. Morlet** in *Mathematics and Physics, Lectures on recent results,* L. Streit editor. World Scientific Publishing, Singapore (1987).

[8] **P. G. Lemarié & Y. Meyer** Ondelettes et bases Hilbertiennes. *Rev. Iber. Amer. 1 (1987), 1286.*

[9] **A. Arneodo, G. Grasseau, M. Holschneider** On the wavelet transform of multi-fractals. *Phys. Rev. Lett. 61 (1988).*

[10] **S. Bernstein** Sur la convergence des séries trigonométriques. *C. R., 8 Juin, 1914.*

[11] **S. Jaffard** Exposants de Hölder en des points donnés et coefficients d'ondelettes. *C. R. Acad. Sc. Paris 308 (1989), 79-81.*

[12] **T. Paul** Thèse *(Marseille).*

[13] **T. M. Apostol** *Modular functions and Dirichlet series in number theory.* Springer Verlag.

[14] **R. C. Gunning** *Lectures on modular forms.* Princeton University Press, 1962.

[15] **G. H. Hardy & J. E. Littlewood** Some problems of diophantine approximation II. *Acta Mathematica 37 (1914), 194-238.*

Adresses :

M. Holschneider*, Ph. Tchamitchian**
Centre de Physique Théorique
C.N.R.S. Luminy - Case 907
13288 Marseille Cedex 9

* et Université de Paris-Dauphine, CEREMADE

** et Faculté des Sciences et Techniques de Saint-Jérôme, Marseille.

REMARQUE. Ce texte est traduit d'une version préliminaire de *Pointwise Analysis of Riemann's "nondifferentiable" function*, article en anglais soumis à *Inventiones Mathematicae*. Dans la version définitive le théorème (2.2) est amélioré et sa démonstration simplifiée et le théorème (7.1) est amélioré (reste en $0(\tau^{2\beta-1/2})$).

Exposé n° 9

TRANSFORMATION EN ONDELETTES
ET RENORMALISATION

A. Arneodo, F. Argoul et G. Grasseau

Résumé

Nous présentons la transformation en ondelettes comme un microscope mathématique parfaitement approprié à la caractérisation des propriétés d'invariance d'échelle locales des objets fractals. A travers l'étude de la transition vers le chaos dans les systèmes dissipatifs, nous illustrons l'efficacité de cette transformation pour révéler l'opération de renormalisation, outil théorique indispensable à la compréhension des propriétés d'universalité des transitions de phase de non-equilibre. En analysant en ondelettes un signal turbulent enregistré dans la soufflerie de l'ONERA à Modane, nous levons le voile sur le caractère (multi)fractal de la fameuse cascade de Richardson. Nous concluons en insistant sur l'apport technologique que constitue la conception récente d'un véritable microscope ondelette basée sur les principes de l'optique cohérente.

Abstract

We present the wavelet transform as a mathematical microscope which is well suited for characterizing the local self-similarity of fractal objects. We point out the efficiency of this multi-resolution technique to study the universal properties of nonequilibrium phase transitions. We revisit the transition to chaos in dissipative systems under the wavelet transform microscope. We show that the renormalization operation comes out naturally from the wavelet transform analysis. We bring spectacular evidence for the multifractal character of the energy-cascading process in the inertial range of wind tunnel turbulence. We emphasize the recent elaboration of an optical wavelet transform which is readily applicable to experimental situations.

1. Introduction

Qu'est-ce que la turbulence [1,2], comment naît-elle ? Dès 1944, le physicien russe L. Landau [3,4], en étudiant le mouvement d'un fluide incompressible, proposa une réponse à cette question : la turbulence serait, selon lui, la conséquence de l'accumulation dans le système physique d'un grand nombre de mouvements périodiques, chacun introduisant un degré de liberté supplémentaire dans le système. Cette idée intuitive de la turbulence fut infirmée par E.N. Lorenz en 1963 [5]. En effet, en cherchant à reproduire les mouvements convectifs de l'atmosphère, E.N. Lorenz aboutit à un système différentiel à trois variables indépendantes qui présentait un régime turbulent. Par ce contre exemple, il apportait l'argument qui remettait en question la généralité de l'hypothèse de Landau et donnait un nouvel essor aux recherches théoriques sur la turbulence. En 1971, D. Ruelle et F. Takens [6-8] proposèrent une interprétation de cette turbulence dite "faible" (mettant en jeu un faible nombre de degrés de liberté) en termes d'attracteurs étranges, solutions intrinsèquement stochastiques de systèmes non linéaires dissipatifs de dimensionalité finie. En montrant que la transition vers la turbulence n'impliquait plus que le système possédât un nombre infiniment grand de degrés de liberté, les travaux de D. Ruelle et ses collaborateurs relancèrent les physiciens à la recherche de scénarios vers la turbulence faible ou chaos dans de nombreux domaines de la physique [9-16], que ce soit la physique des fluides, l'acoustique, l'astrophysique, la chimie des réactions oscillantes, la physique des lasers, la physique du solide comme l'électronique, ou encore l'écologie, la biologie, l'économie...

Depuis les résultats théoriques de D. Ruelle et F. Takens , divers scénarios vers le chaos ont été mis en évidence aussi bien dans les expériences de laboratoire que dans les simulations numériques de systèmes d'équations différentielles ordinaires ou de systèmes discrets qui les modélisent [9-18]. Toutefois, quel que soit le système utilisé pour étudier ces transitions, celles-ci présentent des propriétés communes aux seuils de transition. La forte analogie entre ces transitions et les phénomènes critiques [19,20] a très tôt guidé les physiciens vers une approche phénoménologique inspirée de celle introduite pour l'étude des transitions de phase à l'équilibre. Ainsi l'utilisation des techniques du groupe de renormalisation [21] a permis de prédire la valeur des exposants critiques et de montrer que ceux-ci ne dépendent pas du système physique lui-même, rapportant par là, la démonstration de l'universalité de ces transitions de non-équilibre [22-27].

Dans le contexte de la théorie des phénomènes critiques, les fractales [28-30] interviennent naturellement aux points critiques, là où le système ne possède plus d'échelle caractéristique de longueur [31-33]. Une fractale est par définition un objet qui demeure identique à lui-même lorsqu'on lui fait subir des opérations de dilatation ponctuelle (zoom) et ce, ad infinitum [28-30,34-40]. Cette propriété locale d'invariance par dilatation des échelles de longueur est quantifiée par un exposant local de "singularité" $\alpha(x)$ [28-30,41,42], sorte de dimension fractale locale, dépendant généralement du point x considéré sur l'objet. La caractérisation de la complexité géométrique d'une fractale présuppose donc la mesure de cet exposant $\alpha(x)$ en tous les points de l'objet. Malgré des efforts théoriques et numériques importants [34-46], force est de constater que les méthodes d'analyse les plus récentes n'apportent qu'une information statistique sur l'importance relative de chaque singularité et qu'elles perdent par là toute mémoire de l'arrangement spatial des valeurs de la dimension fractale locale. Tel est le cas du spectre $f(\alpha)$ de singularités [42-46], véritable histogramme des contributions relatives des exposants $\alpha(x)$. Ainsi de telles méthodes éludent toute analyse de l'organisation hiérarchique de ces singularités, essence même des fractales. Elles se révèlent donc mal adaptées aux préoccupations des scientifiques dans leur recherche des lois physiques d'édification dans le temps et dans l'espace de telles structures géométriques fractales.

Parce que la *transformation en ondelettes* [47] permet une analyse spectrale locale, avec mémorisation des positions respectives des singularités, elle est devenue l'outil privilégié pour caractériser les propriétés d'invariance d'échelle locale des objets fractals [31,48-50]. Véritable microscope mathématique, cette transformation nous invite à une descente dans l'édification hiérarchique des fractales. C'est à un tel voyage au coeur des fractales que nous invitons le lecteur dans cet article.

Dans une première partie, nous passons en revue les résultats mathématiques majeurs concernant les transformations en ondelettes associées au groupe affine [51-54]. Ainsi dans le chapitre 2, nous discutons les aspects théoriques de l'analyse en ondelettes des propriétés d'invariance d'échelle locale des fractales[31,48-50]. Par souci pédagogique, nous illustrons ces résultats théoriques en appliquant la transformation en ondelettes à des fractrales d'école telles que des mesures fractales distribuées sur des ensembles de Cantor [31,49,50].

Des lois d'invariance d'échelle sont couramment rencontrées en physique, en particulier au voisinage du seuil de transitions de phase. En prenant comme exemple la transition vers le chaos dans les systèmes dissipatifs, nous montrons dans une deuxième partie, qu'utiliser le microscope ondelette pour mettre à nu la loi de construction des fractales critiques, cela permet de révéler naturellement l'opération de renormalisation, outil théorique indispensable à l'étude de cette transition de non-équilibre [31,55]. Dans le chapitre 3, nous étayons notre démonstration sur la cascade de bifurcations de doublement de période, scénario historique vers le chaos [56-58]. Dans le chapitre 4, nous généralisons notre analyse en ondelettes à la transition vers le chaos depuis un régime quasipériodique [59-61] de nombre de rotation égal au nombre d'or.

Dans une troisième partie, nous présentons les premiers résultats d'une étude préliminaire de la turbulence développée sous l'optique du microscope ondelette [62]. Depuis la phrase célèbre de Richardson [63]: "Big whirls have little whirls which feed on their velocity..., and so on to viscosity", de nombreux hydrodynamiciens, ont beaucoup oeuvré à la recherche d'une règle hiérarchique dans le transfert d'énergie turbulente vers les petites échelles [1,2]. Dans le chapitre 5, nous apportons la première visualisation de plusieurs étapes de la fameuse cascade de Richardson grâce à une analyse en ondelettes d'un signal turbulent enregistré par Y. Gagne et E. Hopfinger dans la soufflerie de l'ONERA à Modane [62]. Cette analyse lève définitivement le voile sur le caractère multifractal de cette cascade et laisse entrevoir la possibilité de décider de la nature déterministe ou stochastique de ce processus hiérarchique.

Nous concluons dans le chapitre 6, en discutant de la généralisation de l'analyse en ondelettes à des signaux multidimensionnels [31,64-66]. Nous évoquons en particulier la conception récente d'un véritable microscope ondelette basée sur les principes de l'optique cohérente [67] qui élimine tout intermédiaire entre l'expérience et l'analyse et qui offre un véritable traitement en temps réel. Au dela des développements analogiques et algorithmiques c'est un vaste champ d'applications que nous esquissons pour la transformation en ondelettes.

2. Transformation en ondelettes des fractales

Comme nous nous sommes employés à le démontrer dans les refs [31-33,49,50,65-67], les méthodes généralement utilisées pour caractériser les propriétés d'invariance d'échelle des objects fractals (telles que par exemple le spectre $f(\alpha)$ de singularités) apportent essentiellement une information quantitative sur les contributions relatives des différentes singularités. En ce sens, le spectre $f(\alpha)$ de singularités [42-46] d'une mesure fractale peut être comparé au spectre de puissance d'un signal temporel qui lui répertorie les contributions relatives de chacune des fréquences. Toutefois ces méthodes présentent un immense désavantage, puisqu'elles filtrent une information essentielle à la caractérisation des objets fractals, à savoir la localisation spatiale de chacune de ces singularités [31,48-50]. L'objectif de ce chapitre est d'enrichir notre panoplie d'outils d'analyse des objects fractals, d'une nouvelle technique mathématique récemment introduite en analyse du signal pour pallier à l'incapacité de la transformation de Fourier à produire une présentation temps-fréquence du signal : *la transformation en ondelettes* [47]. Parce que les ondelettes analysent des phénomènes qui se produisent localement à des échelles différentes, elles sont un outil tout à fait naturel pour caractériser les propriétés d'invariance d'échelle locale des objects fractals. En comparant la transformation en ondelettes à un microscope mathématique [31,48-50], c'est la hiérarchie sous-jacente à la complexité structurelle des fractales que nous nous apprêtons à découvrir sous l'objectif du microscope ondelette.

Depuis les travaux originaux de J. Morlet et A. Grossmann [51-53], l'analyse en ondelettes a été exploitée dans des domaines aussi variés [47] que les mathématiques [51-54,68-77], la mécanique quantique [54,78-83], l'analyse et la synthèse du signal [84-92], la détection de discontinuités [85,92] et les problèmes de reconnaissance des formes, de traitement et d'analyse d'images [93-95]. Le but de ce chapitre est d'introduire la transformée en ondelettes dans le contexte de la physique des fractales [31,49,50].

2.1 Transformations en ondelettes associées au groupe affine

1. Définitions

La transformation en ondelettes décompose un signal quelconque $f(t)$ sur un ensemble de fonctions, appelées *ondelettes*, qui sont déduites à partir d'une unique fonction g par dilatation et translation [51-54,68]:

$$g^{(a,b)}(t) = \mathcal{A}(a,b)g(t) = a^{-1/2}g(a^{-1}(t-b)), \quad t \in R \tag{2.1}$$

où les paramètres a,b peuvent varier soit continument $(a,b \in R, a > 0)$, soit appartenir à un ensemble discret. L'opérateur $\mathcal{A}(a,b)$ représente l'action du groupe affine. La transformée en ondelettes est en général une fonction complexe, donnée par l'équation:

$$T_g(a,b) = [a^{-1/2}C_g^{-1/2}g^*(a^{-1}t) \star f(t)]\,(b) \; ,$$
$$= a^{-1/2}C_g^{-1/2} \int dt \; g^*(a^{-1}(t-b))f(t) \; , \tag{2.2}$$

où $*$ indique le complexe conjugué. En exprimant l'équation (2.2) en fonction des transformées de Fourier de g et f, nous obtenons:

$$T_g(a,b) = a^{1/2}C_g^{-1/2} \int d\omega \; e^{i\omega b}\hat{g}^*(a\omega)\hat{f}(\omega) \; , \tag{2.3}$$

où nous avons utilisé la définition suivante de la transformée de Fourier:

$$\hat{f}(\omega) = (2\pi)^{-1/2} \int dt \; e^{i\omega t}f^*(t) \; . \tag{2.4}$$

On déduit des équations (2.2) et (2.3) que la transformée en ondelettes fournit une analyse temps-fréquence (espace-échelle) du signal $f(t)$ avec un filtre $\hat{g}(a\omega)$ dont la resolution relative $\Delta\omega/\omega$ est une constante. La fonction g est appelée *ondelette analysatrice* si elle satisfait la *condition d'admissibilitée* [52-54]:

$$C_g = 2\pi \int d\omega \mid \hat{g}(\omega) \mid^2 /\omega \; < \; \infty. \tag{2.5}$$

Pour des ondelettes $g \in L^2(R,dx) \cap L^1(R,dx)$, cette condition signifie essentiellement que $g(t)$ est de moyenne nulle:

$$\int dt \; g(t) = 0 \; . \tag{2.6}$$

Si la condition d'admissibilité est satisfaite, la transformation en ondelettes est une isométrie, et on retrouve la fonction de départ à partir de la formule d'inversion [52-54]:

$$f(t) = C_g^{-1/2} \iint a^{-2}dadb \; T_g(a,b) \; g^{(a,b)}(t) \; , \tag{2.7}$$

où $a \in R^+, b \in R$ et $a^{-2}dadb$ est l'élément de surface naturel dans le demi-plan (a,b), invariant par les dilatations et les translations.

Dans cette section, nous avons supposé que le signal $f(t)$ était de carré sommable, c'est à dire d'énergie finie: $\int dt \mid f(t) \mid^2 < \infty$. La transformée en ondelettes est une transformation linéaire qui préserve l'énergie du signal:

$$\int dt \mid f(t) \mid^2 = \int a^{-2} dadb \mid T_g(a,b) \mid^2 \ . \tag{2.8}$$

2. Quelques exemples d'ondelettes analysatrices

L'ondelette de Morlet: un premier exemple historique d'ondelettes analysatrices est celui utilisé dans les travaux originaux de J. Morlet et de ses collaborateurs [51] qui ont considéré des familles d'ondelettes obtenues par superposition de gaussiennes centrées autour d'une fréquence Ω. En effet, pour tout $\Omega \in R$, les fonctions

$$\hat{g}_\Omega(\omega) = e^{-(\omega-\Omega)^2/2} - e^{-\Omega^2/4} e^{-(\omega-\Omega)^2/4} \tag{2.9}$$

satisfont la condition $\hat{g}_\Omega(0) = 0$. Par transformation de Fourier inverse, les fonctions g_Ω sont donc des ondelettes admissibles:

$$g_\Omega(t) = e^{i\Omega t} e^{-t^2/2} - \sqrt{2}\, e^{-\Omega^2/4} e^{i\Omega t} e^{-t^2} \ . \tag{2.10}$$

Les membres de cette famille à un paramètre d'ondelettes analysatrices sont appelés ondelettes de Morlet [51]. Remarquons que, pour des valeurs de Ω suffisamment grandes, le second (contre) terme dans le membre de droite des équations (2.9) et (2.10) devient négligeable.

Le chapeau mexicain: une ondelette analysatrice très utilisée est la fonction dénommée chapeau mexicain [47,96], qui n'est autre que la dérivée seconde de la gaussienne:

$$g(t) = (1 - t^2) e^{-t^2/2} \ . \tag{2.11}$$

Sa transformée de Fourier s'annule pour $\omega = 0$:

$$\hat{g}(\omega) = \omega^2\, e^{-\omega^2/2} \ . \tag{2.12}$$

Cette ondelette vérifie donc la condition d'admissibilité. En raison de sa bonne localisation aussi bien dans l'espace direct que dans l'espace réciproque, elle sera abondamment utilisée par la suite. Le chapeau mexicain (2.11) est schématisé dans la figure 1.a.

Ondelettes constantes par morceaux: ces familles d'ondelettes analysatrices ont été surtout utilisées dans la mise en oeuvre sur ordinateur d'algorithmes de transformation en ondelettes rapides [31,49,50,55,97]. Ainsi, au cours de nos études prospectives nous avons souvent utilisé une approximation constante par morceaux du chapeau mexicain (fig. 1.b):

$$g(t) = \begin{cases} 1 & \mid t \mid < 1 \\ -1/2 & 1 < \mid t \mid < 3 \\ 0 & \mid t \mid > 3 \end{cases} \tag{2.13}$$

2.2. Transformation en ondelettes de mesures fractales

1. Dimensions fractales généralisées et spectre de singularités

Au cours de ces dix dernières années, un effort considérable à été consacré a la caractérisation de mesures μ ayant pour support des ensembles présumés fractals. Dans le cadre de la théorie des systèmes dynamiques, l'utilisation des dimensions de Renyi D_q [98] a été proposée pour décrire les caractéristiques géométriques et probabilistes des attracteurs étranges [34-36,41,99,100]. Dernièrement, les dimensions fractales généralisées [28-30,101-107] ont été utilisées pour quantifier les propriétés multifractales [42-46,107-110] de diverses mesures physiques telles que par exemple [111-116] la mesure harmonique dans les phénomènes d'agrégation limitée par la diffusion, la distribution de voltage dans un réseau aléatoire de résistances au seuil de percolation ou bien encore le champ de dissipation dans le régime inertiel en turbulence pleinement développée [45,108-110,117-125].

De façon naturelle, lorsqu'on traite d'objects fractals sur lesquels une mesure μ est definie, la dimension D est introduite pour décrire comment la masse $\mu(I(x,\epsilon))$ d'un intervalle I centré au point x, croît avec sa longueur ϵ :

$$\mu(I(x,\epsilon)) = \int_{I(x,\epsilon)} d\mu(y) \ \sim \ \epsilon^D \ . \tag{2.14}$$

En général, les mesures fractales présentent des propriétés d'invariance d'échelle qui varient d'un point d'espace à l'autre. Il est alors nécessaire d'introduire la notion de dimension locale ("pointwise dimension") [28-30,41,42,107,108] :

$$\alpha(x) = \lim_{\epsilon \to 0} \alpha(x,\epsilon) = \lim_{\epsilon \to 0} \frac{\ln \mu(I(x,\epsilon))}{\ln \epsilon} \ . \tag{2.15}$$

Il existe en fait plusieurs intervalles correspondant à un même exposant α d'invariance d'échelle locale (ou singularité); leur nombre $N_\alpha(\epsilon)$ se comportent comme [42] :

$$N_\alpha(\epsilon) \sim \epsilon^{-f(\alpha)} \ . \tag{2.16}$$

Dans la limite $\epsilon \to 0$, pour certaines mesures particulières, il a été démontré que $f(\alpha)$ n'est autre que la dimension de Hausdorff-Besicovitch du sous-ensemble constitué des singularités d'exposant α [42-46]. La fonction $f(\alpha)$ est communément appelée spectre de singularités. Elle est directement reliée au spectre de dimensions fractales généralisées D_q par une simple transformation de Legendre [42-46] :

$$\begin{cases} q = \dfrac{d\,f(\alpha)}{d\alpha} \\ (q-1)D_q = q\alpha - f(\alpha) \end{cases} \tag{2.17}$$

Il est important de remarquer que les mesures globalement auto-similaires [28-30,107,108,126] correspondent à la classe particulière de mesures fractales telles que tous les D_q coïncident. Par transformation de Legendre inverse on en déduit que le spectre $f(\alpha)$ se réduit à un seul point $\alpha = D_0 = D_q$, $\forall q$, avec $f(\alpha) = D_0$. Par contre, les mesures multifractales [42-46,107-110,126] sont caractérisées par des D_q qui décroissent de façon monotone en fonction de q. Dans ce cas, α n'est plus unique mais varie dans un intervalle $[\alpha_{min}, \alpha_{max}]$, où $\alpha_{min} = \lim_{q \to +\infty} D_q$ (resp. $\alpha_{max} = \lim_{q \to -\infty} D_q$) caractérise l'exposant de la singularité la plus forte (resp. la plus faible). Plus précisement $f(\alpha)$ est une fonction unimodale de maximum égal à D_0.

2. Transformation en ondelettes

Les dimensions fractales généralisées D_q et le spectre se singularités $f(\alpha)$ ne fournissent qu'une information statistique concernant les contributions respectives de chacune des singularités. Afin d'obtenir l'information supplémentaire concernant la localisation spatiale de ces singularités, nous allons généraliser l'analyse en ondelettes des fonctions fractales développée dans les refs [48,127,128] à des mesures distribuées sur des ensembles de Cantor [31,49,50].

Pour analyser en ondelettes la mesure μ, nous allons étendre la définition de la transformée en ondelettes à la forme suivante [31,49,50,55] :

$$T_g(a, b) = \frac{1}{a^n} \int g^*((x - b)/a) \, d\mu(x) \, , \tag{2.18}$$

où nous avons introduit le facteur de normalisation a^{-n} afin de pouvoir optimiser la visualisation de la structure fractale de la mesure μ (en choisissant n $> \alpha_{max}$, chaque singularité de μ se manifestera par une divergence en loi de puissance de T_g dans la limite $a \to 0^+$). Supposons que la mesure μ présente au voisinage du point x_0 le comportement en échelle suivant

$$\mu(I(x_0, \lambda\epsilon)) \sim \lambda^{\alpha(x_0)} \mu(I(x_0, \epsilon)) \, . \tag{2.19}$$

Pour des exposant $\alpha(x_0)$ non entiers, et pour une ondelette analysatrice à décroissance assez rapide à l'infini [31,48-50,55], le comportement en échelle local de la mesure se reflète dans la transformée en ondelettes qui se comporte comme :

$$T_g(\lambda a, x_0 + \lambda b) = (\lambda a)^{-n} \int g^* \left(\frac{x - x_0 - \lambda b}{\lambda a} \right) d\mu(x)$$

$$= (\lambda a)^{-n} \int g^* \left(\frac{x - \lambda b}{\lambda a} \right) d\mu_{x_0}(x)$$

$$= (\lambda a)^{-n} \int g^* \left(\frac{y - b}{a} \right) d\mu_{x_0}(\lambda y)$$

soit

$$T_g(\lambda a, x_0 + \lambda b) \sim \lambda^{\alpha(x_0)-n} T_g(a, x_0 + b) \, . \tag{2.20}$$

Dans la limite $\lambda \to 0$, T_g se comporte donc en loi de puissance avec un exposant $\hat{\alpha}(x_0) = \alpha(x_0) - n$. Dans le cas d'exposants d'échelle entiers, les singularités peuvent être masquées par des comportements polynômiaux [48,55]. Une façon pratique de contourner cette difficulté consiste à travailler avec des ondelettes opérant modulo certains polynômes, ou, en d'autre termes, en imposant qu'un certain nombre de moments de l'ondelette g s'annulent.

D'après l'équation (2.20), la transformation en ondelettes peut être comparée à un microscope mathématique de grandissement a^{-1}, positionné au point x_0 et dont l'optique est donnée par le choix de l'ondelette analysatrice g [31,48-50]. Ce microscope nous permet (i) de localiser les singularités de la mesure μ. L'ondelette analysatrice étant localisée dans l'espace, chaque singularité de μ produit une structure en cône dans la transformée en ondelettes, qui pointe vers x_0 au fur et à mesure que le grandissement a^{-1} croît; (ii) d'estimer l'exposant caractérisant chaque singularité de la mesure μ; chacune de ces singularités se présente sous la forme d'un comportement en loi de puissance de $T_g(a,b)$, dont l'exposant $\hat{\alpha}(x_0) = \alpha(x_0) - n$ nous renseigne directement sur la force de la singularité localisée au point x_0. Une note plus rigoureuse a été apportée récemment à cette démonstration dans la ref. [129].

Généralement le comportement en loi d'échelle (2.19) n'est pas valable pour tout $\lambda \in R$, mais plutôt pour une séquence infinie de valeurs $\lambda_m \sim \beta^m$, $m \in Z$. L'exposant α est alors complexe, ce qui induit des oscillations de période $\log \beta$ autour d'une droite de pente α dans le graphe $\log T_g(a,b)$ en fonction du paramètre d'échelle $\log a$ [48-50]. Nous rappelons que de semblables oscillations ont été observées dans la procédure $\log - \log$ de détermination des dimensions fractales généralisées de fractales lacunaires [130-135].

Dans de précédents travaux, l'accent a été mis sur l'utilité de considérer séparément le module et la phase de la transformée en ondelettes [48,85,87]. Ainsi une conséquence immédiate de l'équation (2.20) est que les lignes d'égale phase convergent toutes vers le point $(a = 0, x_0)$ du demi-plan (a,b), identifiant par là, la présence d'une singularité au point x_0. Dans le présent travail, nous nous limiterons à l'utilisation d'ondelettes analysatrices réelles qui suffisent à la caractérisation des propriétés d'auto-similarité de ces objets et qui évitent une surabondance d'information inutile à notre propos.

2.3. Transformation en ondelettes de mesures distribuées sur l'ensemble de Cantor triadique

1. Le Cantor triadique uniforme

Pour illustrer notre propos, nous allons dans un premier temps appliquer la transformation en ondelettes à l'analyse du Cantor triadique uniforme [31,49,50], décrit dans la fig. 2. De façon concrète, nous allons analyser en ondelettes une mesure uniforme répartie sur l'ensemble de Cantor triadique : $p_1 = p_2 = 1/2$. Cette mesure est un exemple d'école de mesure globalement auto-similaire caractérisée par un spectre de singularités qui se réduit à un point :

$$\alpha = \ln 2/\ln 3 \ ; \quad f(\alpha = \ln 2/\ln 3) = \ln 2/\ln 3 \ . \tag{2.21}$$

Toutes les singularités sont de même exposant et les dimensions fractales généralisées coïncident: $D_q = \ln 2/\ln 3$, $\forall q$.

Dans la figure 3, nous présentons la transformée en ondelettes du Cantor triadique uniforme obtenue en utilisant la définition (2.18) avec n=2. Dans la figure 3.a nous illustrons la transformée obtenue avec l'ondelette analysatrice chapeau mexicain définie dans l'équation (2.11). La représentation tridimensionnelle utilisée montre clairement que chaque point du Cantor triadique correspond à une divergence en loi de puissance de $T_g(a,b)$ dans la limite $a \to 0^+$. Cette divergence est identique en chacun des points du Cantor, apportant par là une preuve visuelle de l'unicité de l'exposant d'échelle local α. De plus, les "bifurcations fourches" observées par augmentation du grandissement sont autant d'évidences de la structure hiérarchique du Cantor triadique.

La règle de construction du Cantor triadique apparaît naturellement dans la figure 3.b où l'on a codé la transformée en ondelettes en noir et blanc : les régions noires (resp. blanches) correspondent aux valeurs $T_g(a,b) < \tilde{T}$ (resp. $T_g(a,b) > \tilde{T}$), où le seuil $\tilde{T}$ est défini proportionnellement à la valeur maximum prise par $T_g(a,b)$ sur chaque ligne $a = Cste$. Les bifurcations fourches que subissent les régions blanches lorsque l'on augmente le grandissement sont caractéristiques du processus itératif de construction. A des échelles $a \sim 1/3$, l'objet analysé n'est plus un seul intervalle de longueur unité ($a \sim 1$), mais deux sous-intervalles qui chacun se subdivisent à nouveau en deux sous-intervalles lorsque l'on atteint des échelles $a \sim 1/3^2$, et ainsi de suite ad infinitum. La symétrie de ces bifurcations fourches ainsi que le fait qu'elles se produisent en phase lors de la descente vers les petites échelles, témoignent de l'existence d'un rapport d'échelle unique $\ell = 1/3$.

Les régions blanches dans la figure 3.b pointent vers les singularités de la mesure dans la limite $a \to 0^+$. Chacune de ces singularités est un point du Cantor triadique. A chacun de ces points, la transformation en ondelettes présente un comportement en loi de puissance avec le même exposant $\hat{\alpha} = \ln 2/\ln 3 - 2$, ce qui confirme la prédiction théorique d'un exposant unique $\alpha = \ln 2/\ln 3$ pour l'ensemble des singularités. L'estimation de l'exposant $\hat{\alpha}$ au point $b^* = 0$ est illustrée dans la figure 4, où $T_g(a, b = 0)$ est représentée en fonction du paramètre d'échelle a, en échelles logarithmiques. La présence d'oscillations périodiques de période $P = \ln(3)$, autour de la droite de pente $\hat{\alpha}$, traduit le fait que la mesure étudiée, renormalisée par le facteur a^α, est invariante par dilatation d'un facteur $\beta = \ell^{-1} = 3$ au voisinage de zéro. Un résultat identique est obtenu en chacun des points du Cantor.

Par comparaison, nous montrons sur la figure 3.c, la transformation en ondelettes du Cantor triadique uniforme obtenue avec l'ondelette analysatrice constante par morceaux définie dans l'équation (2.13). S'il est incontestable que l'aspect visuel de la transformée est quelque peu modifié par la forme de l'ondelette analysatrice, son aptitude à révéler la règle de construction du fractal étudié n'en est pas pour autant diminuée.

2. Le Cantor triadique non uniforme

Un exemple pédagogique de mesure multifractale consiste à répartir de façon non-uniforme la mesure de probabilité à chaque étape de construction du Cantor triadique [42]. L'exemple que nous allons traiter dans cette section correspond à dissymétriser les probabilités respectives $p_1 = p_L = 3/4$ et $p_2 = p_R = 1/4$ des sous-intervalles de gauche (L) et de droite (R) à chaque génération. Chaque point du Cantor pourra donc être adressé par une séquence ("de tricotage") infinie de symboles L et R. Clairement, la séquence LLLL...LL.. est associée à la singularité la plus forte d'exposant (eq. (2.15))

$$\alpha_{min} = \ln p_L / \ln \ell = \frac{\ln 3/4}{\ln 1/3} = 0.262.. \, , \tag{2.22}$$

tandis que la séquence RRR...RR... correspond à la singularité la plus faible d'exposant

$$\alpha_{max} = \ln p_R / \ln \ell = \frac{\ln 1/4}{\ln 1/3} = 1.262.. \, . \tag{2.23}$$

Les séquences plus complexes correspondent à des singularités dont l'exposant α est compris entre ces deux valeurs extrêmes : $\alpha_{min} \leq \alpha \leq \alpha_{max}$. Le spectre $f(\alpha)$ de singularités (eq. (2.16)), qui dans ce cas peut être calculé analytiquement [42], est illustré sur la figure 5.b. Les dimensions fractales généralisées D_q sont représentées sur la figure 5.a. Remarquons que la dimension de capacité $D_0 = \ln 2/\ln 3$ (qui caractérise la géométrie) est bien celle déjà calculée pour le Cantor triadique uniforme.

La transformée en ondelettes de cette mesure multifractale [31,49,50] est illustrée sur la figure 6. Comme dans le cas du Cantor uniforme, le facteur de normalisation dans la définition (2.18) de $T_g(a, b)$ a été choisi tel que n = 2 > α_{max}. Bien que le support de la mesure soit le même objet géométrique que dans la figure 3, une simple inspection visuelle permet de différentier les représentations tridimensionnelles des transformées en ondelettes respectives des mesures uniformément (fig. 3.a) et non-uniformément (fig. 6.a) distribuées sur l'ensemble de Cantor triadique. En effet, il est clair sur la figure 6.a que, comme précédemment, $T_g(a, b)$ diverge en loi de puissance aux points qui définissent le Cantor triadique. Toutefois, l'exposant caractérisant cette divergence n'est plus unique comme dans la figure 3.a ; on constate, en effet, l'existence de fluctuations qui s'étalent entre $\hat{\alpha}_{min} = \alpha_{min} - 2 = -1.738$ (eq. (2.22)) au point $b^* = 0$, et $\hat{\alpha}_{max} = \alpha_{max} - 2 = -0.738$ (eq. (2.23)) au point $b^* = 1$. L'estimation des exposants $\hat{\alpha}_{min}$ et $\hat{\alpha}_{max}$ est illustrée dans la figure 7.a, où $\ln | T_g(a, b^*) |$ est représentée en fonction de $\ln a$. Ces résultats numériques confirment donc les prédictions théoriques (fig. 5.b) concernant l'existence d'un intervalle de valeurs possibles pour l'exposant d'échelle local de la mesure μ : $\alpha_{min} \leq \alpha \leq \alpha_{max}$, avec une information supplémentaire de choix concernant le positionnement (respectif) de chacune des singularités. A titre d'illustration, nous montrons sur la figure 7.b, le comportement de $T_g(a,b)$ dans la limite $a \to 0^+$ au point b^* correspondant à la séquence symbolique $RRRRRRRRLLL...LL...$ L'exposant prédit théoriquement $\hat{\alpha} = \alpha - 2 = -1.167$ (le Cantor a été construit jusqu'à l'étape $n = 14$) est intermédiaire entre l'exposant $\hat{\alpha}_{max} = -0.738$ observé à grandes échelles, et l'exposant $\hat{\alpha}_{min} = -1.738$ obtenu à petites échelles. Il est important de remarquer que le phénomène de "cross-over" entre ces deux exposants observé dans la figure 7.b, est caractéristique de la séquence symbolique étudiée où une séquence de symboles L succède à une séquence de symboles R. Précisons que les transformées en ondelettes de séquences plus compliquées sont constituées d'une succession de "cross-overs" de ce type. Les oscillations rencontrées dans les graphes de la figure 7 sont de même nature que celles observées précédemment dans le cas de la mesure uniforme (fig. 4) ; leur amplitude est variable suivant la force (α) de la singularité ; par contre, leur période est toujours $P = \ln 3$, reflétant les propriétés d'invariance d'échelle du support de la mesure.

Dans le codage tout ou rien de $T_g(a,b)$ de la figure 6.b, on constate que si les bifurcations fourches interviennent toujours en phase aux échelles $a \sim 1/3^n$ lorsqu'on augmente le grandissement du microscope ondelette, par contre ces bifurcations sont désormais "imparfaites", conséquence directe de la non égalité des probabilités p_L et p_R. Cette brisure de symétrie dans les branchements successifs de la transformée en ondelettes est donc la signature du caractère multifractal de la mesure étudiée. Les figures 6.b et 6.c correspondent à des transformées en ondelettes calculées respectivement avec l'ondelette analysatrice chapeau mexicain (eq. (2.11)) et sa version constante par morceaux (eq. (2.13)). Ces deux figures sont à comparer directement avec les figures équivalentes (figs 3.b et 3.c) obtenues dans l'analyse du Cantor triadique uniforme.

3. Transformation en ondelettes de la cascade sous-harmonique conduisant au chaos

3.1. La cascade de doublements de période: une transition du second ordre vers le chaos

Parmi les scénarios vers le chaos [9-18], la cascade sous-harmonique [56-58] est incontestablement le plus populaire, et ce essentiellement pour des raisons historiques. Si R est le paramètre de contrôle qui permet de maintenir le système loin de l'équilibre thermodynamique, lorsqu'on augmente R depuis une valeur minimale R_{min} où le système présente un comportement périodique de période T, on voit se succéder, pour des valeurs discrètes et de plus en plus rapprochées de R, des bifurcations de doublement de période qui font du cycle initial un cycle de période 2T, puis 4T, 8T... et ainsi de suite jusqu'à une valeur critique R_c : point d'accumulation de cette cascade et seuil d'apparition de comportements chaotiques [56-58]. En augmentant R au-delà de R_c, on observe une cascade dite inverse parce que les transitions se font entre attracteurs chaotiques en 2^n morceaux et attracteurs en 2^{n-1} morceaux [136,137]. Le système dynamique modèle reproduisant qualitativement une telle transition est une application de l'intervalle à un paramètre

$$x_{n+1} = f_R(x_n),\qquad(3.1)$$

qui satisfait les hypothèses standards de régularité et d'unimodalité [22] sur l'intervalle $I = [-1, 1]$. Sur la figure 8, nous avons illustré l'application quadratique suivante

$$x_{n+1} = 1 - Rx_n^2 ,\qquad(3.2)$$

qui nous servira de cobaye pour notre démonstration.

Le paramètre R dans l'équation (3.2) permet de faire varier l'importance relative des non-linéarités [22]: en augmentant R, on augmente la hauteur du maximum de f_R situé au point $x = X_c = 0$, on renforce la contribution des termes non-linéaires de f_R et l'on fait se succéder les bifurcations de doublement de période. Cette cascade de bifurcation s'accumule à la valeur $R_c = R_\infty = 1.40115..$ pour laquelle le système possède une orbite périodique de période $2^\infty T$. Au-delà de cette valeur critique, l'attracteur du système devient chaotique. Le diagramme de bifurcation [25] obtenu en faisant varier R pour l'application logistique $f_R(x) = Rx(1 - x)$ est illustré dans la figure 9 (nous verrons par la suite que cette application appartient à la même classe d'universalité que l'application quadratique (3.2)). Remarquons qu'il existe à nouveau des plages de régimes périodiques au-delà de R_c [22,25].

Comme cela a été remarqué originellement par M. Feigenbaum [56] d'une part et P. Coullet et C. Tresser [57,58] d'autre part, la cascade sous-harmonique présente une analogie frappante avec les transitions de phase du second ordre. Au-delà de R_c, on peut quantifier l'imprédictabilité d'une dynamique chaotique par l'exposant caractéristique de Lyapunov [99] $L(R)$ qui pour des applications de l'intervalle est donné par la limite :

$$L(R) = \lim_{N \to +\infty} \frac{1}{N} \left(\sum_{i=1}^{N} \ln \left(df_R(x_i)/dx_i \right) \right).\qquad(3.3)$$

$L(R)$ mesure le taux moyen de divergence de deux trajectoires supposées "infiniment" voisines à l'instant initial. Pour $R > R_c$, la figure 10 montre que l'enveloppe de L présente un comportement en loi de puissance fort analogue à celui d'un paramètre d'ordre [22-27,138]:

$$\bar{L}(R) \sim (R - R_c)^\nu,\qquad(3.4)$$

où l'exposant ν est directement relié au taux d'accumulation λ de la cascade inverse [136,137]:

$$\nu = \ln 2/\ln \lambda .\qquad(3.5)$$

Cet exposant est universel dans le sens où il ne dépend pas de la forme explicite de l'application f mais seulement de son ordre de dérivée au sommet [56-58,139,140]; génériquement pour des applications quadratiques telles que l'application (3.2) ou l'application logistique, $\lambda = 4.669...$.

La mesure du rapport $(R_{i+1} - R_i)/(R_{i+2} - R_{i+1})$ à l'approche de R_c, où $\{R_i\}$ sont les valeurs de bifurcation sous-harmonique, conduit asymptotiquement à la même valeur λ du taux d'accumulation de la cascade de doublements de période $(R < R_c)[56-58, 139, 140]$. A $R = R_c$, la période devient infinie, ce qui entraîne une divergence de la période $P(R)$ des cycles périodiques suivant la loi [26,27] (fig. 11) :

$$P(R) \sim (R_c - R)^{-\nu}, \tag{3.6}$$

où ν est l'exposant universel définit dans l'équation (3.5). Ce temps caractéristique joue donc un rôle équivalent à la longueur de corrélation dans les phénomènes critiques. Remarquons que la loi (3.6) régit aussi, au-delà de R_c, l'évolution du nombre de bandes P_{chaos} de l'attracteur chaotique à l'accumulation de la cascade inverse [137] (fig. 11).

A la criticalité, $R = R_c$, le système (3.2) possède une infinité d'orbites périodiques instables de période $2^n T$ (par simplicité nous supposerons T=1 dans la suite de cette section). L'attracteur, à savoir l'orbite de période 2^∞, présente des propriétés d'invariance d'échelle caractéristiques de situations critiques : pour presque toutes conditions initiales dans l'intervalle invariant $[X_- = -(1 + \sqrt{1 + 4R_\infty})/2R_\infty$, $X_+ = (1 + \sqrt{1 + 4R_\infty})/2R_\infty]$, l'adhérence de l'orbite asymptotique est un ensemble de Cantor [56-58,141]. Comme cela est illustré sur la figure 12, les itérés du point $X_c = 0$ forment cet ensemble de Cantor ; la moitié des itérés sont confinés dans le sous-intervalle $\left[f_{R_\infty}^{(3)}, f_{R_\infty} \right]$, l'autre moitié se retrouvant dans le sous-intervalle $\left[f_{R_\infty}^{(2)}, f_{R_\infty}^{(4)} \right]$. A l'étape suivante de construction de cet ensemble de Cantor, chacun de ces sous-intervalles est à nouveau divisé en deux sous-intervalles d'égale probabilité. Par conséquent, la mesure de probabilité est symétrique avec :

$$p_1 = p_2 = 1/2. \tag{3.7}$$

Cet ensemble de Cantor possède une structure fort complexe avec deux rapports d'échelle asymptotiques $(n \rightarrow +\infty)$ privilégiés qui vont jouer un rôle fondamental dans la suite de notre analyse:

$$\ell_L = \alpha_{PD}^{-1} = 0.3995... \quad (L \ pour \ "large"), \tag{3.8}$$
$$\ell_S = \alpha_{PD}^{-2} = 0.1596... \quad (S \ pour \ "small"), \tag{3.9}$$

où α_{PD} est le facteur d'échelle universel intervenant dans la définition de l'opération de renormalisation (section 3.2). A ce niveau nous rappelons que le critère qui définit les classes d'universalité de la transition vers le chaos via la cascade de bifurcations sous-harmoniques est l'ordre z du maximum local de l'application $f_R(x)$; pour les applications quadratiques λ et α_{PD} ont pour valeurs [56-58]:

$$\lambda(z = 2) = 4.669... \ ; \tag{3.10}$$
$$\alpha_{PD}(z = 2) = 2.5029... \ . \tag{3.11}$$

3.2. Transformation en ondelettes et renormalisation

Dans les études préliminaires de l'ensemble de Cantor qui intervient à l'accumulation de la cascade sous-harmonique (fig. 12), un effort tout particulier a été consacré au calcul de sa dimension de Hausdorff [142,143]

$$D_H = 0.537... . \qquad (3.12)$$

Plus récemment, une caractérisation plus satisfaisante de cet ensemble a été obtenue grâce au calcul des dimensions fractales généralisées D_q et du spectre $f(\alpha)$ de singularités [42,46,144-148]. Le caractère universel de ces spectres a été démontré en examinant différentes applications quadratiques (fig. 13). Le spectre des valeurs de l'exposant d'échelle local s'étend sur une plage finie $\alpha_{min} \leq \alpha \leq \alpha_{max}$ où

$$\alpha_{min} = \frac{\ln p_2}{\ln \ell_S} = \frac{\ln 2}{\ln \alpha_{PD}^2} = 0.37775... , \qquad (3.13)$$

et

$$\alpha_{max} = \frac{\ln p_1}{\ln \ell_L} = \frac{\ln 2}{\ln \alpha_{PD}} = 0.75551... . \qquad (3.14)$$

L'universalité des propriétés multifractales de la mesure invariante correspondante a été confirmée récemment dans des expériences de convection Rayleigh-Bénard [149] et d'électronique [150].

La figure 14 illustre la transformée en ondelettes de l'ensemble de Cantor schématisé dans la figure 12, limite asymptotique de la cascade de bifurcations de doublement de période [31,50,55]. L'ondelette analysatrice utilisée est l'ondelette chapeau mexicain (eq. (2.11)). Le facteur de normalisation dans la définition (2.18) de la transformée en ondelettes a été choisi de sorte que l'exposant n soit l'entier immédiatement supérieur à α_{max}, à savoir n=1. Comparativement aux transformées en ondelettes des Cantors triadiques uniformes et non uniformes illustrées respectivement dans les figures 3.a et 6.a, la transformée en ondelettes du Cantor sous-harmonique présente aussi des branchements lorsqu'on descend dans les échelles $(a \to 0^+)$; toutefois, ceux-ci ne se produisent plus simultanément mais successivement à cause de l'inégalité des rapports d'échelles. On peut à nouveau identifier aisément la position de chacune des singularités de la mesure invariante correspondante, en localisant les points où $T_g(a,b)$ diverge en loi de puissance dans la limite $a \to 0^+$. Ces singularités sont localisées aux points de l'ensemble de Cantor décrit dans la figure 12 ; chacune de ces singularités peut être repérée par une séquence de symboles L (pour *"large"*) et S (pour *"small"*).

La dépendance de $T_g(a, b = 0)$ en fonction du paramètre d'échelle a au point b=0 est représentée sur la figure 15.a en échelles logarithmiques; la pente du graphe ainsi obtenu $\hat{\alpha}(b = 0) = \alpha(b = 0) - 1 \simeq -0.245 \simeq \alpha_{max} - 1$, fournit une excellente estimation de l'exposant α_{max} (eq. (3.14)), qui caractérise la force de la singularité la plus faible correspondant à la séquence symbolique LLL..LL.. . Les propriétés d'auto-similarité locale de cette région la moins visitée par l'orbite de période 2^∞, se reflètent dans la présence d'oscillations dans le graphe de la figure 15.a autour de la pente $\hat{\alpha}$; ces oscillations sont de grande amplitude et de période $P(b = 0) = \ln \ell_1^{-1} = \ln \alpha_{PD}$. Dans la figure 15.b, nous avons répété cette analyse au point $b = 1 = f_{R_\infty}(0)$, qui à l'opposé du point critique $X_c = 0$, correspond à la région la plus visitée par l'attracteur. La pente du graphe ainsi obtenu $\hat{\alpha}(b = 1) = \alpha(b = 1) - 1 \simeq -0.6225.. \simeq \alpha_{min} - 1$, est à nouveau en remarquable accord avec la prédiction théorique (3.13) pour l'exposant α_{min}, qui caractérise la force de la singularité la plus forte associée à la séquence symbolique SSS..SS... A ce point il est important de remarquer que le fait que $\alpha_{max} = 2\alpha_{min}$ est une conséquence directe de la nature quadratique (z=2) de l'application de l'intervalle utilisée pour générer l'ensemble de Cantor. Comme précédemment, il existe des oscillations dans le graphe de la figure 15.b ; cette fois les oscillations sont de relativement faible amplitude et leur période $P(b = 1) = \ln \ell_2^{-1} = \ln \alpha_{PD}^2 = 2P(b = 0)$, est le reflet des propriétés d'invariance d'échelle au voisinage de l'extremum de l'application unimodale (3.2). De façon générale, les singularités qui correspondent à des séquences symboliques plus compliquées sont associées à un comportement en loi de puissance de la transformée en ondelettes dont l'exposant $\hat{\alpha}$ est contenu dans l'intervalle $\alpha_{min} - 1 \leq \hat{\alpha} \leq \alpha_{max} - 1$. L'histogramme des valeurs de α ainsi compilées approche de façon tout à fait satisfaisante le spectre $f(\alpha)$ de singularités calculé dans la figure 13.b.

Dans la figure 16, la transformée en ondelettes de l'ensemble de Cantor sous-harmonique est codée suivant un filtre tout ou rien [31,50]: les régions noires (resp. blanches) correspondent aux valeurs $T_g(a,b) < \tilde{T}$ (resp. $T_g(a,b) > \tilde{T}$), où le seuil $\tilde{T}$ est défini proportionnellement à la valeur maximum prise par $T_g(a,b)$ sur chaque ligne $a = Cste$. L'ondelette analysatrice utilisée dans la figure 16 (comme dans la figure 17) est désormais l'ondelette constante par morceaux définie dans l'équation (2.13). Cette représentation révèle de façon spectaculaire la complexité structurelle de l'ensemble de Cantor étudié [56-58,141]. Une simple inspection visuelle permet de reconnaître la loi de construction de cet ensemble : d'une étape à l'autre de la construction, le position-nement relatif du sous-intervalle L par rapport au sous-intervalle S demeure inchangé lorsqu'on divise un intervalle S, alors qu'il est nécessaire de permuter ces sous-intervalles lorsqu'on divise un intervalle L (fig. 12).

En découvrant la règle de construction du Cantor sous-harmonique, la trans-formation en ondelettes révèle de façon naturelle l'opération de renormalisation [19-21] qui va nous permettre de comprendre les propriétés d'universalité de la transition vers le chaos via la cascade de bifurcations de doublement de période [31]. Comme nous l'avons illustré sur la figure 16.c, lorsqu'on multiplie le grandissement d'un facteur $-\alpha_{PD}(< 0)$, la transformée en ondelettes $T_g(a,b)$ dans le sous-intervalle $I = [f_{R_\infty}^{(2)}(0), f_{R_\infty}^{(4)}(0)]$ ressemble étrangement à la transformée en ondelettes originale (fig. 16.a) dans l'intervalle invariant initial $\left[f_{R_\infty}^{(2)}(0), f_{R_\infty}(0) \right]$. Cette observation con-duit à la définition de l'opération de renormalisation R_I, originellement découverte par M. Feigenbaum [56]:

$$\mathcal{R}_I(f_R(x)) = -\alpha_{PD} \, f_R(f_R(-x/\alpha_{PD})), \qquad (3.15)$$

ou $\alpha_{PD} = 1/f_R(1)$ (asymptotiquement α_{PD} converge vers la valeur donnée par l'équation (3.11)). Cette équation résulte en fait de la similitude de forme qui existe entre le comportement de $f_R(x)$ dans l'intervalle $[X_-, X_+]$ et celui de son itéré second dans l'intervalle $F = [-X^*, X^*]$, où $X^* = (-1 + \sqrt{1 + 4R})/2R$. Cette comparaison est esquissée dans la figure 8.

Il existe cependant une alternative dans la définition du générateur du groupe de renormalisation [141]. Comme nous l'avons indiqué sur la figure 16.b, si l'on multiplie cette fois le facteur de grandissement a^{-1} d'un facteur $\alpha_{PD}^2 (> 0)$, la transformée en ondelettes se comporte dans le sous-intervalle $II = \left[f_{R_\infty}^{(3)}(0), f_{R_\infty}(0) \right]$, de façon identique à la transformée en ondelettes originale $T_g(a, b)$ dans l'intervalle invariant $\left[f_{R_\infty}^{(2)}(0), f_{R_\infty}(0) \right]$ (fig. 16.a). Comme précédemment, cette observation conduit naturellement à la définition de l'opération de renormalisation $\mathcal{R}_{II}$ découverte (indépendamment des travaux M. Feigenbaum) par P. Coullet et C. Tresser [57,58]:

$$\mathcal{R}_{II}(f_R(x)) = \alpha_{PD}^2 \left[f_R \left(f_R(x/\alpha_{PD}^2 + \eta_{PD}) \right) - \eta_{PD} \right], \qquad (3.16)$$

où $\alpha_{PD}^2 = (1 - \eta_{PD})^{-1}$ et $\eta_{PD} = f_R^{(-1)}(0)_+$. Cette opération traduit la similitude qui existe entre la forme qui caractérise l'application $f_R(x)$ dans l'intervalle initial $[X_-, X_+]$ et celle de son itéré second $f_R^{(2)}(x)$ dans le sous-intervalle $CT = \left[X^*, f_R^{(-2)}(X^*)_+ \right]$. Cette similitude est aussi indiquée dans la figure 8.

Si maintenant on focalise la transformée en ondelettes sur le sous-intervalle $[f_{R_\infty}^{(2^{n+1})}(0), f_{R_\infty}^{(2^n)}(0)]$ et que l'on dilate les échelles de longueur d'un facteur $(-\alpha_{PD})^n$, on constate que la transformée en ondelettes ainsi obtenue devient invariante dans la limite $n \to +\infty$ [31]. Cette transformée est représentée dans la figure 17. Cette observation suggère fortement que l'opération de renormalisation $\mathcal{R}_I$ (la même analyse peut être menée avec l'opération $\mathcal{R}_{II}$) possède un point fixe $f_F(x)$. Ce point fixe satisfait l'équation [56]

$$-\alpha_{PD}^{-1} f_F(-\alpha_{PD} x) = f_F(f_F(x)) . \qquad (3.17)$$

Dans le cas générique des applications de l'intervalle quadratiques, l'équation fonctionnelle (3.17) a été résolue à la fois numériquement [56-58] et en utilisant des formules de récurrence tronquées aux plus bas ordres [139]:

$$f_F(x) = 1 - 1.5276 \, x^2 + 0.10481 \, x^4 + ... \qquad (3.18)$$

avec $\alpha_{PD} = 2.5029$ (eq. (3.11)). Des résultats mathématiques rigoureux sont venus par la suite compléter cette analyse [22,23,151-155]. Remarquons pour conclure que les opérations de renormalisation $\mathcal{R}_I$ et $\mathcal{R}_{II}$ préservent l'ordre de dérivée au sommet de f_R ; à chaque ordre de dérivée z sera donc associée une opération de renormalisation et, par suite, une classe d'universalité [22-27,56-58].

3.3. Transformation en ondelettes et indices critiques.

La transformation en ondelettes permet aussi de maîtriser l'approche à la criticalité ; elle fournit, en particulier, une estimation des indices critiques [31]. En répertoriant l'apparition des branchements successifs dans $T_g(a,b)$ (figs 16 et 17) lorsqu'on varie le paramètre de contrôle R ($R < R_\infty$), on peut mesurer les valeurs R_n correspondant aux bifurcations d'une orbite de période $P = 2^n$ vers une orbite de période 2^{n+1}. Ces valeurs vérifient la loi géométrique:

$$(R_\infty - R_n) \sim \lambda^{-n}. \tag{3.19}$$

La période doublant à chaque bifurcation on en déduit la loi:

$$\begin{aligned} P(R_n) &= 2^n P(R_0) \sim e^{n \ln 2}, \\ &\sim (R_\infty - R_n)^{-\ln 2/\ln \lambda}, \end{aligned} \tag{3.20}$$

où l'on a explicitement utilisé la relation (3.19). La divergence de la période des cycles de la cascade sous-harmonique est donc caractérisée par un indice critique universel $\nu = \ln 2/\ln \lambda$ (eq. (3.5)), qui ne dépend pas de la forme explicite de l'application considérée. Pour le cas générique des applications quadratiques $\lambda(z = 2) = 4.669..$ (eq. (3.10)) et $\nu(z = 2) = 0.449..$.

Toutefois la transformation en ondelettes permet d'aller plus avant dans la compréhension théorique du nombre magique λ qui intervient dans l'expression des différents indices critiques. En effet, en remarquant que la transformée en ondelettes du cycle de période 2^{n+1} dans le sous-intervalle $\left[f_{R_{n+1}}^{(2)}(0),\ f_{R_{n+1}}^{(4)}(0) \right]$ se comporte, après multiplication du grandissement a^{-1} d'un facteur $-\alpha_{PD}$, de façon tout à fait analogue à la transformée en ondelettes du cycle de période 2^n dans l'intervalle invariant $\left[f_{R_n}^{(2)}(0),\ f_{R_n}(0) \right]$, on en déduit naturellement la relation:

$$\mathcal{R}_I\, f_{R_{n+1}}(x) = f_{R_n}(x). \tag{3.21}$$

Cette relation fonctionnelle signifie que lorsque l'on part d'une condition initiale (dans l'espace des applications) qui n'est pas une application critique, mais une application qui présente une bifurcation sous-harmonique d'une orbite de période 2^n vers une orbite de période 2^{n+1}, alors l'itération de l'opération de renormalisation transforme cette application en une application qui, elle, présente une bifurcation sous-harmonique depuis une orbite de période 2^{n-1}. Ainsi, par itérations successives de $\mathcal{R}_I$, on éloigne progressivement l'application f_R de l'application critique correspondante f_{R_∞}, à une vitesse qui est caractérisée par le nombre λ défini dans l'équation (3.19). Le nombre magique λ peut donc être interprété comme la valeur propre $\lambda > 1$ associée au mode instable $e_\lambda(x)$ de l'opération de renormalisation linéarisée autour de son point fixe $f_F(x)$ (eq. (3.18)). Signalons que ce point fixe est de codimension 1, sa variété instable étant de dimension 1. Par conséquent tout chemin générique dans l'espace des applications coupe forcément la surface critique, comme cela est illustré dans la figure 18.

A l'approche de la criticalité le système est donc essentiellement sensible à la direction instable $e_\lambda(x)$, ce qui explique d'une part la loi géométrique (3.19) et, d'autre part, le fait que les indices critiques s'expriment en fonction d'un seul nombre universel λ, la valeur propre du groupe de renormalisation associée à l'unique direction propre instable [22-27,56-58] de l'application point fixe $f_F(x)$.

Une analyse tout à fait similaire peut être développée au delà du seuil de transition vers le chaos $(R > R_c)$. La transformation en ondelettes permet d'appréhender de la même façon les propriétés d'universalité de la cascade inverse [136,137]. Les valeurs $\bar{R}_n$ de transition entre un attracteur en 2^{n+1} morceaux et un attracteur en 2^n morceaux se succèdent suivant la loi géométrique:

$$(\bar{R}_n - R_\infty) \sim \lambda^{-n}. \tag{3.22}$$

Le paramètre d'ordre, à savoir l'exposant caractéristique de Lyapunov, double à chaque transition : $L(\bar{R}_{n-1}) = 2L(\bar{R}_n)$. Par un raisonnement identique à celui utilisé pour dériver le comportement de $P(R)$ dans l'équation (3.20), on démontre simplement que l'enveloppe $\bar{L}(R)$ présente un comportement en loi de puissance au voisinage de R_∞ (eq. (3.4)) :

$$\bar{L}(R) \sim (R - R_\infty)^{\ln 2/\ln \lambda}, \tag{3.23}$$

caractérisé par l'indice critique $\nu = \ln 2/\ln \lambda$.

4. Transformation en ondelettes de la transition quasipériodicité-chaos

4.1. Transition vers le chaos et applications continues du cercle

Parmi les scénarios vers le chaos les plus connus [9-18], la transition à partir d'un régime quasipériodique à deux fréquences fondamentales incommensurables a été abondamment étudiée, aussi bien au niveau théorique et numérique [59-61,156] que dans les expériences de laboratoire [157,158]. Les systèmes dissipatifs qui présentent cette transition vers le chaos sont généralement modélisés par des applications continues du cercle. En effet, dans l'espace des phases, les trajectoires quasipériodiques s'enroulent sur un tore T^2 [159-161]; l'intersection de ce tore avec un plan de Poincaré définit un cercle ; la dynamique, qui rend compte des intersections successives de la trajectoire avec le plan de Poincaré, est décrite par une application du cercle dans le cercle de forme générale

$$\theta_{i+1} = f(\theta_i) \mod 2\pi . \tag{4.1}$$

Les applications du cercle jouent donc, pour la transition quasipériodicité-chaos, un rôle équivalent aux applications de l'intervalle du type (3.1) pour la transition vers le chaos via la cascade de bifurcations de doublement de période (section 3.1).

Dans cette section nous utiliserons comme cobaye, l'application du cercle proposée par V.I. Arnold (fig. 19.a) [59,159]:

$$\theta_{i+1} = f_{K,\Omega}(\theta_i) = \theta_i + \Omega - \frac{K}{2\pi} \, sin \, (2\pi\theta_i), \qquad (4.2)$$

où le paramètre K caractérise l'importance du terme non-linéaire et le paramètre Ω correspond au rapport des deux fréquences "nues" (lorsqu'on néglige le couplage non-linéaire entre les deux oscillateurs mis en jeu dans la dynamique). Par souci de simplicité, nous limiterons notre étude à la transition vers le chaos à partir d'un régime quasipériodique dont le nombre de rotation :

$$W(K,\Omega) = \lim_{n \to +\infty} \left[f_{K,\Omega}^{(n)}(\theta) - \theta \right] /n, \qquad (4.3)$$

est égal au nombre d'or

$$W^* = \frac{\sqrt{5} - 1}{2} \, . \qquad (4.4)$$

A ce point il est utile de rappeler que le nombre d'or peut être approché par la séquence de nombres rationnels $\{W_n\}$, dite séquence de Farey :

$$W^* = \lim_{n \to +\infty} W_n = F_n/F_{n+1}, \qquad (4.5)$$

où F_n sont les nombres de Fibonacci qui satisfont la relation de récurrence :

$$F_{n+1} = F_n + F_{n-1}, \quad F_0 = 1, \quad F_1 = 1. \qquad (4.6)$$

Pour chaque valeur de $K < 1$, il existe une valeur du paramètre $\Omega = \Omega^*(K)$ telle que le nombre de rotations (eq. (4.3)) de l'application (4.2) est exactement égal au nombre d'or [59-61]:

$$W(K, \Omega^*(K)) = W^*, \quad K < 1. \qquad (4.7)$$

L'application (4.2) est le "relèvement" (lift) sur R d'un difféomorphisme du cercle [159-162]; ou plus simplement, $f_{K,\Omega}(\theta)$ mod 1 est un difféomorphisme du cercle. Puisque le nombre d'or W^* appartient à l'ensemble des nombres de rotation défini par M. Herman [163], nous disposons de résultats mathématiques exacts qui assurent que l'application f_{K,Ω^*} est analytiquement conjuguée à une rotation pure.

Pour la valeur particulière $K = 1$, l'application (4.2) n'est plus un difféomorphisme du cercle. En effet, comme cela est illustré sur la figure 19.a, $f_{K,\Omega}^{-1}$ n'est plus partout différentiable à cause de la présence d'un point d'inflection à $\theta = 0$. La condition $K = 1$ définit ainsi une ligne critique dans l'espace des paramètres d'un intérêt tout particulier, puisque cette ligne marque le seuil de transition vers des comportements chaotiques [59-61,162].

Au-delà de cette ligne critique, $K > 1$, l'application $f_{K,\Omega}$ n'est plus inversible et la dynamique devient chaotique. La situation supercritique étant des plus complexes, nous la passerons sous silence dans cette section car elle fait actuellement l'objet d'un travail en cours de préparation. Pour les lecteurs curieux d'en savoir plus sur les applications du cercle supercritiques, nous leur conseillons la lecture des travaux originaux suivants [162,164-178].

4.2. Transformation en ondelettes et renormalisation : les applications critiques du cercle

S. Shenker [59] a été le premier à remarquer que les propriétés d'universalité de la transition quasipériodicité-chaos sont reliées à la nature du point d'inflection de l'application critique (K=1) du cercle modélisant cette transition (fig. 19.a). Suite au travail de pionnier de S. Shenker, de nombreux travaux théoriques [60,61,156,179-187] ont été consacrés à l'application des méthodes du groupe de renormalisation à l'analyse des comportements d'invariance d'échelle observés numériquement au voisinage de ce point d'inflection. Récemment, l'étude expérimentale [150,188-192] et numérique [42, 156] du spectre $f(\alpha)$ de singularités de la mesure invariante engendrée par la trajectoire quasipériodique de nombre de rotation égal au nombre d'or au seuil de transition vers le chaos, a mis en évidence l'universalité de ce spectre. En effet, quelle que soit l'application du cercle étudiée, dans la mesure où son point d'inflection est cubique, le spectre $f(\alpha)$ et les dimensions fractales généralisées correspondantes sont identiques à ceux obtenus avec l'application critique (4.2). Cette observation généralise la notion d'universalité à des propriétés (globales) qui ne sont plus seulement locales au point d'inflection [42]. Comme cela est illustré sur la figure 20.b, la trajectoire quasipériodique critique (K=1) de nombre de rotation égal au nombre d'or présente des propriétés multifractales caractérisées par un spectre de singularités qui s'étend sur une plage finie de valeurs de l'exposant α :

$$0.6326.. \ \leq \ \alpha \ \leq \ 1.8990.. \tag{4.8}$$

Le spectre de dimensions fractales généralisées correspondant est représenté sur la figure 20.a (K=1).

La figure 21.a illustre la transformée en ondelettes de la trajectoire quasipériodique de nombre de rotation égal au nombre d'or générée par l'application du cercle (4.2) au seuil de transition vers le chaos : K=1, $\Omega = \Omega^*(K=1)$ [31,49,50,55]. L'ondelette analysatrice utilisée est l'ondelette chapeau mexicain (eq. (2.11)). Le facteur de normalisation dans la définition (2.18) de la transformée en ondelettes a été choisi de telle façon que l'exposant n soit l'entier immédiatement supérieur à $\alpha_{max} = 1.8990..$ (eq. (4.8)), à savoir n=2. Il est clair sur la figure 21.a, que $T_g(a,b)$ présente un paysage accidenté dans le demi-plan (a,b), témoignage de l'existence de singularités dans la mesure invariante correspondante. Ces singularités se manifestent par une divergence en loi de puissance de $T_g(a,b)$ dans la limite $a \to 0^+$. L'existence de fluctuations dans la valeur que peut prendre l'exposant de cette loi apporte déjà une première évidence visuelle du caractère multifractal de la mesure étudiée.

La singularité la plus faible est localisée au point d'inflection $\theta=0$ de l'application critique (4.2) (fig. 19.a). La pente extraite du graphe représentant $\ln | T_g(a, b = 0) |$ en fonction de $\ln a$ dans la figure 22.a : $\hat{\alpha}_{max} = \alpha_{max} - 2 \simeq -0.102$, est en remarquable accord avec la prédiction théorique obtenue à l'aide des techniques du groupe de renormalisation [42,60,61,156]. Comme initialement remarqué par S. Shenker [59], les distances autour du point d'inflection $\theta = 0$ se réduisent d'un facteur

$$\alpha_{gm} = 1.2885.. \ , \tag{4.9}$$

lorsque l'on progresse d'un cran dans la séquence de Farey qui approxime le nombre d'or W^* (eq. (4.5)). Remarquons que cela revient à tronquer la trajectoire à deux nombres de Fibonacci consécutifs F_n et F_{n+1} (eq. (4.6)). La région autour du point d'inflection correspond en effet à la région du cercle la moins visitée par la trajectoire, là où la mesure invariante est la plus rarifiée : la distance entre le point d'inflection et son plus proche voisin varie comme $\ell_{-\infty}^{(n)} \sim \alpha_{gm}^{-n}$, alors que la probabilité associée se comporte comme $p^{(n)} \sim 1/F_{n+1} \sim (W^*)^n$:

$$\ell_{-\infty}^{(n)} \sim \alpha_{gm}^{-n} \quad ; \quad p^{(n)} \sim W^{*\,n}. \tag{4.10}$$

On en déduit alors aisément l'exposant de la singularité la plus faible

$$\alpha_{max} = D_{-\infty} = \frac{\ln p^{(n)}}{\ln \ell_{-\infty}^{(n)}} = \frac{\ln W^*}{\ln \alpha_{gm}^{-1}} = 1.8980\ldots . \tag{4.11}$$

Bien qu'elles soient difficilement perceptibles sur la figure 22.a (à cause de leur faible amplitude), les propriétés d'auto-similarité (locale) de la mesure invariante au voisinage du point d'inflection $\theta=0$ se manifestent par la présence d'oscillations de période $P = \ln \alpha_{gm}$ autour de la pente $\hat{\alpha}_{max} = \alpha_{max} - 2$ du graphe représentant $T_g(a, b = 0)$ en fonction de a en échelles logarithmiques.

Sous l'action de l'application critique du cercle (4.2), la région au voisinage du point d'inflection est envoyée sur la région la plus visitée par la trajectoire, là où la mesure invariante est la plus concentrée. A cause de la nature cubique du point d'inflection, les longueurs dans cette région se comportent comme $\ell_{+\infty}^{(n)} \sim \alpha_{gm}^{-3n}$, alors que la probabilité associée est toujours $p^{(n)} \sim (W^*)^n$:

$$\ell_{+\infty}^{(n)} \sim \alpha_{gm}^{-3n} \quad ; \quad p^{(n)} \sim W^{*\,n}. \tag{4.12}$$

L'exposant de la singularité la plus forte est donc simplement

$$\alpha_{min} = D_{+\infty} = \frac{\ln p^{(n)}}{\ln \ell_{+\infty}^{(n)}} = \frac{\ln W^*}{\ln \alpha_{gm}^{-3}} = 0.6326\ldots . \tag{4.13}$$

Cet exposant est mesuré sur la figure 22.b où l'ondelette analysatrice est centrée sur l'image $b^* = f_{K=1, \Omega^*}(0) = \Omega^*(K = 1)$ du point d'inflection. La pente du graphe de $\ln |\, T_g(a, b) = \Omega^*(K = 1))\,|$ en fonction de $\ln a$ est estimée à $\hat{\alpha}_{min} \simeq \alpha_{min} - 2 \simeq -1.367$, en très bon accord avec la prédiction théorique donnée par l'équation (4.13). Comme cela est illustré dans l'encadré de la figure 22.b, il existe autour de cette pente des oscillations d'amplitude toujours aussi faible, mais de période $P = \ln \alpha_{gm}^3$, qui reflètent cette fois les propriétés d'invariance d'échelle locale de la mesure invariante au voisinage de $f_{K=1, \Omega^*}(0)$.

Les autres singularités, identifiées là où $T_g(a, b)$ présente un comportement en loi de puissance, sont créées à partir du point d'inflection $\theta=0$ par l'itération successive de l'application $f_{K=1,\Omega^*}$ et de son inverse $f_{K=1,\Omega^*}^{-1}$. L'exposant α associé à chacune de ces singularités est compris entre α_{min} et α_{max} (eq. (4.8)). La hiérarchie qui régit le positionnement respectif de ces singularités est remarquablement mise à jour dans la figure 21.b, où un codage tout ou rien de l'amplitude de $T_g(a,b)$ permet non seulement de localiser les singularités, mais aussi d'estimer leur importance [31,49,50]. Les régions blanches (resp. noires) correspondent aux valeurs de $T_g(a,b) > \tilde{T}$ (resp. $T_g(a,b) < \tilde{T}$), où le seuil $\tilde{T}$ est défini proportionnellement à la valeur maximale (>0) prise par $T_g(a,b)$ sur chaque ligne $a = Cste$. Ainsi les cônes blancs pointent à petites échelles vers les singularités dominantes localisées aux images du point d'inflection $\theta=0$. Les cônes les plus proéminents correspondent à une première génération de singularités définie par les itérés F_n du point d'inflection ; ces singularités s'accumulent en zéro suivant une progression géométrique alternée de raison $-\alpha_{gm}(<0)$. Chacun de ces cônes est lui-même la limite d'accumulation d'une seconde génération de cônes blancs (les itérés de Fibonacci des itérés F_n du point d'inflection); cependant le taux de convergence est différent : $-\alpha_{gm}^3$, conséquence directe de la nature cubique du point d'inflection. Cette hiérarchie de générations de cônes blancs se perpétue à petites échelles.

A ce point de notre argumentation, il est important de préciser que l'on peut de façon tout à fait analogue identifier les singularités les plus faibles aux images inverses du point d'inflection. Pour cela, il suffit de définir notre codage tout ou rien par rapport à un seuil $\tilde{T}$ qui cette fois est proportionnel à la valeur minimum (<0) prise par $T_g(a,b)$ sur chaque ligne $a = Cste$. Les cônes blancs principaux correspondent alors aux itérés inverses de Fibonacci du point d'inflection ; ces cônes convergent de façon (géométrique) alternée vers zéro avec la raison $-\alpha_{gm}$. Il en est cette fois de même des cônes blancs secondaires (les itérés inverses de Fibonacci des itérés inverses de Fibonacci du point d'inflection) qui s'accumulent autour de chacun des cônes principaux avec le même taux de convergence $-\alpha_{gm}$, ainsi que des cônes blancs des générations suivantes.

Cette hiérarchie relativement complexe qui émerge de la transformée en ondelettes est au coeur du schéma de renormalisation que nous avons esquissé sur la figure 19.b [31]. Comme nous le montrons sur la figure 23, lorsqu'on dilate les échelles de longueur d'un facteur $-\alpha_{gm}$ (<0), $T_g(a,b)$ se comporte sur l'intervalle

$$\left[f_{K=1,\Omega^*}^{(F_1)}(0) - F_0, f_{K=1,\Omega^*}^{(F_2)}(0) - F_1 \right]$$

de façon tout à fait similaire à la transformée en ondelettes originale $T_g(a,b)$ sur l'intervalle

$$\left[f_{K=1,\Omega^*}^{(F_1)}(0) - F_0, f_{K=1,\Omega^*}^{(F_0)}(0) \right].$$

Cette observation conduit naturellement à la définition de l'opération de renormalisation $\mathcal{R}$. Soit l'application du cercle $f_{K,\Omega} = f_{\xi,\eta} = [\xi,\eta]$ définie par :

$$f_{\xi,\eta}(\theta) = [\xi,\eta](\theta) = \begin{cases} f = \xi & \text{pour } \theta \leq 0 \\ f = \eta & \text{pour } \theta > 0 \end{cases} \qquad (4.14)$$

L'opération de renormalisation $\mathcal{R}$ s'écrit [59-61]:

$$\mathcal{R}[\xi,\eta](\theta) = \left[-\alpha_{gm}\,\eta(-\theta/\alpha_{gm}), \ -\alpha_{gm}\,\eta(\xi(-\theta/\alpha_{gm})) \right], \qquad (4.15)$$

où

$$\alpha_{gm} = \frac{1}{[\xi(\eta(0)) - \eta(0)]} \ . \tag{4.16}$$

Cette opération est illustrée sur la figure 23.b. Remarquons que le facteur d'échelle $-\alpha_{gm}$ est négatif. L'opération de renormalisation $\mathcal{R}$ possède la propriété remarquable suivante : soit $W(f_{\xi,\eta})$ le nombre de rotation de l'homéomorphisme du cercle $f_{\xi,\eta}$; alors un simple calcul permet de démontrer la relation :

$$W(\mathcal{R} f_{\xi,\eta}) = W(f_{\xi,\eta})^{-1} - 1 \ . \tag{4.17}$$

Par conséquent, le nombre de rotation W sera invariant sous l'action de l'opération de renormalisation si, et seulement si, W vérifie l'équation $W = W^{-1} - 1$, soit $W = W^* = (\sqrt{5} - 1)/2$.

D'une façon tout à fait générale, si l'on se concentre sur le comportement de la transformée en ondelettes $T_g(a, b)$ (fig. 23.a), dans le sous-intervalle (en θ)

$$[f_{K=1,\Omega^*}^{(F_n)}(0) - F_{n-1}, f_{K=1,\Omega^*}^{(F_{n+1})}(0) - F_n] \ ;$$

après multiplication du grandissement d'un facteur $(-\alpha_{gm})^n$, on obtient une transformée en ondelettes qui devient invariante (indépendante de n) dans la limite $n \rightarrow +\infty$. Dans cette limite, α_{gm} défini dans l'équation (4.16) converge vers la valeur $\alpha_{gm} = 1.2885..$ (eq. (4.9)). Cette observation suggère fortement que l'opération de renormalisation $\mathcal{R}$ possède un point fixe $f_{\xi^*,\eta^*}(\theta)$ satisfaisant l'équation:

$$\mathcal{R} f_{\xi^*,\eta^*}(\theta) = f_{\xi^*,\eta^*}(\theta) \ . \tag{4.18}$$

A la différence du cas de la cascade sous-harmonique (fig. 18), le point fixe $f_{\xi^*,\eta^*}(\theta)$ de $\mathcal{R}$ est un point fixe de codimension 2 [60,61,156,179-187]. La première direction instable est associée à la valeur propre instable $\delta = -2.8336..$; cette direction correspond aux variations du paramètre Ω. Si l'on considère par exemple l'application critique du cercle $f_{K=1,\Omega_n^*}$ dont l'itération engendre une orbite périodique de nombre de rotation $W = W_n = F_n/F_{n+1}$; l'opération de renormalisation $\mathcal{R}$ transforme cette application en l'application $f_{K=1,\Omega_{n-1}^*}$ qui possède désormais une orbite de nombre de rotation $W = W_{n-1} = F_{n-1}/F_n$:

$$\mathcal{R} f_{K=1,\Omega_n^*} = f_{K=1,\Omega_{n-1}^*} \ . \tag{4.19}$$

Puisque le nombre d'or W^* est la limite $n \rightarrow +\infty$ de la séquence des W_n (eq. (4.5)), la relation (4.19) indique que l'action de $\mathcal{R}$ nous fait remonter dans la séquence des nombres de Farey, éloignant par là l'application critique du cercle du point fixe f_{ξ^*,η^*} , à un taux qui est donnée par la valeur propre instable

$$\delta = \lim_{n \rightarrow +\infty} \frac{\Omega_{n-1} - \Omega_n}{\Omega_n - \Omega_{n+1}} \sim -2.8336.. \tag{4.20}$$

La deuxième direction instable correspond aux variations du paramètre K qui caractérise l'importance des non-linéarités (eq. (4.2)). La valeur propre associée à cette direction instable est égale à

$$\lambda \;=\; \alpha_{gm}^2 \;. \tag{4.21}$$

La section qui suit est entièrement consacrée à l'analyse en ondelettes des difféomorphismes du cercle sous-critiques (K<1), lorsqu'on s'éloigne de la situation critique suivant la direction définie par le paramètre K.

4.3. Les difféomorphismes sous-critiques du cercle sous l'objectif du microscope ondelette

Pour K<1, l'application $f_{K,\Omega^*(K)}$ définie dans l'équation (4.2) est un difféomorphisme qui est analytiquement conjugué à une pure rotation [59-61,163]. Les dimensions fractales généralisées étant invariantes par des changements de coordonnées suffisamment réguliers [186] (Lipschitz continus), cela implique l'égalité des D_q :

$$D_q \;=\; 1 \quad,\quad \forall q \quad \text{pour} \quad K < 1. \tag{4.22}$$

En fait, la mesure invariante correspondante n'est pas singulière et le comportement en loi d'échelle est trivial avec un exposant unique

$$\alpha \;=\; 1 \;;\quad f(\alpha = 1) \;=\; 1 \;. \tag{4.23}$$

Cependant, dans les simulations numériques [42,135,156,185,186], comme dans les expériences de laboratoire [150,188-192], cette transition discontinue, entre un spectre $f(\alpha)$ multifractal à la criticalité (K=1) et un spectre trivial à l'approche de la criticalité (K<1), est généralement adoucie par l'obligation matérielle de travailler avec une trajectoire périodique dont le nombre de rotation est un approximant de Farey W_n du nombre d'or W^*. Ces effets de taille finie sont illustrés dans la figure 20 où les dimensions fractales généralisées D_q et le spectre $f(\alpha)$ de singularités du cycle de nombre de rotation $W = W_{17}$ ont été calculés pour différentes valeurs de $K \leq 1$. Une légère déviation $K = 1 - \epsilon$ de la ligne critique induit un rétrécissement dramatique de la courbe $f(\alpha)$ [135,185]. Remarquons que ce phénomène est d'autant plus spectaculaire que l'on avance dans la séquence de Farey $(n \to +\infty)$.

Dans la figure 24, nous avons représenté la transformée en ondelettes du cycle de nombre de rotation $W = W_{17}$, calculé avec l'application du cercle (4.2) pour $\Omega = \Omega^*(K)$ et $K = 0.9$ [31,49,40,55]. Comparativement à la transformée en ondelettes calculée à la criticalité (fig. 21), le comportement à grandes échelles de $T_g(a,b)$ n'est pratiquement pas affecté par l'écart à la criticalité. Toutefois, les structures qui apparaissent à grandes échelles sont progressivement gommées à petites échelles où $|\,T_g(a,b)\,|$ décroît inéluctablement vers zéro dans la limite $a \to 0^+$. Cette érosion est manifeste sur la figure 24.b, où $T_g(a,b)$ est représentée suivant le codage tout ou rien utilisé dans le cas critique dans la figure 21.b ; la hiérarchie de cônes blancs observée à la criticalité s'estompe avant de disparaître à petites échelles, apportant une preuve tangible de la régularité de la mesure invariante. Si l'on éloigne progressivement le système de la situation critique en diminuant K, cette perte de structures envahit des échelles de plus en plus grandes, à un taux qui est déterminée par (i) la valeur propre instable $\lambda = \alpha_{gm}^2$ (eq. (4.21)) de l'opération de renormalisation $\mathcal{R}$ linéarisée autour du point fixe f_{ξ^*,η^*}, et (ii) l'ordre n de l'approximation du nombre d'or W^* dans la séquence de Farey (W_n). En fait on peut démontrer [185] que l'échelle critique a_c à laquelle se produit cette perte de structure se comporte comme

$$a_c \sim \alpha_{gm}^{2n}(1-K) \ . \tag{4.24}$$

Plus n est grand, plus rapide est la perte des structures lorsqu'on descend dans les échelles (fig. 24) de la transformée en ondelettes et plus étroit est le spectre $f(\alpha)$ de singularités (fig. 20.b) [135,185].

Cet effet de "cross-over" entre une mesure qui garde une certaine mémoire de ses propriétés critiques (multifractales) à grandes échelles, et une mesure invariante régulière à petites échelles [185] est tout à fait similaire aux effets de taille finie observés dans les phénomènes de transition de phase au voisinage des points critiques [19,20]. En ce qui concerne la transition quasipériodicité-chaos, nous avons réussi à interpréter quantitativement ces effets de taille finie comme l'illustration d'un phénomène de "cross-over" entre deux points fixes de l'opération de renormalisation $\mathcal{R}$ correspondant à deux types de comportements universels [185]: un point fixe dit de "couplage faible" (rotation pure) et un point fixe de "couplage fort" (f_{ξ^*,η^*}) rendant compte des propriétés d'universalité observées à la criticalité. Pour conclure cette section, notons que les résultats de cette analyse théorique ont été récemment confirmés dans une expérience de Rayleigh-Bénard forcée périodiquement par le groupe expérimental dirigé par A. Libchaber [189].

5. Transformation en ondelettes de la turbulence pleinement développée

La turbulence pleinement développée concerne essentiellement l'étude du comportement des écoulements turbulents tridimensionnels incompressibles aux très grands nombres de Reynolds [1,2,108,109,118,119,193-197]. Ces écoulements possèdent une très grande hiérarchie d'échelles, comprises entre l'échelle de production d'énergie qui est déterminée par les conditions extérieures à l'écoulement, et l'échelle beaucoup plus petite de dissipation d'énergie qui est fixée par la viscosité. Ces écoulements sont gouvernés par l'équation de Navier-Stokes dont la validité ne paraît guère contestable. Celle-ci s'écrit:

$$\partial_t \vec{v} + (\vec{v}.\vec{\nabla}) \, \vec{v} = - \, \vec{\nabla} p + \nu \nabla^2 \vec{v} + \vec{f}, \tag{5.1}$$

$$\vec{\nabla}.\vec{v} = 0 \text{ (plus conditions initiales et aux limites)} ,$$

où $\vec{v}$ est la vitesse, p est la pression, ν la viscosité et $\vec{f}$ une force. Le nombre de Reynolds s'exprime comme

$$Re = L \, v/\nu \tag{5.2}$$

en fonction d'une échelle typique L et d'une vitesse typique v. Il est particulièrement aisé d'obtenir de très grands nombres de Reynolds; dans des installations industrielles on peut atteindre des valeurs de l'ordre de $Re \sim 10^7$.

Toutes les idées traditionnelles sur la turbulence reposent sur la notion fondamentale de cascade d'énergie entre l'échelle de production d'énergie et l'échelle de dissipation d'énergie. Cette idée a été émise en 1922 par L.F. Richardson [63] dans son recueil intitulé: *Weather Predictions by Numerical Processes* . Ce recueil contient en particulier la parodie de J. Swift :

> Big whorls have little whorls
> Which feed on their velocity;
> And little whorls have lesser whorls,
> And so on to viscosity
> (in the molecular sense).

qui est régulièrement citée pour illustrer ce qui est de nos jours conventionnellement appellée la célèbre cascade de Richardson. C'est sur cette notion de cascade d'énergie que repose la théorie de Kolmogorov [198] qui prédit une loi de puissance en $k^{-5/3}$ pour le spectre spatial de la turbulence développée. Cette loi est basée sur l'hypothèse que le taux de transfert d'énergie est constant dans toute la cascade quelle que soit l'échelle à laquelle on se place. Cette hypothèse est équivalente au principe d'invariance suivant: dans la limite $Re \rightarrow +\infty$, toutes les invariances de l'équation de Navier-Stokes [2] (l'équation (5.1) est invariante par les translations d'espace et de temps, les rotations, les symétries planes, les transformations de Galilée et les transformations d'échelle), éventuellement brisées à grande échelle par les mécanismes producteurs de la turbulence, sont récupérées à toutes les échelles qui sont suffisamment petites pour ne pas être affectées par les grosses structures (tourbillons anisotropes). Remarquons que ces invariances sont retrouvées de manière statistique et non déterministe. Selon ce principe d'invariance, on s'attend donc à ce que la turbulence développée soit à petites échelles homogène, isotrope et invariante d'échelle [193].

Le succès de la loi de Kolmogorov résulte de sa très bonne vérification expérimentale; en effet cette loi a même été observée dans des conditions expérimentales plus générales que celles imposées par les hypothèses de Kolmogorov. Toutefois, c'est également l'expérience qui a révélé les insuffisances de la théorie de Kolmogorov, et notamment son incapacité [4] à rendre compte du phénomène d'intermittence des petites échelles qui est l'une des caractéristiques fondamentales de la turbulence pleinement développée [2,118,119]. Il est clair qu'expérimentalement, les mouvements à petites échelles sont beaucoup plus concentrés (intermittents) que ceux à grandes échelles, ce qui entraîne une brisure de l'invariance d'échelle précédemment évoquée. Mandelbrot [108] fut le premier à proposer une description de l'intermittence des petites échelles en termes de fractales. Plusieurs modèles de processus de cascade d'énergie sont nés de cette description [2,108,109,118,119,197]. Parmi ces modèles nous citerons essentiellement le β modèle introduit par U. Frisch, P.L. Sulem et M. Nelkin [199]. Dans ce modèle, la fraction de volume β ($\beta < 1$) occupée par les zones actives à chaque étape de la cascade est constante et indépendante de l'étape. Ce modèle traduit donc une dynamique inertielle hiérarchique, malheureusement trop simple pour s'accorder à l'expérience. Les données expérimentales actuelles [120] revèlent une répartition plus complexe des zones actives où s'effectue le transfert d'énergie [119]. Cette observation a conduit U. Frisch et G. Parisi [45,118] à émettre la possibilité d'une répartition multifractale de ces zones actives [121-125]. Dans cette optique, une version aléatoire du β-modèle a été envisagée par R. Benzi et ses collaborateurs [44]. La différence essentielle entre le β-modèle et le β-modèle aléatoire réside dans la manière dont les tourbillons actifs de la cascade d'énergie sont engendrés lors du fractionnement. Dans le β-modèle aléatoire, la fraction β_n du volume occupée par les zones actives varie aléatoirement avec l'étape n. Avec le fractionnement déterministe $\beta = $ Cste du β-modèle, le transfert s'effectue sur un ensemble fractal (homogène) auto-similaire [199]; en revanche, avec le β-modèle aléatoire on engendre un ensemble multifractal dont les règles de construction sont fixées par la distribution des valeurs prises par la variable aléatoire β à chaque fragmentation [44].

Parallèlement à ces travaux de modélisation s'est développée une approche théorique de l'intermittence en termes de singularités des équations de Navier-Stokes [2]. Réelles ou complexes, il est clair aujourd'hui que ces singularités jouent un rôle central dans le processus d'intermittence en turbulence développée. A viscosité $\nu \to 0$, l'existence éventuelle de singularités réelles sur un ensemble fractal auto-similaire voire multifractal fournit une interprétation théorique réaliste pour les lois d'échelle et leur perte d'invariance par l'intermittence dans la zone inertielle [28-30,108,109,117,118,121-125, 199]. A nombre de Reynolds fini, l'étude de la répartition des singularités supposées complexes (la distance minimale séparant les singularités de l'axe réel serait contrôlée par l'échelle de dissipation) donne une possible interprétation de l'intermittence de dissipation [2,200]. Il est important de remarquer que réelles ou complexes, ces singularités traduisent le caractère fortement non-linéaire de l'équation de Navier-Stokes [2,201-203].

Si au travers des études théoriques et expérimentales, le concept de Richardson de cascade d'énergie vers les petites échelles a prévalu, ce n'est guère pour sa facilité d'observation, mais plutôt parce qu'il n'existe aucune autre alternative plausible pour décrire la complexité d'un écoulement pleinement turbulent [119]. En effet, même dans les visualisations les plus sophistiquées, personne n'a jamais réellement réussi à détecter une telle hiérarchie des tourbillons. Le but de cette section va donc consister à utiliser les capacités de la transformation en ondelettes à localiser les singularités d'un signal turbulent pour révéler la structure fractale voire multifractale sous-jacente à la distribution des zones actives où s'effectue le transfert d'énergie. Bien qu'il faille être prudent dans l'interprétation de notre analyse en ondelettes d'un signal unidimensionnel qui n'est qu'une mesure ponctuelle de la vitesse, les résultats que nous présentons dans cette section apportent la première évidence visuelle de la nature multifractale de la cascade de Richardson [55,62].

Contrairement aux mesures invariantes multifractales traitées dans les sections précédentes, les structures fractales recherchées dans la turbulence pleinement dévelop-pée ne résident pas dans l'espace des phases mais tout simplement dans l'espace R^3 envi-ronnant. La transformation en ondelettes peut donc être utilisée directement pour anal-yser en temps-échelle le champ de vitesse turbulent obtenu d'une mesure expérimentale ou de simulations numériques. Sur la figure 25 nous rapportons les résultats de la première analyse de ce type [62] que nous avons effectuée sur un signal de vitesse enreg-istré dans la soufflerie S_1 de l'ONERA à Modane par Y. Gagne et E. Hopfinger [119]. Ce signal correspond à un enregistrement ponctuel par une sonde à fil chaud localisée sur l'axe du tunnel de 24 m de diamètre et de 150 m de longueur. Les conditions expérimentales sont telles qu'elles ne remettent pas en cause la validité de l'hypothèse de Taylor [119]: les variations temporelles de la vitesse peuvent donc être assimilées à des variations spatiales (le taux de turbulence ne dépasse pas 7 % quelle que soit la po-sition de la sonde ce qui rend négligeables les erreurs dues à l'application de l'hypothèse de Taylor). Les caractéristiques du signal sont les suivantes :

$$
\begin{array}{lll}
\text{Nombre de Reynolds} & R_\lambda & = & 2720 \\
\text{Echelle intégrale} & \ell_0 & = & 15 \text{ m} \\
\text{Echelle dissipative} & \ell_d & = & 0.35 \text{ mm}
\end{array}
\tag{5.3}
$$

Une donnée intéressante est le rapport $\ell_0/\ell_d \sim 4 \times 10^4$ qui offre à l'analyse une gamme d'échelle importante dans la région inertielle. Nous nous sommes essentiellement at-tachés à analyser de façon hiérarchique un signal de longueur totale 852 m. L'ondelette analysatrice utilisée dans la figure 25 est l'ondelette constante par morceaux définie dans l'équation (2.13). Ce choix facilite la visualisation de la structure en cônes de la transformée en ondelettes et permet ainsi de détecter les échelles caractéristiques des structures (tourbillons !) qui existent dans le signal. La transformée en ondelettes $T_g(a, b)$ obtenue en appliquant la définition :

$$
T_g(a, b) = \frac{1}{\sqrt{a}} \int g^* \left(\frac{t - b}{a} \right) s(t) dt ,
\tag{5.4}
$$

est codée suivant une gamme de 32 niveaux de gris, allant du blanc ($T_g \leq 0$) au noir (max $T_g > 0$); ce codage est redéfini à chaque échelle $a = $ Cste .

Sur la figure 25.a, nous présentons le résultat de l'analyse en ondelettes effectuée sur une plage importante du signal. La gamme d'échelles explorée s'étend de $a \simeq 28\ell_0$ jusqu'à $a \simeq \ell_0/10$. $T_g(a, b)$ est essentiellement constituée de cônes qui se superposent de façon plus ou moins complexe et qui pointent vers des structures de taille car-actéristique $a \sim \ell_0$. Ces structures cohérentes à grandes échelles semblent être dis-tribuées aléatoirement dans l'espace et occupent une grande partie de cet espace (il ne faut pas oublier de prendre en considération les parties négatives du signal qui sont quelque peu négligées avec le codage utilisé dans la figure 25; il suffit pour cela de redéfinir le codage afin de caractériser cette fois les parties négatives de $T_g(a, b)$).

Lorsqu'on examine le signal turbulent à des échelles plus petites, la transformée en ondelettes présente un changement structurel significatif aux valeurs de a inférieures à l'échelle intégrale ℓ_0. Comme l'illustrent les figures 25.b et 25.c, $T_g(a,b)$ ressemble désormais étrangement aux transformées en ondelettes des mesures fractales ou multifractales (distribuées sur un ensemble de Cantor) que l'on a étudiées dans les sections 2, 3 et 4. Les divers branchements observés lorsqu'on diminue le paramètre a fournissent une première évidence de la nature fractale de la répartition spatiale des zones actives où s'effectuent le transfert d'énergie vers les petites échelles. Le fait que ces branchements ne soient pas synchronisés lorsqu'on descend dans les échelles apporte la preuve que le rapport entre les échelles de générations successives n'est pas unique. Cette observation suffit pour conclure à la nature multifractale de la répartition des singularités du signal. Cette conclusion est renforcée par la dissymétrie de l'amplitude de $T_g(a,b)$ à chaque branchement; cette dissymétrie pourrait refléter le fait que le transfert d'énergie vers les petites échelles s'effectue avec des taux différents à chaque fragmentation.

Les figures 25.b et 25.c offrent donc une première manifestation visuelle du caractère multifractal de la fameuse cascade de Richardson [62]. Sur ces figures cinq ou six étapes de cette cascade ont pu être identifiées, ce qui semble être suffisant pour pouvoir poursuivre notre analyse à un niveau plus quantitatif. En effet, il est de la toute première importance d'élucider les règles du processus récursif qui conduit à cette répartition multifractale des zones actives à petites échelles. En particulier, il est fondamental de savoir si le processus de cascade d'énergie vers les petites échelles est de nature aléatoire ou déterministe. Les résultats préliminaires de notre analyse en ondelettes sembleraient favoriser une interprétation stochastique de l'intermittence observée en turbulence pleinement développée [204]. Ces résultats méritent confirmation; c'est pourquoi nous nous arrêtons ici au simple aspect qualitatif de notre analyse en ondelettes de la turbulence pleinement développée. Pour conclure nous avons représenté sur la figure 26 la transformée en ondelettes du signal turbulent illustré sur la figure 25, calculée cette fois avec une ondelette analysatrice chapeau mexicain (eq. (2.11)). La comparaison des figures (25) et (26) apporte la preuve incontestable de la robustesse de notre analyse et de la pertinence de notre interprétation. Pour conclure cette étude, signalons l'application récente de la transformation en ondelettes à l'analyse des structures cohérentes émergeant au sein des écoulements bidimensionnels non forcés [205].

6. Conclusion

La généralisation de la transformation en ondelettes à des dimensions supérieures s'effectue naturellement en étendant le groupe affine au groupe Euclidien à d dimensions avec dilatations [31,64]. A ce propos, nous réferons le lecteur aux travaux mathématiques originaux de R. Murenzi [64]. Dans un travail récent nous avons appliqué la transformation en ondelettes multidimensionnelles à la caractérisation de la complexité géométrique d'agrégats fractals bidimensionnels tels que des flocons de neige, des agrégats colloïdaux et des amas d'électrodéposition [31,65,66]. Au-delà de la simple caractérisation des propriétés géométriques de ces agrégats, ce sont les fondements d'une théorie unificatrice des phénomènes de croissance aux interfaces que nous délivre la transformation en ondelettes. En particulier cette analyse nous a permis de regrouper

dans une même classe d'universalité différents processus de croissance tels que les digi-
tations visqueuses, l'électrodéposition et l'agrégation limitée par la diffusion [111-116].
Dans des travaux en cours de développement, nous poursuivons cette analyse avec pour
but de tirer avantage des capacités de la transformation en ondelettes illustrées dans
ce travail, pour définir l'opération de renormalisation essentielle à l'étude théorique des
propriétés d'universalité des processus de croissance dans un champ laplacien. Suivant
les résultats préliminaires de notre analyse en ondelettes, l'opération de renormalisation des phénomènes de croissance laplacienne ne possèderait pas de point fixe comme
cela est le cas dans la théorie des phénomènes critiques, mais un attracteur étrange
[65,66] (ce qui a postériori expliquerait les échecs des approches précédentes basées sur
l'adaptation des techniques de renormalisation dans l'espace réel). Cette nouvelle forme
d'auto-similarité, résultat d'une dynamique spatio-temporelle chaotique de basse dimen-
sionnalité [206], contrasterait donc avec celle des flocons de neige, agrégats globalement
auto-similaires dont la structure récurrente possède un point fixe exact.

La transformation en ondelettes constitue donc un outil puissant d'analyse. Sa
mise en oeuvre sur ordinateur ne présente pas de difficultés techniques importantes
[55]. Toutefois sa rapidité est fortement liée à la résolution à laquelle on aspire. Ainsi
dans le cas de phénomènes dynamiques tels que les processus de croissance fractale
précédemment évoqués, c'est un traitement en temps réel que l'on attend de la transformation en ondelettes. Pour cela le recours à des moyens analogiques est indispensable. A cet effet, un montage de diffraction optique vient d'être réalisé au Centre
de Recherche Paul Pascal [67]. Schématiquement, la transformation en ondelettes revient à effectuer une série de filtrages passe-bande dans l'espace réciproque (ou plan
de Fourier de l'objet), et pour chaque échelle, à reconstituer l'image de l'objet après
filtrage. L'application de quelques techniques classiques de l'optique cohérente (Optical
Fourier Transform) permet d'effectuer l'ensemble de ces opérations par voie purement
analogique. L'avantage de la transformée en ondelettes optique est double : elle oeuvre en temps réel et peut être directement intégrée sur des expériences de laboratoire.
Des premiers tests concluants ont déjà été effectués sur les phénomènes de croissance
fractale précédemment étudiés par voie numérique [67].

Au-delà des situations de non-équilibre traitées dans le présent travail, c'est en fait
toute une variété de phénomènes physiques, voire biologiques, sur laquelle un regard
nouveau pourra être porté grâce à la transformation en ondelettes : les processus de
croissance et de dynamique d'interface [111-116] (agrégation colloïdale, percolation, dig-
itations visqueuses, amas d'électrodéposition, dendrites,..., croissance de végétaux), les
phénomènes de déplacement de fluides dans les milieux poreux [111-116], la propaga-
toin de fractures dans les films quasi-bidimensionnels (adhésifs) et de ruptures dans les
milieux aléatoires [111-113,115], les processus de séparation de phases près de points critiques dans certains mélanges binaires (décomposition spinodale [207], nucléation [115],
coalescence [115]), la prolifération de défauts dans la transition cristal-liquide à deux
dimensions [208] (reconnaissance de la phase hexatique), les écoulements turbulents
[205], etc.. Gageons que l'application de la transformation en ondelettes permettra de
progresser significativement dans la compréhension théorique de ces phénomènes.

Références

[1] M. Lesieur, La Recherche **139** (Décembre 1982) p. 1412 et références citées.

[2] U. Frisch, Physica Scripta, Vol. **T9** (1985) 137 et références citées.

[3] L. Landau, Dokl. Akad. Nauk. SSSR **44** (1944) 339.

[4] L. Landau et E.M. Lifshitz, *Fluids Mechanics* (Pergamon Press, Oxford, 1959), p. 103.

[5] E.N. Lorentz, J. Atmos. Sci. **20** (1963) 130.

[6] D. Ruelle et F. Takens, Comm. Math. Phys. **20** (1971) 167.

[7] S. Newhouse, D. Ruelle et F. Takens, Comm. Math. Phys. **64** (1978) 35.

[8] D. Ruelle, Comm. Math. Phys. **82** (1981) 137.

[9] P. Cvitanovic, ed., *Universality in Chaos* (Hilger, Bristol, 1984) et références citées.

[10] A.V. Holden, ed., *Chaos* (Manchester Univ. Press, Manchester, 1986) et références citées.

[11] Bai-Lin, Hao, ed., *Chaos* (World Scientific, Singapore, 1984) et références citées.

[12] H.G. Schuster, *Deterministic Chaos* (Physik-Verlag, Weinheim, 1984).

[13] P. Bergé, Y. Pomeau et C. Vidal, *Order within Chaos* (Wiley, New-York, 1986).

[14] H.B. Stewart, *Nonlinear Dynamics and Chaos* (Wiley, New-York, 1986).

[15] P. Bergé, ed., *Le Chaos: Théorie et Expériences* (Collection du CEA, Eyrolles, 1988).

[16] N.B. Abraham, J.P. Gollub et H.L. Swinney, Meeting report, Physica **11D** (1984) 252 et références citées.

[17] J.P. Eckmann, Rev. Mod. Phys. **53** (1981) 643 et références citées.

[18] E. Ott, Rev. Mod. Phys. **53** (1981) 655 et références citées.

[19] S.K. Ma, *Modern Theory of Critical Phenomena* (Benjamin Reading, Mass., 1976).

[20] D. Amit, *Field Theory, the Renormalization Group and Critical Phenomena* (McGraw -Hill, New-York, 1978).

[21] K.G. Wilson, Rev. Mod. Phys. **55** (1983) 583.

[22] P. Collet et J.P. Eckmann, *Iterated Maps of an Interval as Dynamical Systems* (Birkhauser, Boston, 1980) et références citées.

[23] J.P. Eckmann, dans *Chaotic Behavior in Deterministic Dynamical Systems*, Les Houches Summer School 1981, G. Iooss, R.H.G. Helleman et R. Stora, eds (North-Holland, Amsterdam, 1983) et références citées.

[24] B. Hu, Phys. Rep. **91** (1982) 233 et références citées.

[25] J.P. Crutchfield, J.D. Farmer et B.A. Huberman, Phys. Rep. **92** (1982) 47 et références citées.

[26] P. Coullet, dans *Chaos and Statistical Methods*, E. Kuramoto, ed. (Springer, Berlin, 1984) et références citées.

[27] F. Argoul et A. Arneodo, dans *Lyapunov Exponents*, L. Arnold et V. Wihstutz, eds,
Lect. Notes in Maths. **1186** (1986) 338.

[28] B.B. Mandelbrot, *Les Objets fractals* (Flammarion, Paris, 1975).

[29] B.B. Mandelbrot, *Fractals: Form, Chance and Dimension* (Freeman, San Francisco, 1977).

[30] B.B. Mandelbrot, *The Fractal Geometry of Nature* (Freeman, San Francisco, 1982).

[31] A. Arneodo, F. Argoul, J. Elezgaray et G. Grasseau, dans *Nonlinear Dynamics*, G. Turchetti, ed (World scientific, Singapore, 1989) p. 130.

[32] A. Arneodo, Zoom sur les fractales: sous l'objectif du microscope "ondelette", les fractales dévoilent leurs secrets les plus intimes, prétirage (Mars 1989), à paraître dans le Courrier du CNRS.

[33] F. Argoul, A. Arneodo, J. Elezgaray, E. Freysz, G. Grasseau et B. Pouligny, La Recherche, **2** (1989) 916.

[34] E. Mayer-Kress, ed., *Dimensions and Entropies in Chaotic Systems* (Springer, New-York, 1986) et références citées.

[35] M.F. Barnsley et S.G. Demko, eds, *Chaotic Dynamics and Fractals* (Academic Press. Inc., Orlando, 1986) et références citées.

[36] G. Turchetti, ed., *Nonlinear Dynamics* (World Scientific, Singapore, 1989) et références citées.

[37] K.J. Falconer, *The Geometry of Fractal Sets* (Cambridge Univ. Press, Cambridge, 1985).

[38] H.O. Peitgen et P. Richter, *The Beauty of Fractals* (Springer, New-York, 1986).

[39] J. Feder, *Fractals* (Plenum Press, New-York, 1988) et références citées.

[40] H.O. Peitgen et D. Saupe, eds, *The Science of Fractal Images* (Springer, New-York, 1988).

[41] J.D. Farmer, E. Ott et J.A. Yorke, Physica **7D** (1983) 153.

[42] T.C. Halsey, M.H. Jensen, L.P. Kadanoff, I. Procaccia et B.I. Shraiman, Phys. Rev. **33A** (1986) 1141.

[43] E.B. Vul, Ya.G. Sinai et K.M. Khanin, Usp. Mat. Nauk. **39** (1984) 3; J. Russ. Math. Surv. **39** (1984) 1.

[44] R. Benzi, G. Paladin, G. Parisi et A.J. Vulpiani, J. Phys. **17A** (1984) 3521.

[45] G. Parisi, Appendice dans U. Frisch, Fully developped turbulence and intermittency, dans Proc. of Int. School on *Turbulence and Predictability in Geophysical Fluid Dynamics and Climate Dynamics*, M. Ghil, R. Benzi et G. Parisi, eds. (North-Holland, Amsterdam, 1985) 84.

[46] P. Collet, J. Lebowitz et A. Porzio, J. Stat. Phys. **47** (1987) 609.

[47] J.M. Combes, A. Grossmann et P. Tchamitchian, eds, *Wavelets, Time-Frequency Methods and Phase Space* (Springer, Berlin, 1989) et références citées.

[48] M. Holschneider, J. Stat. Phys. **50** (1988) 963 et Thèse, Université de Aix-Marseille II (1988).

[49] A. Arneodo, G. Grasseau et M. Holschneider, Phys. Rev. Lett. **61** (1988) 2281.

[50] A. Arneodo, G. Grasseau et M. Holschneider, dans la référence [47], p. 182.

[51] P. Goupillaud, A. Grossmann et J. Morlet, Geoexploration **23** (1984) 85.

[52] A. Grossmann et J. Morlet, SIAM J. Math. Analysis **15** (1984) 723.

[53] A. Grossmann et J. Morlet, dans *Mathematics and Physics, Lectures on Recent Results*,
L. Streit, ed. (World Scientific, Singapore, 1985).

[54] I. Daubechies, A. Grossmann et Y. Meyer, J. Math. Phys. **27** (1986) 1271.

[55] G. Grasseau, Thèse, Université de Bordeaux I (juillet 1989).

[56] M.J. Feigenbaum, J. Stat. Phys. **19** (1978) 25; **21** (1979) 669.

[57] P. Coullet et C. Tresser, J. Physique, Colloq. **39** (1978) C5.

[58] C. Tresser et P. Coullet, C. R. Acad. Sci. **287** (1978) 577.

[59] S.J. Shenker, Physica **5D** (1982) 405.

[60] M.J. Feigenbaum, L.P. Kadanoff et S.J. Shenker, Physica **5D** (1982) 370.

[61] S. Ostlund, D. Rand, J.P. Sethna et E.D. Siggia, Phys. Rev. Lett. **49** (1982) 132;
Physica **8D** (1983) 303.

[62] F. Argoul, A. Arneodo, G. Grasseau, Y. Gagne, E. Hopfinger et U. Frisch, Nature **338** (1989) 52.

[63] L.F. Richardson, *Weather Prediction by Numerical Process* (Cambridge University Press,
Cambridge, 1922).

[64] R. Murenzi, dans la référence [47] p. 239.

[65] F. Argoul, A. Arneodo, J. Elezgaray, G. Grasseau et R. Murenzi, Phys. Lett. **135A** (1989) 327.

[66] F. Argoul, A. Arneodo, J. Elezgaray, G. Grasseau et R. Murenzi, Wavelet analysis of the self-similarity of diffusion-limited aggregates and electrodeposition clusters, prétirage (Juin 1989), soumis à Phys. Rev. A.

[67] E. Freysz, B. Pouligny, F. Argoul et A. Arneodo, Optical wavelet transform of fractal aggregates, prétirage (Mai 1989), soumis à Phys. Rev. Lett.

[68] P.G. Lemarié et Y. Meyer, Rev. Mat. Iberoamericana **2** (1986) 1.

[69] P.G. Lemarié, J. de Math. Pures et Appl. **67** (1988) 227.

[70] S. Jaffard et Y. Meyer, J. de Math. Pures et Appl. (1989) à paraître.

[71] S. Jaffard, Y. Meyer et O. Rioul, *Pour la Science* (Sept. 1987) p. 28.

[72] Y. Meyer, dans la référence [47], p. 21.

[73] S. Jaffard, dans la référence [47], p. 247.

[74] I. Daubechies, dans la référence [47], p. 38.

[75] I. Daubechies, Comm. Pure Appl. Math. **49** (1988) 909.

[76] I. Daubechies et J. Lagarias, Two-scale difference equations: I. Global regularity of
solutions, prétirage AT&T Bell Laboratories (1988).

[77] I. Daubechies et J. Lagarias, Two-scale difference equations: II. Infinite products of
matrices, local regularity and fractals, prétirage AT&T Bell Laboratories (1988).

[78] T. Paul, J. Math. Phys. **25** (1984) 3252.

[79] A. Grossmann, J. Morlet et T. Paul, J. Math. Phys. **27** (1985) 2473.

[80] A. Grossmann, J. Morlet et T. Paul, Ann. Inst. Henri Poincaré, **45** (1986) 293.

[81] I. Daubechies et T. Paul, dans *Proceedings of the* VIIIth *Congress of Mathematical Physics*, M. Mekkbout et R. Seneor, eds (World Scientific, Singapore, 1987).

[82] T. Paul, Thèse, Université de Aix-Marseille II (1985).

[83] T. Paul, dans la référence [47], p. 204.

[84] R. Kronland-Martinet, J. Morlet et A. Grossmann, Int. J. Pattern Recognition and
Artificial Intelligence, vol. **1** (1987) 273.

[85] A. Grossmann, M. Holschneider, R. Kronland-Martinet et J. Morlet, *Advances in Electronics and Electron Physics*, suppl. **19**, *Inverse Problems* (Acad. Press., 1987).

[86] R. Kronland-Martinet, Computer Music Journal, MIT Press, Vol. **12** (1988).

[87] A. Grossmann, R. Kronland-Martinet et J. Morlet, dans la référence [47], p. 2.

[88] J.C. Risset, dans la référence [47], p. 102.

[89] J.L. Larsonneur et J. Morlet, dans la référence [47], p. 126.

[90] F.B. Tuteur, dans la référence [47], p. 132.

[91] J.S. Lienard et D. d'Alessandro, dans la référence [47], p. 158.

[92] A. Grossmann, dans *Stochastic Processes in Physics and Engineering*, P. Blanchard, L. Streit et M. Hazewinkel, eds. (Reidel Publ. Co., 1988).

[93] S.G. Mallat, Theory for multiresolution signal decomposition: the wavelet representation, prétirage (1987), soumis à IEEE, Transactions on PAMI.

[94] S.G. Mallat, Multiresolution approximations and wavelet orthonormal bases of $L^2(R)$, prétirage (1988), à paraître dans Trans. Amer. Math. Soc.

[95] S.G. Mallat, Rewiev of multifrequency channel decompositions of images and wavelet models, prétirage (1988), à paraître dans Special Issue of IEEE on *Acoustic, Speech and Signal Processing, Multidimensional Signal Processing*.

[96] O. Rioul, Ondelettes et traitement du signal, Rapport d'option de Mathématiques, promotion 1984, Ecole Polytechnique (1987).

[97] P. Hanusse, dans la référence [47], p. 305.

[98] A. Renyi, *Probability Theory* (North-Holland, Amsterdam, 1970).

[99] J.P. Eckmann et D. Ruelle, Rev. Mod. Phys. **57** (1985) 617.

[100] L.S. Young, Ergod. Th. and Dynam. Syst. **2** (1982) 109.

[101] F. Hausdorff, Mathematische Annalen **79** (1919) 157.

[102] A.S. Besicovitch, Mathematische Annalen **110** (1935) 321.

[103] J.P. Kahane, dans *Recent Progress in Fourier Analysis*, I. Peral et J.L. Rubio di Francia, eds (North-Holland, Amsterdam, 1985) p. 65.

[104] P. Grassberger, Phys. Lett. **97A** (1983) 227.

[105] H.G.E. Hentschel et I. Procaccia, Physica **13D** (1984) 34.

[106] P. Grassberger et I. Procaccia, Physica **13D** (1984) 34.

[107] P. Grassberger, R. Badii et A. Politi, J. Stat. Phys. **51** (1988) 135.

[108] B.B. Mandelbrot, J. Fluid Mech. **62** (1974) 331.

[109] B.B. Mandelbrot, *Fractals and Multifractals: Noise, Turbulence and Galaxies* (Springer, New-York, 1988), à paraître.

[110] B.B. Mandelbrot, dans la référence [115], p. 279.

[111] H.E. Stanley et N. Ostrowsky, eds, *On Growth and Form: Fractal and Non-Fractal Patterns in Physics* (Martinus Nijhof, Dordrecht, 1986) et références citées.

[112] L. Pietroniero et E. Tosati, eds, *Fractals in Physics* (North-Holland, Amsterdam, 1986) et références citées.

[113] H. E. Stanley, ed., *Statphys 16* (North-Holland, Amsterdam, 1986) et références citées.

[114] W. Güttinger et D. Dangelmayr, eds, *The Physics of Structure Formation* (Springer-Verlag, Berlin, 1987) et références citées.

[115] H.E. Stanley et N. Ostrowsky, eds, *Random Fluctuations and Pattern Growth* (Kluwer Academic Publisher, Dordrecht, 1988) et références citées.

[116] T. Vicsek, *Fractal Growth Phenomena* (World Scientific, Singapore, 1989) et références citées.

[117] B.B. Mandelbrot, dans *Turbulence and Navier-Stokes Equations*, R. Temam, ed., Lect. Notes in Maths. **565** (Berlin, 1976) p. 121.

[118] U. Frisch, dans Comptes-Rendus Ecole Intern. "Enrico Fermi", *Turbulence and Predictability in Geophysical Fluid Dynamics and Climate Dynamics*, M. Ghil, R. Benzi et G. Parisi, eds (North-Holland, Amsterdam, 1985) p. 71.

[119] Y. Gagne, Thèse, Université de Grenoble (1987).

[120] F. Anselmet, Y. Gagne, E. Hopfinger et R. Antonia, J. Fluid Mech. **140** (1984) 63.

[121] C. Meneveau et K.R. Sreenivasan, Nucl. Phys. B Proc. Suppl. **2** (1987) 49.

[122] C. Meneveau et K.R. Sreenivasan, Phys. Rev. Lett. **58** (1987) 1242.

[123] K.R. Sreenivasan et C. Meneveau, Phys. Rev. **38A** (1988) 6287.

[124] R.R. Prasad, C. Meneveau et K.R. Sreenivasan, Phys. Rev. Lett. **61** (1988) 47.

[125] C. Meneveau et K.R. Sreenivasan, Phys. Lett. **137A** (1989) 103.

[126] T. Tél, Z. Naturforsch **43a** (1988) 1154 et références citées.

[127] S. Jaffard, C.R. Acad. Sci. Paris, t. **308**, Série I (1989) 79.

[128] M. Holschneider et P. Tchamitchian, Pointwise analysis of Riemann's "nondifferentiable" function, prétirage (1989).

[129] J.M. Ghez et S. Vaienti, On the wavelet analysis for multifractal sets, prétirage (1989).

[130] J. Guckenheimer, Contemp. Math. **28** (1984) 357.

[131] R. Badii et A. Politi, Phys. Lett. **104A** (1984) 303.

[132] L.A. Smith, J.D. Fournier et E.A. Spiegel, Phys. Lett. **114A** (1986) 465.

[133] D. Bessis, J.D. Fournier, G. Servizi, G. Turchetti et S. Vaienti, Phys. Rev. **36A** (1987) 920.

[134] A. Arneodo, G. Grasseau et E. Kostelich, Phys. Lett. **124A** (1987) 426.

[135] F. Argoul, A. Arneodo et G. Grasseau, Z. Angew. Math. Mech. **68** (1988) 519.

[136] S. Grossmann et S. Thomae, Z. Naturforsch **32a** (1977) 1353.

[137] P. Coullet et C. Tresser, J. Physique **41** (1980) L255.

[138] B.A. Huberman et J. Rudnick, Phys. Rev. Lett. **45** (1980) 154.

[139] B. Derrida, A. Gervois et Y. Pomeau, J. Phys. **12A** (1979) 269.

[140] B. Derrida, dans *Bifurcations Phenomena in Mathematical Physics and Related Topics*,
C. Bardos et D. Bessis, eds (D. Reidel Publishing Company, Dordrecht, 1980) p. 137.

[141] P. Coullet et C. Tresser, dans *Field Theory, Quantization and Statistical Physics*, E. Tirapegui (D. Reidel Publishing Company, Dordrecht, 1981) p. 249.

[142] P. Grassberger, J. Stat. Phys. **26** (1981) 173.

[143] P. Grassberger, Phys. Lett. **107A** (1985) 101.

[144] D. Bensimon, M.H. Jensen et L.P. Kadanoff, Phys. Rev. **33A** (1986) 362.

[145] E. Aurell, Phys. Rev. **34A** (1986) 5135.

[146] B. Hu, J. Phys. **20A** (1987) 1809.

[147] G. Ambika et K. Babu Joseph, J. Phys. **21A** (1988) 3963.

[148] M.G. Cosenza et J.B. Swift, Finite size effects on the $f(\alpha)$ spectrum of the period-doubling attractor, prétirage (1988).

[149] J.A. Glazier, M.H. Jensen, A. Libchaber et J. Stavans, Phys. Rev. **34A** (1986) 1621.

[150] Z. Su, R.W. Rollins et E.R. Hunt, Phys. Rev. **36A** (1987) 3515.

[151] M. Campanino et H. Epstein, Comm. Math. Phys. **79** (1981) 261.

[152] H. Epstein et J. Lascoux, Comm. Math. Phys. **81** (1981) 437.

[153] M. Campanino, H. Epstein et D. Ruelle, Topology **21** (1982) 125.

[154] O.E. Lanford, Bull. Amer. Math. Soc. **6** (1982) 427; Comm. Math. Phys. **96** (1984) 521.

[155] H. Epstein, Comm. Math. Phys. **106** (1986) 395.

[156] L.P. Kadanoff, J. Stat. Phys. **43** (1986) 395.

[157] J. Stavans, F. Heslot et A. Libchaber, Phys. Rev. Lett. **55** (1985) 596.

[158] J. Stavans, Phys. Rev. **35A** (1987) 4314.

[159] V.I. Arnold, *Supplementary Chapters to the Theory of Differential Equations* (Nauka, Moscou, 1978) et références citées.

[160] G. Iooss, *Bifurcation of Maps and Applications* (North-Holland, Amsterdam, 1979).

[161] J. Guckenheimer et P. Holmes, *Nonlinear Oscillations, Dynamical Systems and Bifurcations of Vector Fields* (Springer, Berlin, 1984) et références citées.

[162] R.S. McKay et C. Tresser, Physica **19D** (1986) 206 et références citées.

[163] M. Herman, Pub. I.H.E.S. **49** (1979) 5.

[164] J.H. Curry et J.A. Yorke, Lect. Notes in Maths. **668** (1978) 48.

[165] P. Coullet, C. Tresser et A. Arneodo, Phys. Lett. **77A** (1980) 327.

[166] D.G. Aronson, M.A. Chory, G.R. Hall et R.P. McGehee, Comm. Math. Phys. **83** (1982) 303.

[167] K. Kaneko, Prog. Theor. Phys. **68** (1982) 663; **72** (1984) 1089.

[168] L. Glass et R. Perez, Phys. Rev. Lett. **48** (1982) 1772.

[169] M. Shell, S. Fraser et R. Kapral, Phys. Rev. Lett. **28A** (1983) 373.

[170] M.H. Jensen, P. Bak et T. Bohr, Phys. Rev. **30A** (1984) 1960 et 1970.

[171] R.S. McKay et C. Tresser, J. Physique Lett. (Paris) **45** (1984) 741.

[172] J.M. Gambaudo, P. Glendinning et C. Tresser, Phys. Lett. **105A** (1984) 97.

[173] A. Ben-Mizrachi et I. Procaccia, Phys. Rev. **31A** (1985) 3990.

[174] M.H. Jensen et I. Procaccia, Phys. Rev. **32A** (1985) 1225.

[175] T. Bohr et G. Gunaratne, Phys. Lett. **113A** (1985) 55.

[176] E.J. Ding, Phys. Rev. Lett. **58** (1987) 1059.

[177] G.H. Gunaratne, M.H. Jensen et I. Procaccia, Nonlinearity **1** (1988) 157.

[178] P. Bak, T. Bohr et M.H. Jensen, Circle Maps, mode-locking and chaos, dans *Directions in Chaos*, vol. **2**, Hao Bai-Lin, ed. (World Scientific, Singapore, 1988).

[179] M. Nauenberg, Phys. Lett. **92A** (1982) 319.

[180] B.I. Shraiman, Phys. Rev. **29A** (1984) 3464.

[181] J.D. Farmer et I.I. Satija, Phys. Rev. **31A** (1985) 3520.

[182] J.P. Eckmann et H. Epstein, On the existence of fixed points of the composition operator for circle maps, prétirage (1986).

[183] I. Procaccia, S. Thomae et C. Tresser, Phys. Rev. **35A** (1987) 1884.

[184] S. Kim et S. Ostlund, Universal scaling in circle maps, prétirage (1988).

[185] A. Arneodo et M. Holschneider, Phys. Rev. Lett. **58** (1987) 2007.

[186] A. Arneodo et M. Holschneider, J. Stat. Phys. **50** (1988) 995.

[187] D. Rand, dans *New Directions in Dynamical Systems*, T. Bedford et J.W. Swift, eds
(Cambridge Univ. Press, 1987).

[188] M.H. Jensen, L.P. Kadanoff, A. Libchaber, I. Procaccia et J. Stavans, Phys. Rev. Lett. **55** (1985) 2798.

[189] J.A. Glazier, G. Gunaratne et A. Libchaber, Phys. Rev. **37A** (1988) 523.

[190] A. Cumming et P.S. Linsay, Phys. Rev. Lett. **59** (1987) 1633.

[191] L.E. Guerrero et M. Octavio, Phys. Rev. **37A** (1988) 3641.

[192] Y. Kim, Phys. Rev. **39A** (1989) 4801.

[193] G.K. Batchelor, *The Theory of Homogeneous Turbulence* (Cambridge Univ. Press, Cambridge, 1960).

[194] R.H. Kraichnan, dans *Statistical Mechanics. New Concepts, New Problems, New Applications*, J.A. Rice, K.F. Freed et J.C. Light, eds (Univ. of Chicago Press, Chicago, 1972).

[195] S.A. Orszag, dans *Dynamique des Fluides*, Les Houches 1973, R. Balian et J.L. Peube, eds (Gordon and Breach, 1977) p. 235.

[196] H.A. Rose et P.L. Sulem, J. Physique (Paris) **39** (1978) 441.

[197] U. Frisch, dans *Comportement Chaotique des Systèmes Déterministes*, Les Houches 1981, G. Iooss, R.H.G. Helleman et R. Stora, eds (North-Holland, Amsterdam, 1983).

[198] A.N. Kolmogorov, C.R. Acad. Sci. USSR **30** (1941) 301.

[199] U. Frisch, P.L. Sulem et M. Nelkin, J. Fluid Mech. **87** (1978) 719.

[200] U. Frisch et R. Morf, Phys. Rev. **23A** (1981) 2673.

[201] J. Leray, Acta Mathematica **63** (1934) 193.

[202] R.H. Kraichnan, J. Fluid Mech. **62** (1974) 305.

[203] A. Pumir et E. Siggia, prétirage (1987).

[204] E. Bacry, G. Grasseau, A. Arneodo, Y. Gagne et E. Hopfinger, en préparation.

[205] M. Farge et G. Rabreau, C.R. Acad. Sci. Paris , t. **307**, Série II (1988) 1479.

[206] F. Argoul, A. Arneodo, J. Elezgaray et G. Grasseau, Characterizing spatio-temporal chaos in electrodeposition experiments, prétirage (Juin 1989), à paraître dans *Quantitative Measures of Complex Dynamical Systems*, N.B. Abraham, ed. (Plenum Publishing Corporation).

[207] J.D. Gunton, M. San Miguel et P.S. Sahni, dans *Phase Transitions and Critical Phenomena*, Vol. **8**, C. Domb et J.L. Lebowitz (Academic Press, New-York, 1983) p. 267.

[208] K.J. Strandburg, Rev. Mod. Phys. **60** (1988) 161.

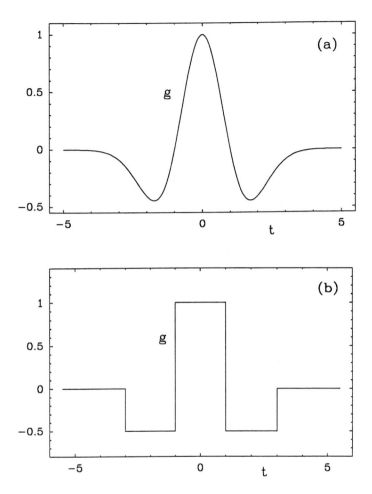

Figure 1

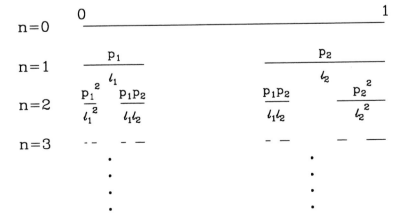

Figure 2

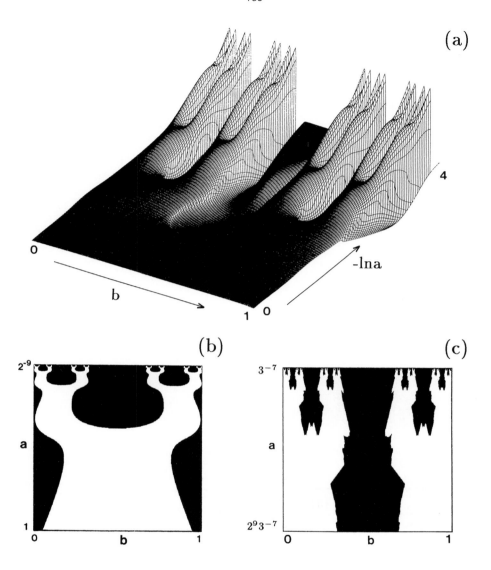

(a)

-lna

b

(b)

(c)

Figure 3

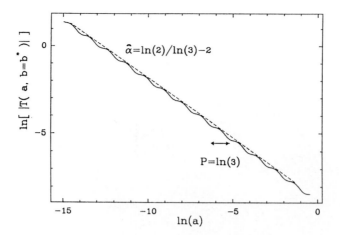

Figure 4

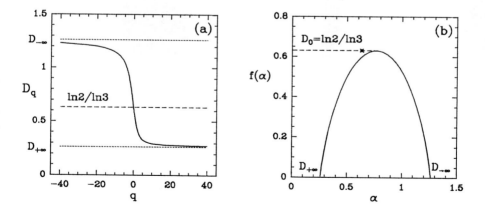

Figure 5

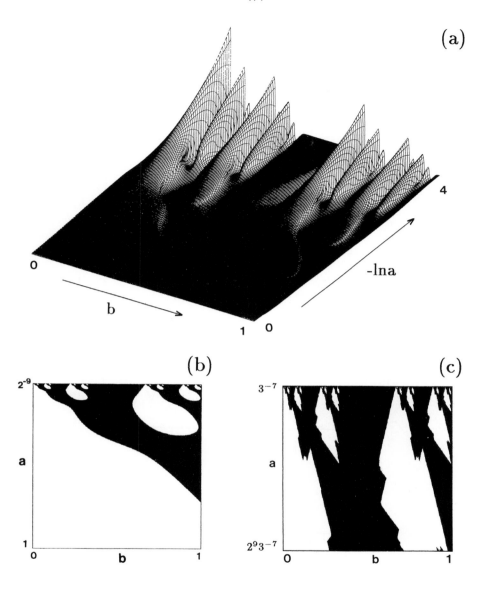

(a)

-lna

b

(b)

(c)

Figure 6

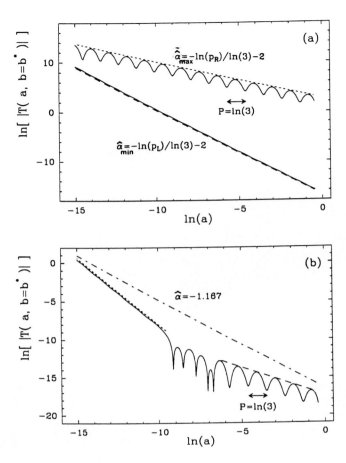

Figure 7

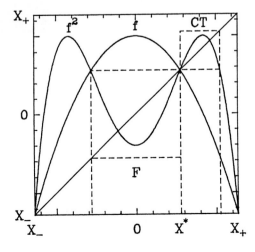

Figure 8

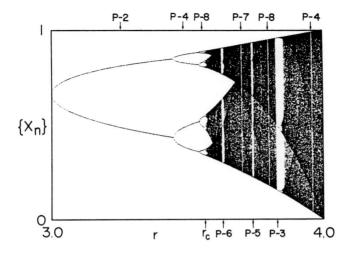

P-2   P-4 P-8   P-7 P-8   P-4

$\{X_n\}$

3.0   r r_c P-6   P-5 P-3   4.0

Figure 9

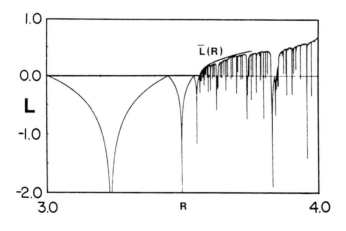

1.0

$\overline{L}(R)$

0.0

L

-1.0

-2.0

3.0   R   4.0

Figure 10

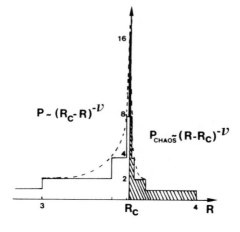

$P \sim (R_C - R)^{-\nu}$

$P_{CHAOS} \simeq (R - R_C)^{-\nu}$

16

8

4

2

3   R_C 4   R

Figure 11

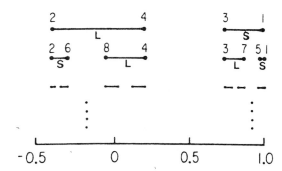

Figure 12

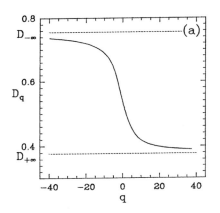
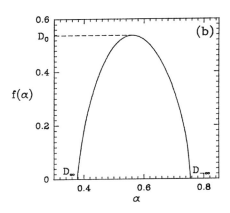

Figure 13

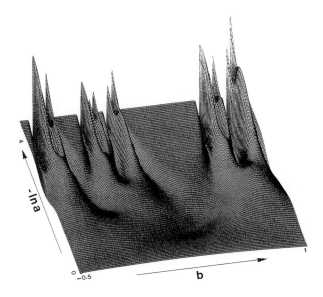

Figure 14

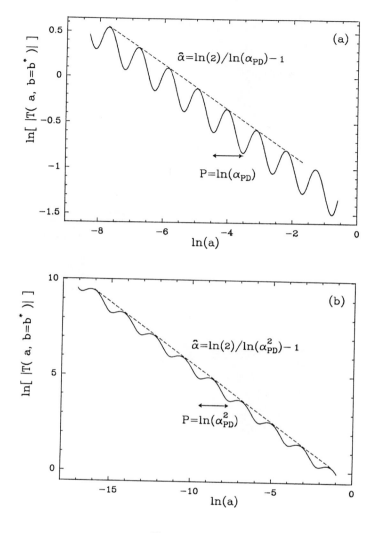

Figure 15

176

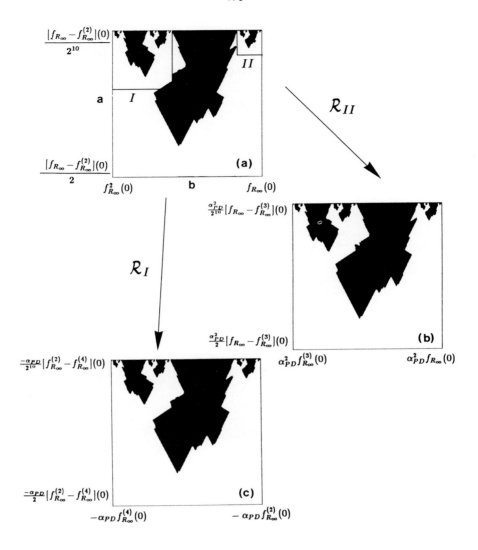

Figure 16

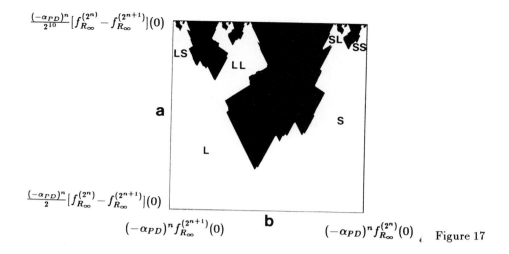

$$\frac{(-\alpha_{PD})^n}{2^{10}}[f_{R_\infty}^{(2^n)} - f_{R_\infty}^{(2^{n+1})}](0)$$

$$\frac{(-\alpha_{PD})^n}{2}[f_{R_\infty}^{(2^n)} - f_{R_\infty}^{(2^{n+1})}](0)$$

$$(-\alpha_{PD})^n f_{R_\infty}^{(2^{n+1})}(0) \qquad \mathbf{b} \qquad (-\alpha_{PD})^n f_{R_\infty}^{(2^n)}(0) \qquad \text{Figure 17}$$

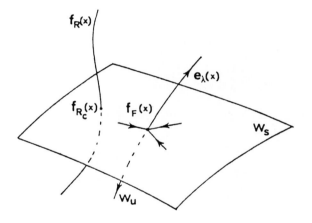

Figure 18

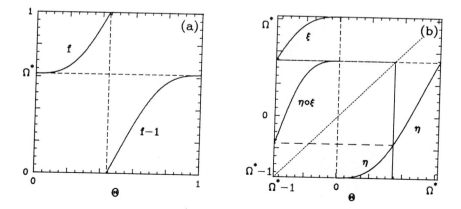

Figure 19

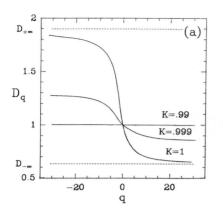
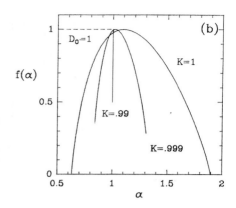

Figure 20

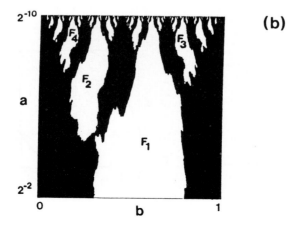

(a)

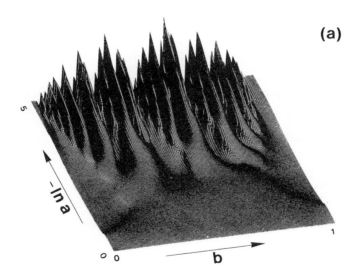

(b)

Figure 21

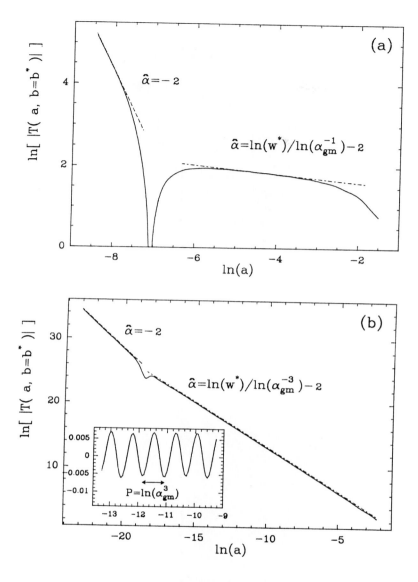

Figure 22

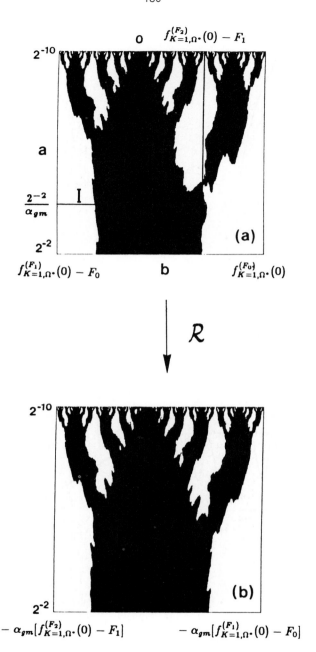

$$o \quad f_{K=1,\Omega^*}^{(F_2)}(0) - F_1$$

$$\frac{2^{-2}}{\alpha_{gm}} \quad I$$

$$f_{K=1,\Omega^*}^{(F_1)}(0) - F_0 \qquad b \qquad f_{K=1,\Omega^*}^{(F_0)}(0)$$

$$\mathcal{R}$$

$$-\alpha_{gm}[f_{K=1,\Omega^*}^{(F_2)}(0) - F_1] \qquad -\alpha_{gm}[f_{K=1,\Omega^*}^{(F_1)}(0) - F_0]$$

Figure 23

(a)

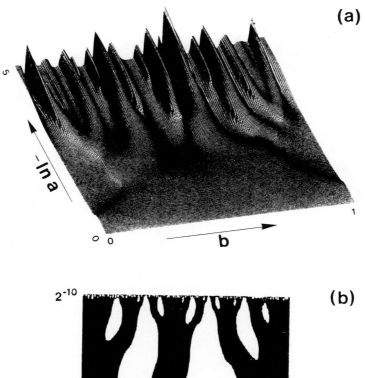

(b)

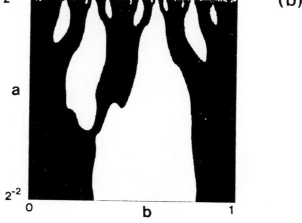

Figure 24

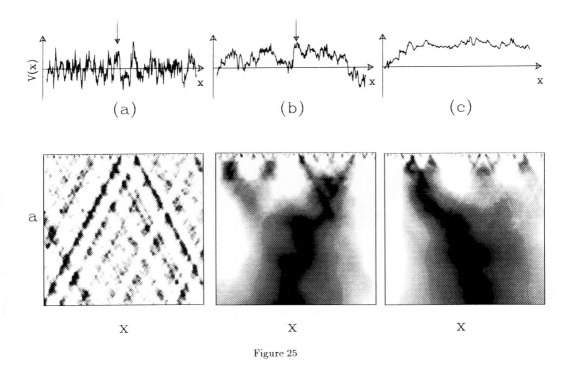

Figure 25

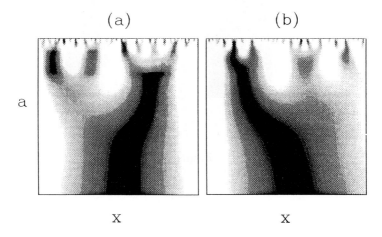

Figure 26

Légendes des figures

Figure 1 : (a) Ondelette analysatrice chapeau mexicain définie dans l'équation (2.11). (b) Ondelette analysatrice constante par morceaux définie dans l'équation (2.13).

Figure 2 : Illustration de la règle de construction du Cantor triadique. A l'étape $n = 1$ on associe à chacun des deux sous-intervalles retenus de longueur $\ell_1 = \ell_2 = 1/3$, une mesure p_1 et p_2 respectivement. En répétant ce processus de construction à l'étape $n = 2$, puis aux étapes suivantes on engendre ainsi une mesure uniforme ($p_1 = p_2 = 1/2$) ou une mesure multifractale ($p_1 \neq p_2$).

Figure 3 : (a) Représentation tridimensionnelle de la transformée en ondelettes ($sgn(T_g)$ $| T_g(a,b) |^{1/2}$) du Cantor triadique uniforme obtenue avec l'ondelette analysatrice chapeau mexicain (eq. (2.11)) et n=2 dans la définition (2.18) [31,49,50]. (b) Codage tout ou rien de $T_g(a,b)$: noir pour $T_g < \tilde{T}$, blanc pour $Tg > \tilde{T}$; ce codage est redéfini à chaque échelle $a = Cste$ avec un seuil $\tilde{T} = \delta \, max \, T_g(a,b)$ (où $\delta > 0$) ; dans la limite $a \to 0^+$, les régions blanches pointent vers les singularités qui sont localisées aux points du Cantor triadique. (c) Codage tout ou rien de $T_g(a,b)$ obtenue avec l'ondelette analysatrice constante par morceaux définie dans l'équation (2.13). Remarquons que le domaine en échelle est différent dans les figures (b) et (c).

Figure 4 : Transformée en ondelettes (eq. (2.18) avec n=2) du Cantor triadique uniforme. $\ln | T_g(a,b = 0) |$ en fonction de $\ln a$ (échelles arbitraires). L'ondelette analysatrice est l'ondelette chapeau mexicain définie dans l'équation (2.11).

Figure 5 : Courbes représentant (a) les dimensions fractales généralisées D_q et (b) le spectre $f(\alpha)$ de la mesure multifractale portée par le Cantor triadique ($\ell = 1/3$) avec les probabilités $p_1 = p_L = 3/4$ et $p_2 = p_R = 1/4$ (fig. 2).

Figure 6 : (a) Représentation tridimensionnelle de la transformée en ondelettes ($sgn(T_g)$ $| T_g(a,b) |^{1/2}$) de la mesure multifractale obtenue en dissymétrisant les probabilités $p_L = 3/4$ et $p_R = 1/4$ dans le processus de construction du Cantor triadique ($\ell_L = \ell_R = 1/3$) [31,49,50]. L'ondelette analysatrice est l'ondelette chapeau mexicain (eq. (2.11)); n=2 dans la définition (2.18) de T_g. (b) Codage tout ou rien de $T_g(a,b)$ (fig. 3.b). (c) Codage tout ou rien de $T_g(a,b)$ calculée avec l'ondelette analysatrice constante par morceaux définie dans l'équation (2.13). Remarquons que le domaine en échelle représenté est différent dans les figures (b) et (c).

Figure 7 : Transformées en ondelettes (eq. (2.18) avec n=2) de la mesure multifractale obtenue en dissymétrisant les probabilités $p_L = 3/4$ et $p_R = 1/4$ dans le processus de construction du Cantor triadique ($\ell_L = \ell_R = 1/3$). Ln $\mid T_g(a, b^*) \mid$ en fonction de ln a (échelles arbitraires). (a) $b^* = 0$, $\hat{\alpha}_{min} = \alpha_{min} - 2$ (LLL...LL..) ; $b^* = 1$, $\hat{\alpha}_{max} = \alpha_{max} - 2$ (RRR...RR...). (b) $b^* = 1 - 3^{-8}$, $\hat{\alpha} = -1.167$ (RRRRRRRRLL...LLL...). L'ondelette analysatrice est l'ondelette chapeau mexicain définie dans l'équation (2.11).

Figure 8 : Illustration de l'application de l'intervalle f_R définie dans l'équation (3.2). Dans les carrés F et CT, l'itéré second $f_R^{(2)}$ de cette application présente la même forme que f_R dans le carré initial. Cette observation est à l'origine de la définition des opérations de renormalisation $\mathcal{R}_I$ (eq. (3.15)) et $\mathcal{R}_{II}$ (eq. (3.16)). $X_+ = -X_- = (1 + \sqrt{1 + 4R})/2R$; $X^* = (-1 + \sqrt{1 + 4R})/2R$.

Figure 9 : Diagramme de bifurcation pour l'application logistique $f_R(x) = Rx(1-x)$ [25]. L'attracteur obtenu après 700 itérations de cette application quadratique (appartenant à la même classe d'universalité que l'application (3.2)) est représenté pour chacune des 1000 valeurs de R considérées dans l'intervalle [3,4]. Pour $R \in [0,1]$, le point fixe x=0 est stable ; pour $R \in [1,3]$, $X^* = (R-1)/R$ est un point fixe stable qui correspond à l'orbite périodique initiale de période T.

Figure 10 : L'exposant caractéristique de Lyapunov défini dans l'équation (3.3), représenté en fonction du paramètre de contrôle R de l'application logistique $f_R(x) = Rx(1-x)$ [25]. Pour $R > R_c$, $\bar{L}(R) \sim (R - R_c)^\nu$ où $\nu = \ln 2 / \ln \lambda$ (eqs (3.4) et (3.5)).

Figure 11 : La période P de l'attracteur de l'application logistique $f_R(x) = Rx(1-x)$, diverge à l'approche de la criticalité suivant la loi de puissance (3.6) ($R < R_c$). Il en est de même du nombre de bandes P_{chaos} de l'attracteur chaotique à l'accumulation de la cascade inverse ($R > R_c$) [27].

Figure 12 : Illustration de la règle de construction de l'ensemble de Cantor critique observé à l'accumulation de la cascade de bifurcations de doublement de période ; les indices réfèrent à l'ordre n d'itération $f_{R_\infty}^{(n)}(0)$ du point critique $X_c = 0$ de l'application quadratique définie dans l'équation (3.2).

Figure 13 : Courbes représentant (a) les dimensions fractales généralisées D_q et (b) le spectre $f(\alpha)$ de singularités de l'ensemble de Cantor qui apparaît à l'accumulation de la cascade sous-harmonique (fig. 12).

Figure 14 : Représentation tridimensionnelle de la transformée en ondelettes $T_g(a, b)$ du cycle de période 2^∞ à l'accumulation de la cascade sous-harmonique de l'application quadratique (3.2) pour $R = R_\infty$ [31,50]. L'ondelette analysatrice est l'ondelette chapeau mexicain (eq. (2.11)); n=1 dans la définition (2.18) de T_g .

Figure 15 : Transformées en ondelettes (eq. (2.18) avec n=1) de l'ensemble de Cantor sous-harmonique représenté dans la figure 12. $\text{Ln}|\ T_g(a, b^*)\ |$ en fonction de $\ln a$ (échelles arbitraires). (a) $b^* = 0$, $\hat{\alpha} = \alpha_{max}-1$ (LLL..LL..) ; (b) $b^* = 1$, $\hat{\alpha} = \alpha_{min}-1$ (SSS...SS...). L'ondelette analysatrice est l'ondelette chapeau mexicain définie dans l'équation (2.11).

Figure 16 : (a) Codage tout ou rien de la transformée en ondelettes du Cantor engendré à l'accumulation de la cascade sous-harmonique [31]: noir pour $T_g\ <\ \tilde{T}$, blanc pour $T_g\ >\ \tilde{T}$; ce codage est redéfini à chaque échelle $a\ =\ Cste$ avec un seuil $\tilde{T}\ =\ \delta \max T_g(a, b)$ ($\delta > 0$). (b) Opération de renormalisation $\mathcal{R}_{II}$: lorsqu'on multiplie le grandissement par un facteur α_{PD}^2, $T_g(a, b)$ dans l'intervalle $II = \left[f_{R_\infty}^{(3)}(0),\ f_{R_\infty}(0) \right]$ ressemble à $T_g(a, b)$ dans l'intervalle invariant initial illustré en (a). (c) Opération de renormalisation $\mathcal{R}_I$: lorsqu'on multiplie le grandissement par un facteur $-\alpha_{PD}(< 0)$, $T_g(a, b)$ dans l'intervalle $I\ =\ \left[f_{R_\infty}^{(2)}(0),\ f_{R_\infty}^{(4)}(0) \right]$ ressemble à $T_g(a, b)$ dans l'intervalle invariant initial illustré en (a). L'ondelette analysatrice $g(x)$ est l'ondelette constante par morceaux définie dans l'équation (2.13); n=1 dans la définition (2.18) de T_g .

Figure 17 : Codage tout ou rien de la transformée en ondelettes de l'ensemble de Cantor sous-harmonique (fig. 12), après n itérations de l'opération de renormalisation $\mathcal{R}_I$ définie dans l'équation (3.15) [31]. Cette transformée en ondelettes est désormais invariante sous l'action de l'opération $\mathcal{R}_I$. Cette observation suggère que $\mathcal{R}_I$ possède un point fixe satisfaisant l'équation (3.17). Les régions blanches pointent vers les singularités de la mesure invariante correspondante dans la limite $a \to 0^+$; à chacune de ces singularités on peut associer une séquence de symboles L et S comme cela est expliqué dans le texte.

Figure 18 : Représentation schématique de la surface critique W_S dans l'espace des applications de l'intervalle quadratiques. Cette surface de codimension 1 n'est autre que la variété stable de l'application point fixe $f_F(x)$ (eq. (3.18)) de l'opération de renormalisation $\mathcal{R}_I$. La variété instable W_u de $f_F(x)$ est de dimension 1. Tout chemin générique dans l'espace des applications (obtenu par exemple en variant R dans l'application (3.2)) coupe transversalement la surface critique ($R = R_c = R_\infty$).

Figure 19 : (a) Illustration de l'application critique $f_{K=1,\Omega^*}(\theta)$ définie dans l'équation (4.2) comme le relèvement d'un homéomorphisme du cercle. (b) Illustration de l'opération de renormalisation $\mathcal{R}$ définie dans l'équation (4.15).

Figure 20 : Courbes représentant (a) les dimensions fractales généralisées D_q et (b) le spectre $f(\alpha)$ de singularités de la mesure invariante associée au cycle de nombre de rotation $W(K, \Omega(K)) = W_{17}$ (eq. (4.5)) de l'application du cercle (4.2) pour les valeurs K=1, 0.999 et 0.99 [135].

Figure 21 : Transformée en ondelettes de la trajectoire quasipériodique de nombre de rotation égal au nombre d'or (en fait $W = W_{17}$) générée par l'application du cercle (4.2) au seuil de transition vers le chaos : $\Omega = \Omega^*(K)$, K=1 [31,49,50,55]. (a) Représentation tridimensionnelle de $sgn(T_g) \mid T_g(a,b) \mid^{1/2}$. (b) Codage tout ou rien de $T_g(a,b)$: noir pour $T_g < \tilde{T}$, blanc pour $T_g > \tilde{T}$; ce codage est redéfini à chaque échelle $a = Cste$ avec un seuil $\tilde{T} = \delta \max T_g(a,b)$ $(\delta > 0)$; les cônes blancs pointent vers les itérés F_n du point d'inflection $\left(f_{\Omega^*,K}^{(F_n)}(0) \right)$. L'ondelette analysatrice est l'ondelette chapeau mexicain (eq. (2.11)) dans (a) et l'ondelette constante par morceaux (eq. (2.13)) dans (b). n=2 dans la définition (2.18) de T_g.

Figure 22 : Transformées en ondelettes (eq. (2.18) avec n=2) de la trajectoire quasipériodique de nombre de rotation égal au nombre d'or, générée par l'application du cercle (4.2) au seuil de transition vers le chaos : $\Omega = \Omega^*(K)$, $K = 1$. $\text{Ln} \mid T_g(a, b^*) \mid$ en fonction de $\ln a$ (échelles arbitraires). (a) $b^* = 0$; (b) $b^* = \Omega^* = f_{K=1,\Omega^*}(0)$. La trajectoire quasipériodique a été approximée par le cycle périodique de nombre de rotation $W = W_{25}$ (eq. (4.5)), ce qui explique la pente triviale $\hat{\alpha} = -n = -2$ observée à petite échelle. L'ondelette analysatrice est l'ondelette chapeau mexicain (eq. (2.11)).

Figure 23 : Codage tout ou rien de la transformée en ondelettes de la trajectoire quasipériodique de nombre de rotation égal au nombre d'or au seuil de la transition vers le chaos (fig. 21.b); l'origine $\theta = 0$ a été volontairement déplacée. Lorsqu'on augmente le grandissement d'un facteur $-\alpha_{gm}(< 0)$, le comportement de $T_g(a,b)$ dans l'intervalle $I = \left[f_{K=1,\Omega^*}^{(F_1)}(0) - F_0, f_{K=1,\Omega^*}^{(F_2)}(0) - F_1 \right]$ ressemble fortement à la transformée $T_g(a,b)$ originale dans l'intervalle $\left[f_{K=1,\Omega^*}^{(F_1)}(0) - F_0, f_{K=1,\Omega^*}^{(F_0)}(0) \right]$. Cette observation est à l'origine de la définition de l'opération de renormalisation $\mathcal{R}$ (eq. (4.15)) [31].

Figure 24 : Transformée en ondelettes de la trajectoire quasipériodique de nombre de rotation égal au nombre d'or, générée par l'application du cercle (4.2) pour $\Omega = \Omega^*(K)$, $K = 0.9$ [31,49,50,55]. La trajectoire quasipériodique a en fait été approximée par le cycle périodique de nombre de rotation $W = W_{17}$. (a) Représentation tridimensionnelle de $sgn(T_g) \mid T_g(a,b) \mid^{1/2}$. (b) Codage tout ou rien de $T_g(a,b)$ identique à celui utilisé dans la figure 21.b. L'ondelette analysatrice est l'ondelette chapeau mexicain (eq. (2.11)) dans (a) et l'ondelette constante par morceaux (eq. (2.13)) dans (b). n=2 dans la définition (2.18) de T_g.

Figure 25 : Analyse en ondelettes d'un signal de vitesse turbulent enregistré dans la soufflerie S_1 de l'ONERA à Modane [62]. Les signaux sont représentés dans les graphes situés à la verticale des transformées en ondelettes correspondantes. $T_g(a,b)$ est codée suivant une gamme de 32 niveaux de gris depuis le blanc ($T_g \leq 0$) jusqu'au noir (max $T_g >$ 0). L'ondelette analysatrice est le chapeau haut de forme (eq. (2.13)). (a) Analyse du signal d'une longueur totale de 852 m sur la gamme d'échelle $a \in [\ell_0/10,\ 28\ \ell_0]$. (b) Analyse de la portion du signal centrée au point indiqué par une flèche dans la figure (a), après grandissement d'un facteur 20 des échelles de longueur. (c) Analyse de la portion du signal centrée au point indiqué par une flèche dans la figure (b), après un nouveau grandissement d'un facteur 20 des échelles de longueur.

Figure 26 : Analyse en ondelettes d'un signal de vitesse turbulent enregistré dans la soufflerie S_1 de l'ONERA à Modane [62]. (a) et (b) correspondent respectivement aux figures 25.b et 25.c avec cette fois l'ondelette chapeau mexicain (eq. (2.11)) comme ondelette analysatrice.

Transformées en ondelettes
de mesures multifractales.

Pour toutes les transformées ci-contre nous avons codé $T_g(a,b)$ suivant une gamme de 256 couleurs, du noir ($T_g \leq 0$) jusqu'au rouge ($max\,T_g > 0$) suivant le spectre de la lumière naturelle. Ce codage est redéfini à chaque échelle a = Cste.

En haut (chapitre 2) :

Transformées en ondelettes du Cantor triadique uniforme ($\ell_R = \ell_L = 1/3$, $p_R = p_L = 1/2$) avec comme ondelette analysatrice : (a) le chapeau mexicain (eq. (2.11)) : $b \in [0,1]$, $a \in [2^{-9}, 2^0]$; (b) l'ondelette constante par morceaux (eq. (2.13)) : $b \in [0,1]$, $a \in [3^{-7}, 2^9 3^{-7}]$. Transformées en ondelettes du Cantor triadique non-uniforme ($\ell_R = \ell_L = 1/3$, $p_L = 3/4$, $p_R = 1/4$) avec comme ondelette analysatrice: (c) le chapeau mexicain : $b \in [0,1]$, $a \in [2^{-9}, 2^0]$; (d) l'ondelette constante par morceaux : $b \in [0,1]$, $a \in [3^{-7}, 2^9 3^{-7}]$.

En bas (chapitre 4) :

Transformées en ondelettes de la trajectoire quasipériodique de nombre de rotation égal au nombre d'or (en fait $W = W_{17}$) générée par l'application du cercle (eq. (4.2)) : $b \in [0,1]$, $a \in [3\,10^{-4}, 0.17]$. **Application critique** $K = 1$: (a) codage des régions positives de la transformée ($0 < T_g < max(T_g)$) illustrant les singularités les plus fortes de la mesure invariante ; (b) codage des régions négatives de la transformée ($min(T_g) < T_g < 0$) illustrant les singularités les plus faibles (le rouge correspond a $min(T_g)$). **Application sous-critique** $K = 0.9$: les codages utilisés dans les figures (c) et (d) correspondent aux codages utilisés respectivement dans les figures (a) et (b).

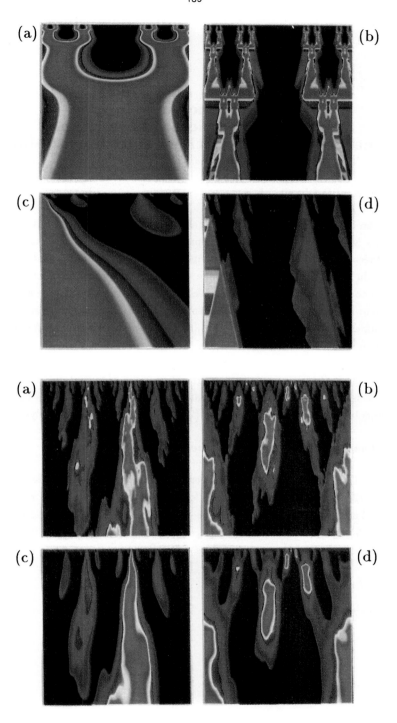

Transformées en ondelettes
de la turbulence développée
et de la transition vers le chaos
par cascade de bifurcations sous-harmoniques.

Turbulence développée (chapitre 5) :

Analyse en ondelettes d'un signal de vitesse turbulent enregistré dans la soufflerie S_1 de l'ONERA à Modane. Les signaux sont représentés dans les graphes situés à la verticale des transformées en ondelettes correspondantes. $T_g(a,b)$ est codée suivant une gamme de 256 couleurs, du noir ($T_g \leq 0$) jusqu'au rouge ($\max T_g > 0$) suivant le spectre de la lumière naturelle. Ce codage est redéfini à chaque échelle $a = Cste$. L'ondelette analysatrice est le chapeau haut de forme (eq. (2.13)). (a) Analyse du signal d'une longueur totale de 852 m sur la gamme d'échelles $a \in [\ell_0/10,\ 28\ \ell_0]$; (b) analyse de la portion du signal centrée au point indiqué par la flèche dans la figure (a) après grandissement d'un facteur 20 des échelles de longueur; (c) analyse de la portion du signal centrée au point indiqué par la flèche dans la figure (b) après un nouveau grandissement d'un facteur 20 des échelles de longueur. Les figures (e) et (f) correspondent respectivement aux figures (b) et (c), avec cette fois l'ondelette chapeau mexicain (eq. (2.11)) comme ondelette analysatrice.

Cascade sous-harmonique conduisant au chaos (chapitre 3) :

La figure (d) représente la transformée en ondelettes de l'ensemble de Cantor illustré dans la figure 12, limite asymptotique de la cascade sous-harmonique et seuil de la transition vers le chaos. L'ondelette analysatrice est le chapeau haut de forme (eq. (2.13)) et la transformée $T_g(a,b)$ est codée du noir ($T_g \leq 0$) au rouge ($\max T_g > 0$) avec la même palette que précédemment. $b \in [-0.401..,1]$, $a \in [10^{-3},0.5]$.

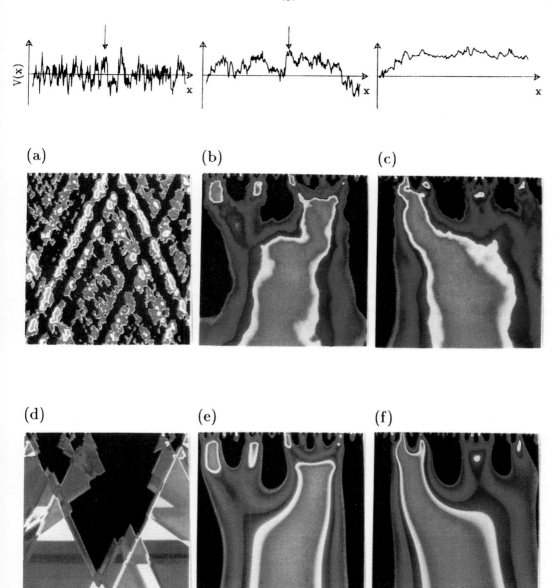

WAVELETS IN 1989 : AN EXTENDED SUMMARY

Pierre Gilles LEMARIE

This text is the summary of the nine conferences held at the *Séminaire d'Analyse Harmonique d'Orsay* in the beginning of 1989. These conferences were intented to give a review of wavelet theory, following three axes : a general introduction to wavelet theory and wavelet orthonormal bases (conferences 1 to 3), a review of some applications of the theory (conferences 4 to 6 : operator theory, computer vision, signal processing) and a more detailed description of the applications to the theory of fractals (conferences 7 to 9 : the Riemann-Weierstrass function, the dyadic interpolation scheme and the theory of renormalization in multi-fractal physics). The english summaries have been written by me alone, and the other authors would be of course not responsible for any misinterpretation or error I could have made ; this text should be considered only as a guide for english speaking mathematicians in order to make easier the reading of the french texts.

Conference 1

INTRODUCTION TO WAVELET THEORY

Pierre Gilles Lemarié

This conference is based on I. Daubechies's paper "The wavelet transform, time-frequency localization and signal analysis" (AT& T Bell Laboratories, to appear). It splits into three parts : Fourier windows (introducing the notion of time-frequency analysis), Morlet's wavelets (the decomposition formula over the whole time-frequency space and its discretization for computing), orthonormal bases (and the related theory of multi-resolution analysis).

The first part, devoted to Fourier windows, first recalls the connection between the lack of regularity of a function and the presence of high frequency components in its Fourier transform. But the first phenomenon is local (the function could be singular at one single point) whereas the second one involves the whole real line.

One then introduces a window function in order to perform a local Fourier analysis. This window function should be concentrated both in time (in order to localize the analysis) and in frequency (so that a locally detected frequential information corresponds to a frequency in the spectrum of the analysed signal and not to an artefact created by the use of the window function). But there is a trade-off between these two localization requests, as expressed by the *Heisenberg uncertainty principle* : the product of time resolution and frequency resolution is bounded by below so that these resolutions cannot be jointly arbitrarily small.

Moving the window along the real axis, one obtains analyzing functions $g_{t,\xi}(\theta) = g(\theta - t)e^{i\theta\xi}$ which derive from one single function (the window function g) by the shifting of its argument both in time (moving the window) and in frequency (performing the Fourier analysis). The formalism of *Fourier windows* corresponds to an uniform sampling of times t and frequencies ξ. One then obtains a time-frequency analysis of a signal by computing a numerical sequence, namely the sequence of the scalar products between the signal and the analyzing functions.

The reconstruction problem has been studied by I. Daubechies. In order to have a (numerically) stable reconstruction formula, the analyzing functions should form a frame (a terminology derived from the theory of non-harmonic Fourier series) : the energy norm of the signal (id est the L^2 norm) should be equivalent to the ℓ^2−norm of the sequence of its scalar products with these analyzing functions. I. Daubechies has shown that, in order to have a frame, the product of the two sampling widths (in time and in frequency) should be chosen small enough. Moreover, there is a *strong uncertainly principle* (as first established by Balian in 1981), describing the contradiction in the Fourier windows formalism between non-redundancy and stability.

In the wavelet transform theory of Jean Morlet, the analyzing functions $g_{a,b}(t) = \frac{1}{\sqrt{a}}g(\frac{t-b}{a})$ are obtained from one single function g by dilations and translations. This is again a time-frequency analysis, the frequency corresponding to the inverse of the scale factor a. The wavelet g has to be real-valued, square integrable and oscillating (its integral over the whole line equals 0).

Instead of real-valued wavelets, one can also deal with analytical signals : the imaginary part of the function has to be the Hilbert transform of the real part. One then obtains complex wavelet coefficients, which are represented by two diagrams : the modulus diagram (describing the distribution of the energy of the signal in the time-frequency space) and the phase diagram (where the isophase curves converge to the singularities of the signal when the scale factor goes to 0).

The wavelet transform is a good tool for the detection of singularities. Moreover, since the resolution of the analyzing functions varies with the scale factor, it is very useful for the studies of phenomena for which there is a specific but not a priori determined scale or for which there are several significative scales.

The discretization of the transform was introduced by J. Morlet and justified by I. Daubechies. The discretization of the scale axis is performed by a logarithmically uniform sampling (a_0^m, $m \in Z$) ; the time axis is then uniformly sampled with a sampling width varying with the scale factor (at the scale a_0^m, the chosen points are the points $nb_0a_0^m$, $n \in Z$). For a_0 close enough to 1 and b_0 small enough, one still has a good time-frequency analysis, the analyzing functions being a frame. In wavelet theory, there is no contradiction between non-redundancy and stability, as pointed by Yves Meyer's construction of wavelet orthonormal bases.

A wavelet orthonormal basis is an hilbertian basis of $L^2(\mathcal{R})$ $(\psi_{j,k})_{j\in Z, k\in Z}$ where the functions $\psi_{j,k}$ are derived by dyadic dilations-translations from one single function ψ : $\psi_{j,k}(t) = 2^{j/2}\psi(2^j t - k)$. The function ψ is called by Y. Meyer the mother of the wavelets. We are of course interested in wavelets ψ well localized both in time and frequency. In 1985, Y. Meyer has constructed such a function ψ : ψ belongs to the Schwartz class of smooth functions that are rapidly decreasing with all their derivatives.

Beside a mother, wavelets generally have also a father, namely a function φ such that the family $\{\varphi(t-k), k \in Z, 2^{j/2}\psi(2^j t - k), j \in \mathcal{N}, k \in Z\}$ is still an orthonormal basis of $L^2(\mathcal{R})$. This function φ is important because it allows a very easy extension of the construction of the basis $\psi_{j,k}$ to the multi-dimensional case. Moreover, the function ψ can be derived from the function φ, as expressed by Mallat's theory of multi-resolution analysis.

A *multi-resolution analysis* is a sequence V_j, $j \in Z$, of closed linear subspaces of $L^2(\mathcal{R})$ such that :

- the sequence is increasing $(V_j \subset V_{j+1})$;
- $\bigcap_{j \in Z} V_j = \{0\}$ and $\bigcup_{j \in Z} V_j$ is dense in L^2 ;
- $f(t) \in V_j \Leftrightarrow f(2t) \in V_{j+1}$;
- V_0 has an orthonormal basis of the form $\varphi(x - k)$, $k \in Z$.

Given a multi-resolution analysis, one can construct a wavelet ψ so that the space V_j is exactly the closed linear span of the low-frequency wavelets $\psi_{\ell,k}$, $\ell < j$, $k \in Z$; the converse is also true, provided the wavelets $\psi_{j,k}$ have a father function φ (which is not always true).

As will be shown in the two next conferences, the theory of multi-resolution analysis can be reduced to the study of a 2π−periodic function m_0 (where the Fourier transform $\hat{\varphi}$ of φ verifies $\hat{\varphi}(\xi) = \hat{\varphi}(0) \prod_{j=1}^{\infty} m_0(\frac{\xi}{2^j})$ and the Fourier transform $\hat{\psi}$ of ψ can be chosen equal to $\hat{\psi}(\xi) = e^{i\,\xi/2} \bar{m}_0(\frac{\xi}{2} + \pi) \hat{\varphi}(\frac{\xi}{2}))$. The theory of wavelet bases is then devoted to the trilogy ψ, φ, m_0.

Conference 2

WAVELETS, QUADRATURE MIRROR FILTERS
AND NUMERICAL IMAGE PROCESSING

Yves Meyer

This conference shows the connections between the theory of orthonormal wavelet bases and elder theories. A wavelet basis is an hilbertian basis of $L^2(\mathcal{R})$ of the form $\psi_{j,k}$, $j \in Z$, $k \in Z$, with $\psi_{j,k}(x) = 2^{j/2}\psi(2^j x - k)$ and the function ψ being a well localized, regular and oscillating function. The first example of such bases was given in 1981 by J. O. Strömberg and it will be shown that it is an "asymptotic version" of the Franklin system, a well known orthonormal basis introduced in 1927. The wavelet basis theory can also be studied through Mallat's theory of multi-resolution analysis ; one must then study a 2π−periodic function m_0, which will be shown to be a special case of the quadrature mirror filters introduced in 1977 by D. Esteban and C. Galand for the digital processing of speech signals.

The need for good orthonormal bases in the analysis of regular functions goes back to the nineteenth century, since Dubois-Reymond has given in 1873 the example of a continuous 2π−periodic function which has a divergent Fourier series. In 1909, A. Haar introduced the well-known Haar system as a very simple orthonormal basis of $L^2(]0, 1[)$ such that the series of any continuous function uniformly converges to this function. In 1910, G. Faber introduced the so-called Schauder basis, obtained by integration of the Haar system. This basis has the advantage over the Haar system that it gives a precise information on (Hölder) regularity of the decomposed function ; but it cannot analyse irregular functions, in particular square integrable functions. In 1927, Ph. Franklin applies Gram-Schmidt orthonormalisation to the Schauder basis and obtains the so-called Franklin system, a basis that analyses both L^2 and Hölderian functions. But, whereas the Haar system and the Schauder basis were explicit and easily described functions, the Franklin system was not numerically explicit, which prohibited its use during fifty years.

In 1987, S. Jaffard has shown that the Franklin system is "almost" a wavelet basis: more precisely it is of the form $f_{j,k} = \psi_{j,k} + r_{j,k}$, $j \in \mathcal{N}$, $k \in Z$, $\frac{k}{2^j} \in [0, 1[$, with $\psi_{j,k}(x) = 2^{j/2}\psi(2^j x - k)$, ψ being Strömberg's affine wavelet, and $\| r_{j,k} \|_2$ going to zero very rapidly when $\frac{k}{2^j}$ remains far from the border points 0 and 1.

Wavelet theory is also compared to another old theory, the so-called Littlewood-Paley decomposition, which was introduced in the thirties. The wavelet coefficients are obtained first by filtering (with a filter bank analogous to the Littlewood-Paley decomposition) and then by sampling in a "Shannon-like" way the filtered versions of the signal. This analogy explains why so many traditional functional spaces (that are well characterized by the Littlewood-Paley decomposition) are easily characterized in terms of wavelet coefficients.

The second part of the conference is devoted to the notion of multi-resolution analysis. It recalls the definition of such an analysis (as seen in the first conference) and shows how to compute Strömberg's spline wavelets. Before the evocation of digital image processing (progressive coding through the pyramidal algorithms of Burt and Adelson, Marr's theory on "low-level" visual processing, the wavelet counterparts of these two theories), it is mainly devoted to the connection between wavelets and quadrature mirror filters.

Quadrature mirror filters have been introduced in 1977 by D. Esteban and C. Galand. This is a pair of discrete filters F_0 and F_1, filtering sequences indexed by Z ; the filtering by F_0 and F_1 is followed by a decimation operation D (the filtered sequences are restricted to $2Z$) and the condition on this filters is only a condition of energy conservation, namely :

$$ \| f \|^2_{\ell^2(Z)} = \| DF_0(f) \|^2_{\ell^2(2Z)} + \| DF_1(f) \|^2_{\ell^2(2Z)} \ . $$

An important case is when the transfer functions $q_0(\theta)$ and $q_1(\theta)$ ($\theta \in [0, 2\pi]$) of F_0 and F_1 satisfy : $q_1(\theta) = e^{-i\theta} \, \overline{q_0} \, (\theta + \pi)$.

In the multi-resolution analysis, we have seen in the first conference that there is a trilogy ψ (the mother function), φ (the father function) and m_0 (a 2π−periodic function). The space V_0 (with the basis $\varphi(x-k)$, $k \in Z$) splits into V_{-1} (with the basis $\frac{1}{\sqrt{2}}\varphi(\frac{x}{2} - k)$, $k \in Z$) and its orthogonal complement W_{-1} (with the basis $\frac{1}{\sqrt{2}}\psi(\frac{x}{2} - k)$, $k \in Z$). The projections of V_0 on V_{-1} and W_{-1}, expressed in those bases, correspond to quadrature mirror filters, DF_0 and DF_1, where the transfer function of F_0 is $\sqrt{2}\, m_0(\theta)$. Therefore, a multi-resolution analysis provides quadrature mirror filters.

The converse is not true in general. A theorem by A. Cohen is described, giving a necessary and sufficient condition in order to derive a multi-resolution analysis from quadrature mirror filters.

Conference 3

MULTI-SCALE ANALYSIS AND COMPACTLY SUPPORTED WAVELETS

Pierre Gilles Lemarié

This conference studies the problem of the construction of orthonormal wavelet bases from an historical point of view : it aims to describe the evolution of the ideas on this problem from the first construction by Yves Meyer to the construction of compactly supported wavelets by Ingrid Daubechies through the illuminating notion of multi-resolution analysis introduced by Stéphane Mallat.

Two problems are introduced : the construction of the wavelet ψ (the "mother function") such that the $\psi_{j,k}(x) = 2^{j/2}\psi(2^j x - k)$, $j \in Z$, $k \in Z$, form an orthonormal basis of $L^2(\mathcal{R})$ and the construction of the function φ (the "father function") such that the $\varphi_k(x) = \varphi(x - k)$, $k \in Z$, and the $\psi_{j,k}$, $j \geq 0$, $k \in Z$, also form a basis of L^2. Two old solutions are recalled : the Haar system and the Shannon sampling of the dyadic Littlewood-Paley decomposition, but none of them is concentrated both in time and frequency.

The first tool used in the construction of a wavelet ψ was a systematic use of the Poisson summatory formula, applied to the equations expressing the orthonormality of the $\psi_{j,k}$ and to the Plancherel reconstruction formula. This gave *an infinite system of quadratic equations*, involving the Fourier transform of ψ at the current point ξ and at its dilated (by powers of 2) or translated (by multiples of 2π) associated points. The only way to solve this system seemed to introduce *ad hoc hypotheses* on the Fourier transform of ψ to reduce the infinite system to a finite one. Yves Meyer introduced in 1985 an hypothesis on the support of the Fourier transform of ψ (which was to be contained in $\frac{2\pi}{3} \leq | \xi | \leq \frac{4\pi}{3}$), which gave him a smooth solution ψ with compact spectrum ; the wavelet ψ belonged to the Schwartz class of rapidly decreasing functions. P.-G. Lemarié in 1986 introduced another hypothesis (the Fourier transform of ψ could be factorized in two terms ξ^{-N} and $M(\xi)$, ξ^{-N} being well-behaved with respect to dilations and $M(\xi)$, a 4π−periodic function, being well-behaved with respect to 2π−translations) and obtained a spline wavelet ψ with exponential decay.

The construction of the function φ was even more unlikely, since it is not true in general that for a wavelet basis $\psi_{j,k}$ there exists an associated father function φ (as it is shown by an explicit counter-example). The use of the Poisson summatory formula gives again equations on the Fourier transform of φ, that can be solved in the case of the Meyer wavelet or the spline wavelet.

The problem becomes much simpler when one notices that, whereas the existence of $\psi_{j,k}$ doesn't imply the existence of the function φ, the converse is true. Of course, one has to give an intrinsic definition of the function φ. As a matter of fact, in order to solve the whole system involving the Fourier transform of φ and ψ, one has to solve a "double equation" on $\hat{\varphi}$ (namely $\sum_{k \in Z} |\hat{\varphi}(\xi + 2k\pi)|^2 = 1$ and $\hat{\varphi}(2\xi) = m_0(\xi)\hat{\varphi}(\xi)$ with m_0 a 2π−periodic function) and then one can deduce from φ and m_0 a solution ψ (namely, $\hat{\psi}(\xi) = e^{-i\xi/2}\bar{m}_0(\frac{\xi}{2} + \pi)\hat{\varphi}(\frac{\xi}{2}))$.

In order to give an intrinsic definition of φ, Stéphane Mallat has introduced in november 1986 the notion of multi-resolution analysis. (This notion wad described in the first conference). This theory suits very well the constructions of spline wavelets (including Strömberg's constructions) and is an extension of the pyramidal algorithms used in computer vision.

A fundamental remark by Stéphane Mallat is that all the analysis is contained in the study of m_0 (since $\hat{\varphi}(\xi) = \hat{\varphi}(0) \prod_{j=1}^{\infty} m_0(\frac{\xi}{2^j})$) and that very few requirements are to be verified by the m_0 function in order to provide a multi-resolution analysis. Necessary conditions are that m_0 has to be 2π−periodic, to verify $|m_0(\xi))|^2 + |m_0(\xi + \pi)|^2 = 1$ and to verify $m_0(\xi) = 1 + O(|\xi|^\epsilon)$ in the neighborhood of 0 ; one supplementary condition is requested on the location of the zeros of the function, as expressed in the theorem of Albert Cohen described in the preceding conference, and a simpler version is given with a complete proof (in the case where $|m_0|$ is bounded by below by a positive constant on $[-\frac{\pi}{2}, +\frac{\pi}{2}]$).

The construction by Ingrid Daubechies of compactly supported wavelets then follows easily, since it is reduced to exhibit a solution m_0 being a trigonometric polynomial. By mean of the Riesz theorem on polynomial square roots of real-valued even non-negative polynomials, it is even just enough to compute $|m_0(\xi)|^2$. The only trouble, however, is to estimate the regularity of the resulting wavelet. Ingrid Daubechies gave in 1987 a solution m_0 of degree $2N - 1$ with a resulting wavelet of class $C^{\lambda N}$ (where λ is a positive constant and N can be chosen arbitrarily).

In the practical computings, one doesn't deal with functions but with discrete sequences of numbers. The discrete wavelet transform theory describes how to compute from the coefficients of the projection of a function on a given level V_{j_0} (or, in a close way, from the sampled version of the function with sample mesh 2^{-j_0}) the wavelets coefficients of the function in lower levels (W_j with $j < j_0$) by a cascade of filtration and decimation operators. The case of the continuously parametered wavelet transform is also sketched, with the evocation of the so-called "*algorithme à trous*" of M. Holschneider.

A NEW DEMONSTRATION OF THE T(b) THEOREM, FOLLOWING COIFMAN AND SEMMES

Guy David

This conference aims to describe a recent demonstration by R. Coifman and S. Semmes of the so-called $T(b)$ theorem on the boundedness of certain singular integral operators. It begins with the special case $T(1) =^t T(1) = 0$, for which the proof is very simple.

A standard kernel on $\mathcal{R}^n$ will be a function $K(x,y)$, defined and continuous over $\mathcal{R}^n \times \mathcal{R}^n \backslash \{x = y\}$, such that : $\mid K(x,y) \mid \leq C \mid x - y \mid^{-n}$ and $\mid K(x+h, y) - K(x,y) \mid + \mid K(x,y) - K(x,y+h) \mid \leq C \mid h \mid^{\delta} \mid x - y \mid^{-n-\delta}$ for $x, y, h \in \mathcal{R}^n$ such that $\mid h \mid < \frac{1}{2} \mid x - y \mid$ and for a constant $\delta \in]0,1]$. A *singular integral operator* will be a linear operator $T : \mathcal{D}(\mathcal{R}^n) \to \mathcal{D}'(\mathcal{R}^n)$ such that its distribution kernel (in $\mathcal{D}'(\mathcal{R}^n \times \mathcal{R}^n)$) coïncides outside the diagonal with a standard kernel. The assumptions on the kernel of T outside the diagonal are invariant by dilations and translations (changing $K(x,y)$ in $t^{-n}K(\frac{x+z}{t}, \frac{y+z}{t})$) ; a weakly boundedness property is then introduced to describe some global invariance including the behaviour on the diagonal (namely equicontinuity from $\mathcal{D}$ to $\mathcal{D}'$ of the family generated from T by dilations and translations).

The $T(1)$ *theorem* of David and Journé gives a criterion for a singular integral operator to be bounded on L^2. One can associate to a singular integral operator T two distributions $T(1)$ and $^tT(1)$ defined modulo the constants (because of the integrability at infinity of $K(x,y) - K(x_0,y)$ with respect to dy). The theorem then states that a singular integral operator T satisfying the weakly boundedness property can be extended as a bounded operator on L^2 if and only if $T(1) \in BMO$ and $^tT(1) \in BMO$.

By mean of the paraproduct operators between functions in BMO and square integrable functions, it suffices to prove the theorem for $T(1) =^t T(1) = 0$. The idea of the proof of Coifman and Semmes is very simple : it suffices to write the matrix of T in the Haar system and to show that the coefficients decrease fast enough off the diagonal to allow the application of Schur's lemma. A coefficient $< Th_Q^\epsilon \mid h_R^{\epsilon'} >$ (where Q, R are dyadic cubes and ϵ, ϵ' indexes in $\{1, 2, \cdots 2^n - 1\}$) is estimated as follows : for $\mid Q \mid \leq \mid R \mid$, if $Q \cap R = \emptyset$ the estimations on the standard kernel $K(x,y)$ are used, if $Q = R$ the weakly boundedness property is used, if $Q \subset R, Q \neq R$, then $h_R^{\epsilon'}$ is constant over Q and, since $^tT(1) = 0$, it can be put to 0 over Q so that estimations on $K(x,y)$ can again be used. The majorations of the coefficients are then easily obtained and the theorem is proved.

The $T(b)$ theorem can be proved in a similar way. In order to state the theorem, one has to introduce para-accretive functions. A function $b \in L^\infty(\mathcal{R}^n)$ is *para-accretive* if there exist $\gamma > 0$ and $C > 0$ such that for all $x \in \mathcal{R}^n$ and $r > 0$ there exists a cube $Q \subset B(x, R)$, with side $\geq \frac{r}{C}$, and such that : $| \frac{1}{|Q|} \int_Q b(y) dy | \geq \gamma$. If the later inequality is valid for all dyadic cubes, b is called "*almost accretive*".

Let T be an operator from $b_1 D$ into $(b_2 D)'$ where b_1 and b_2 are para-accretive. Let us suppose that for $f \in b_1 D$ and $g \in b_2 D$ with disjoint supports we have

$$< Tf \mid g >= \int K(x, y) f(y) g(x) dy \, dx$$

with K a standard kernel. Then we can define $T(b_1)$ as a linear form on $b_2 D$ modulo the constants and similarly ${}^t T(b_2)$ on $b_1 D$. The $T(b)$ *theorem* then states that T has a bounded extension on L^2 if and only if $Tb_1 \in BMO$, ${}^t Tb_2 \in BMO$ and $M_{b_1} T M_{b_2}$ satisfies the weakly boundedness property. (M_b is the operator of pointwise multiplication by $b(x)$).

The case $Tb_1 ={}^t Tb_2 = 0$ is developped in the end of the conference. The general case of para-accretive functions is sketched in the conclusion and the special case of almost accretive functions is extensively described. The idea of the proof is to exhibit good Riesz bases of L^2 such that the computations for writing the matrix of T in those bases are exactly the same that those for the case $T(1) ={}^t T(1) = 0$ and the Haar basis. A basis adapted to an almost accretive function b will be of the form (h_Q^ϵ), indexed by the dyadic cubes Q and by $\epsilon \in \{1, 2, \cdots, 2^n - 1\}$, such that : h_Q^ϵ is supported on Q, is constant on each dyadic sub-cube of Q and satisfies $\int h_Q^\epsilon b \, dx = 0$ and $\| h_Q^\epsilon \|_\infty \leq C \mid Q \mid^{-1/2}$. The construction of the h_Q^ϵ is based on a multi-resolution analysis, namely the spaces V_k of functions constant on each dyadic cube of side 2^{-k}. But instead of defining W_k as the orthogonal complement of V_k in V_{k+1}, one introduces an oblique complement (the functions of V_{k+1} such that $\int_Q f b \, dx = 0$ for each dyadic cube of side 2^{-k}) ; It then suffices to show that the W_k are a direct sum for L^2 and to compute a basis for each W_k. The theorem is then proved. For the general case of para-accretive functions, the multi-resolution analysis is a little more complicated but the general line remains the same.

As a conclusion, this demonstration has the following advantages : the basic ideas are very simple (just choose a good basis to compute the matrix of T), the algebraic complexity is greatly reduced since one deals with projections and no longer with complicated identity approximations, the $T(b)$ theorem is however proved in all its generality.

Conference 5

MULTI-SCALE ANALYSIS, STEREO VISION AND WAVELETS

J. Froment and J. M. Morel

This conference is a review of some basic ideas in computer vision and more particularly in low-level vision. Following D. Marr's program, a modular description of the human visual processor is briefly performed. A particular attention is devoted to edge detection and multiscale analysis ; the connection with the wavelet theory is described through S. Mallat's results about the zero-crossings algorithms. Another part is devoted to signal compression through the use of orthonormal bases, introducing a result of A. Cohen and J. Froment about the efficiency of compression by wavelets. Finally, the conclusion shows why the wavelet theory could allow a finer analysis of textures.

The main hypothesis of David Marr in Computer Vision is that the information we need in order to reconstruct the surfaces of objects is conveyed by the light sent by those surfaces and catched by local receptors (such as retinal cells or electronic captors). This "low-level stereo vision" should be an essential modulus in the perceptive organisation of animals, and therefore should justify the researches in robotics.

According to some experimental results in psychophysics and neurology, the human visual processor has indeed a modular organisation, each modulus being a geometrical reconstruction machine (from images to surfaces) independent from any a priori knowledge of the world. The main visual "moduli" studied by Computer Vision are then *stereo vision,* the so-called "*shape from shading*" and *grouping processes.*

Julesz's experiments on stereo vision showed that the perception of 3D-shapes from disparities of two retinal images doesn't depend on a priori knowledge about the considered objects. An algorithm for stereo vision should then be able to select corresponding points from similar details in the two images of the stereo pair. An efficient numerical representation of images of the stereo pair should give account on details of each image at any scale. (Therefore it has to be <u>multiscale</u>). A detail of an image is a configuration that is spatially localised and, for sake of contrast, of increasing resolution when its localisation increases. Moreover, details representation should be translation invariant, in order to make possible the correspondance process.

"Shape from shading" is the human ability of recovering the 3D-shape of an object shown in a 2D-image by analysis of shading (the intensity differences of the image points according to the different orientations of the surface points).

In perspective reconstruction, the same object being present at different scales is interpreted as being present at different distances. This phenomenon of (internal) correspondence processing (or grouping, in the terminology of the Gestalt theory) should also be handled by a multiscale analysis, as previously seen.

One important grouping process is the recent notion of texture. This is the ability of perceiving pseudo-periodicities in areas of the vision field and performing an image segmentation in areas of homogeneous texture.

Marr's hypothesis is more precisely that an image is characterized by its local variations of intensity at each scale. This led him to the following principles of *multiscale analysis* and *edge detection* :

Principle 1 : The variations of intensity at any scale in an image are to be obtained by a linear local (and hence differential) operator.

Principle 2 : This operator has to be isotropic and of order as low as possible. Therefore, it is the Laplacian operator.

Principle 3 : To get a given scale, one has to eliminate upper scales by a low-pass filter. This filter should be localised as good as possible both spatially and frequentially. Therefore, it is the convolution with a Gaussian.

Principle 4 : The scale sequence for analysis is dyadic.

Principle 5 : The significant information (with respect to low-level vision problems) is contained in the "zero-crossings" of the Laplacian of the image at any scale.

Principle 6 (Marr's conjecture) : The representation by "zero-crossings" of the Laplacian is complete. The conjecture is therefore that any image can be reconstructed from its zero-crossings of the Laplacian for frequencies in a sequence of ratio 2.

The first practical answer to Marr's conjecture was given by Stéphane Mallat. Using the "reproducing kernel" associated to a continuous wavelet transform, he has elaborated an efficient algorithm of image reconstruction from the representation by the zero-crossings at each octave.

Another important field in image processing is the problem of signal compression. The KL-compression is a reference model for decorrelation. An image is considered as a random field on $[0,1] \times [0,1]$. For points $(x,y) \in [0,1] \times [0,1]$ the grey level $f(x,y)$ is a random variable, the autocorrelation function of which is called $R(x,y,x',y') = E(f(x,y)f(x',y'))$. One can decorrelate the image f (i.e. find an orthonormal basis $F_{m,n}(x,y)$ of L^2 such that the scalar products $< f \mid F_{m,n} >$ - computed in L^2 — are decorrelated) and the functions $F_{m,n}$ are eigenvectors of the integral transform of kernel

R :

$$\int \int R(x,y,x',y') F_{m,n}(x',y') dx' dy' = c_{m,n} F_{m,n}(x,y)$$

(with $c_{m,n} = E(|< f \mid F_{m,n} >|^2)$). In case of $R(x,y,x',y') = e^{-c|x-x'|-d|y-y'|}$ (corresponding to the statistics for television images), one can compute the functions $F_{m,n}$, which are called the *Karhman-Loève functions*. The resulting transform (the KL-transform) is a reference in compression.

A good criterion of compression efficiency for orthonormal bases is how fast decreases the quadratical error when the number of coefficients increases. The cosine transform is generally considered as the best one for compression but in a recent work Albert Cohen and Jacques Froment have shown that certain wavelet transforms are still more efficient (according to the criterion of decreasing quadratical error). Beside those excellent compression advantages, the orthogonal wavelet transform also has the flexibility of quadrature mirror filters (QMF) coding, which allows for instance progressive coding.

As a conclusion, the main contribution of wavelet transforms in Computer Vision can be listed as :

* Mallat's algorithm for zero-crossings representation ;
* the link between QMF theory and (KL-)compression theory ;
* a finer analysis of texture through the wavelet coefficients :

- with a discrimination criterion based on energy : the energy of each channel in the wavelet pyramid varies in a very significant way from one texture to another ;

- with a criterion based on regularity at each point (as can be viewed through the wavelet coefficients), generalising edge detection.

Conference 6

SOME TIME-FREQUENCY AND TIME-SCALE METHODS IN SIGNAL PROCESSING

P. Flandrin

When dealing with non-stationary signals, satisfactory description tools are required to encompass some time dependence of characteristic features. Such features are generally related directly to frequency, giving rise to *time-frequency* methods. When the studied features are related to the behaviour of the signal at different observation scales, *time-scale* methods are needed. This conference is intented to put these two approaches in some common perspective and to make more precise their relationships in the case of a continuous deterministic signal.

We first study the linear transforms of a given finite energy signal $x(t)$. We are then interested in *decompositions* of x as a superposition of elementary "building blocks" $L(t; u; \theta)$ (with u a time parameter and θ some auxiliary variable) with coefficients $\mathcal{L}_x(u, \theta)$:

$$x(t) = \int \int_{-\infty}^{+\infty} \mathcal{L}_x(u, \theta) L(t; u; \theta) d\mu(u, \theta)$$

($d\mu$ being a natural measure on the transformed plane (u, θ)). The coefficients are given by the scalar products $< x(t) \mid L(t; u; \theta) > = \mathcal{L}_x(u, \theta)$ (so that the $L(t; u; \theta)$ are also analyzing signals). Those analyzing signals are to be easily deduced from a unique elementary signal $h(t)$ by mean of a transformamtion group L (indexed by t and θ) :

$$L(u; t; \theta) = [L(t, \theta)h](u).$$

The elementary signal $h(t)$ should be as much concentrated as possible in the transformed plane (t, θ), in order to perform an "atomic" decomposition.

When dealing with θ a frequency variable and L being the so-called *Weyl-Heisenberg* group of shifts in time and frequency, the resulting transform is just the well known *short-time Fourier transform*. When dealing with θ a scale variable and L being the so-called *affine group* of shifts and dilations in the time direction, the resulting transform is the *wavelet transform*. These two transforms are isometric (provided that some admissibility conditions on h are satisfied) and one can easily deduce one transform from the other one by mean of another integral transform.

The physical interpretation of both transforms is (time) output of a filter bank, each filter of the bank being deduced from one unique elementary filter. In case of the short-time Fourier transform, each filter is deduced from the basic one by a frequency shift, corresponding to a heterodyning operation ; the resulting filter bank is uniform. In case of the wavelet transform, the invariant quantity of the filter bank is no longer the bandwidth but the relative bandwidth of each filter ; this corresponds to a *constant-Q analysis* (Q is the quality factor).

Signal decomposition can be viewed as a detection-estimation problem : are there building blocks (detection) ? Where and with which weights (estimation) ? When comparing the previous transforms with the ambiguity function used in detection-estimation problems, one can see that *narrowband* (resp. *wideband*) *cross-ambiguity functions* and short-time Fourier (resp. wavelet) transforms are exactly of the same mathematical structure.

Instead of trying to perform a decomposition of the signal $x(t)$ on a transformed plane (t, θ), one may try to perform a distribution of its energy on the transformed plane. One then uses bilinear transforms of the type :

$$x(t) \rightarrow p_x(t, \theta) = \int \int_{-\infty}^{+\infty} \Delta(u, v; t, \theta) x(u) \bar{x}(v) \, du \, dv$$

where Δ is some integral kernel.

If we impose this transform to be invariant with respect to shifts in both time t and frequency θ (i.e. w.r.t. the Weyl-Heisenberg group), one is restricted to transformations in the so-called *Cohen's class,* in which the main tool is the *Wigner-Ville distribution* :

$$W_x(t, \nu) = \int_{-\infty}^{+\infty} x(t + \frac{\tau}{2}) x^*(t - \frac{\tau}{2}) e^{-2i\pi\nu\tau} \, d\tau.$$

Analogously, one may consider compatibility with the affine group and then introduce the so-called *affine Wigner distribution.*

The square modulus of the short-time Fourier transform (also called *spectrogram* or *sonogram*) can be viewed as a doubly smoothed version (in both time and frequency) of the Wigner-Ville distribution of the signal by that of the observation window. Similarly, the squared wavelet transform can be deduced from the Wigner-Ville distribution by a two-dimensional smoothing operation. The only difference with the spectrogram case is that this smoothing operation is frequency dependent, frequency (resp. time) resolution being decreased (resp. increased) for increasing frequencies.

General methods have been presented in this conference about time-frequency and time-scale methods. Both linear and bilinear approaches have been considered and put in some common perspective. Making more precise the link between time-frequency and time-scale should provide new insights for a selective application of each of the different (and complementary) methods in their respective areas of excellence.

Conference 7

ITERATIVE INTERPOLATION SCHEME

G. Deslauriers, J. Dubois, S. Dubuc

This conference introduces the so-called iterative interpolation scheme. It then gives some properties and examples, and then studies some continuity and regularity criteria.

One starts with a closed discrete subgroup G of $\mathcal{R}^d$, which generates as a linear space the whole space $\mathcal{R}^d$. One considers a linear transform T (with spectral radius less than 1) such that $T(G) \supset G$ and one defines $G_k = T^k(G)$. Given a function f on G, we want to extend f to the union of the $G'_k s$ by the following interpolation scheme : given the extension g of f to G_k, one extends f to G_{k+1} with the formula $g(T^{k+1}x) = \sum_{y \in G} W(Tx - y)g(T^k y)$ where W is a weight function defined on $T(G) = G_1$ and such that $W(O) = 1$ and $W(x) = 0$ for x in G and $x \neq 0$). This function W is supposed to be 0 except at a finite subset of G_1.

Three examples are given : the Lagrangian symmetric iterative interpolation scheme of type (b, N) (with $G = Z$ and $Tx = \frac{x}{b}$ where b is an integer > 1), the fractal curves of Von Koch and Mandelbrot (again with $G = Z$ and $Tx = \frac{x}{b}$) and the plane iterative scheme of type $(2, N)$ (with $G = Z^2$ and $T(x, y) = (\frac{x-y}{2}, \frac{x+y}{2})$).

To this interpolation scheme are associated a function F (the fundamental interpolant), a characteristic polynomial $P(y)$ and a Schwartz distribution $D(x)$ (with Fourier transform $G(y)$).

The interpolant F is the extension to $\bigcup_{k \in \mathcal{N}} T^k G$ of the function $F(0) = 1$, $F(x) = 0$ for $x \in G$, $x \neq 0$. It verifies $F(x) = W(x)$ for x in G_1 and more generally if g is the extension to $\cup T^k G$ of a function f defined on G, g verifies for all x in $\cup T^k G$: $g(x) = \sum_{y \in G} f(y)F(x - y)$.

The characteristic polynomial P is defined by $P(y) = \sum_{x \in G} W(Tx)e^{i<x,y>}$. It can be compared to the function m_0 in the multi-resolution analysis, since, if F can be continuously extended to the whole real axis, we have $F(Tx) = \sum_{y \in G} W(Ty)F(x - y)$ and then $\hat{F}((T^*)^{-1}y) = \hat{F}(y)P(-y) \mid \det T \mid$. The distribution $D(x)$ (which is to be equal to the extension of F to $\mathcal{R}$ in the good cases) is defined in order to have its Fourier transform satisfying $G((T^*)^{-1}y) = G(y)P(-y) \mid \det T \mid$.

Since F is compactly supported (W being 0 outside a finite subset of G_1), any regularity property of F is inherited by the extensions of functions over G obtained by the interpolation scheme. The first regularity property to be studied is the fact of being continuously extendable to $\mathcal{R}$. This property is in particular satisfied whenever the characteristic polynomial $P(y)$ is non-negative, which can be proved by proving the integrability of $G(y)$. A more general condition (which is necessary and sufficient) is given for continuous extendability, not involving the Fourier transform $G(y)$.

Further results are obtained for the iterative interpolation scheme of type (b, N). A critical exponent E is introduced for the interpolation process, and it is shown that whenever m is a integer less than E, F is m times continuously differentiable and more precisely if $m + \alpha < E$ (m integer, $0 < \alpha < 1$) then $F^{(m)}$ belongs to the Lipschitz class of order α.

According to the choice of the weight function W, F (or one of its derivatives) can be a very irregular (fractal) function. The question is left open whether there is a good criterion for differentiability and how (possibly) compute the Hausdorff dimension of the graph in the case of a fractal interpolant.

Conference 8

POINTWISE ANALYSIS OF RIEMANN'S
"NON-DIFFERENTIABLE" FUNCTION

M. Holschneider & Ph. Tchamitchian

This conference aims to give rigorous results for the analysis of local regularity of functions through wavelet transforms. These results will be applied to the Riemann-Weierstrass function

$$W(x) = \sum_{n=1}^{\infty} \frac{1}{n^2} \sin(\pi n^2 x)$$

and the results of Hardy (1916 : non-differentiability at irrational points and at some rational points) and Gerver (1970 : differentiability at some rational points, non-differentiability elsewhere) are reproved. Moreover it will be proved that at the singular rational points the function W has a cusp, which will be described precisely.

The first part of the conference is devoted to general results on characterization of global or local Hölder regularity (and local differentiability) through wavelet transforms. The definition of wavelet transform (with continuous time and scale parameters) is first recalled and a pointwise inversion formula is given. The wavelet transform of an arbitrary function s (with respect to a wavelet φ) is given by the following scalar products :

$$T(b,a) = \int_{-\infty}^{+\infty} \frac{1}{a} \bar{\varphi}\left(\frac{x-b}{a}\right) s(x)\,dx.$$

It is then shown that, under some precise conditions on the choice of the wavelet φ, global Hölder regularity (with regularity exponent $\alpha \in]0,1[$) is characterised by a uniform decrease of the scale-space coefficients $T(b,a)$ in $O(a^\alpha)$ (where a is the scale parameter).

Local regularity can be analysed in a similar way. In order to have $s(x_0 + h) - s(x_0) = O(h^\alpha)$ at a given point x_0, a necessary condition is to have $T(x_0 + b, a) = O(a^\alpha + \mid b \mid^\alpha)$ and a slightly stronger condition is sufficient. Similarly, local differentiability at x_0 implies that $T(x_0 + b, a) = o(\mid b \mid + a)$ and a sufficient condition is also given (global Hölder regularity with a weak exponent and local good behavior of $T(b,a)$: $T(x_0 + b, a) = O(a\rho(a) + \mid b \mid \rho(\mid b \mid))$ with ρ satisfying the usual Dini condition $\int_0^1 \rho(a) \frac{da}{a} < \infty$).

These results are then applied to the Riemann-Weierstrass function. The study of this function can be related, through a suitable wavelet transform, to the study of the behaviour near the real axis of a Jacobi theta function, namely the function $\theta(\tau) = 1 + 2\sum_{n=1}^{\infty} e^{i\pi n^2 \tau}$ for $Im\,\tau > 0$.

More precisely, one introduces the functions $W_\beta(x) = \frac{2}{\pi^\beta}\sum_{n=1}^{\infty} n^{-2\beta} e^{i\pi n^2 x}$ for $\beta > 1/2$ and the wavelets $\varphi_\beta(x) = \frac{\Gamma(\beta+1)}{(1-ix)^{\beta+1}}$. Then the wavelet transform of W_β with respect to the wavelet φ_β is given by : $T(b,a) = (Im\,\tau)^\beta(\theta(\tau)-1)$ with $\tau = b + ia$. The Riemann-Weierstrass function is the imaginary part of W_1 and the study of the regularity properties of the W_β is equivalent to the analysis of $\theta(\tau)$ near the real axis. A first result, since it is known that $\theta(\tau)$ is $O((Im\,\tau)^{-1/2})$, is that W_β satisfies an uniform Hölder condition with regularity exponent $\beta - 1/2$ for $\beta \in]1/2, 3/2[$.

For a more precise analysis of $\theta(\tau)$, one uses the transformation formulas $\theta(\tau+2) = \theta(\tau)$ and $\theta(-\frac{1}{\tau}) = \sqrt{-i\tau}\,\theta(\tau)$. The theta group G_θ, generated by $\tau \to \tau+2$ and $\tau \to -\frac{1}{\tau}$, leaves invariant the real axis and the rationals, which split into two orbits : the orbit of 1 consisting of all rationals of the form $(2P+1)/(2Q+1)$ and the orbit of 0.

At any finite point x in the orbit of 0 the function of Riemann and Weierstrass has local cusps of the following explicit form : $W_\beta(x+h) = C_x^- \mid h \mid_-^{\beta-1/2} + C_x^+ \mid h \mid_+^{\beta-1/2} + \rho(h)$ with $\mid h \mid_\pm = \mid h \mp \mid h \mid \mid /2$ and ρ being differentiable in 0 for $\beta > \frac{3}{4}$. The explicit values of C_0^+ and C_0^- are given and the transformation formulas for $C_x^\pm$ under G_θ are given. Those formulas are established from the study of θ at 0 : θ will be shown to satisfy : $(Im\,\tau)^\beta\theta(\tau) = (Im\,\tau)^\beta\sqrt{\frac{i}{\tau}} + O(\tau^{2\beta-1/2-\epsilon})$ for $\beta > 1/2$ and any $\epsilon > 0$. This equation is then transferred at any x in the orbit of 0 ; it then suffices to show that the difference between $W_\beta(x+h)$ and $C_x^- \mid h \mid_-^{\beta-1/2} + C_x^+ \mid h \mid_+^{\beta-1/2}$ is differentiable at 0 by computing its wavelet transform.

The case of the orbit of 1 is very easy, since $\theta(1+\tau)$ satisfies $\theta(1+\tau) = 2\theta(4\tau) - \theta(\tau)$ and then $(Im\,\tau)^\beta\theta(1+\tau) = O(\tau^{2\beta-1/2-\epsilon})$. In particular, for $\beta > \frac{3}{4}$, W_β is differentiable at any point in the orbit of 1.

For any irrational point, it is shown that for $\beta \in]1/2, 5/4[$ neither the real part of W_β nor the imaginary part are differentiable, since there is a result of Hardy and Littlewood showing that for any irrational x there is a constant $C > 0$ and a sequence a_n of positive numbers decreasing to 0 such that $a_n^{1/4} \mid Im\,\theta(x+ia_n) \mid > c$ and $a_n^{1/4} \mid Re\,\theta(x+ia_n) \mid > c$ (so that the wavelet coefficients don't decrease fast enough to allow differentiability).

In conclusion, this conference has shown that the wavelet transform can be a very powerful tool to analyse the local regularity of functions.

Conference 9

WAVELET TRANSFORM AND RENORMALIZATION

A. Arneodo, , F. Argoul, G. Grasseau

This conference aims to guide the reader through the exploration of the hierarchic construction of fractals. The introduction recalls the link between weak turbulence (a turbulent system with a weak number of degrees of freedom, described in terms of strange attractors), the study of critical phenomena (including the technics of the renormalization group) and fractals.

The first part introduces the wavelet transform as a "mathematical microscope" well suited for characterising the local scale invariance properties of fractal objects. Whereas the traditional description of a fractal measure through its generalized fractal dimensions and its singularity spectrum gives only a statistical and not a geometrical description of its fractal behaviour, the wavelet transform allows to localize the singularities of the measure and to estimate the exponent characterizing each singularity. The example of measures distributed on the triadic Cantor set is then developped.

The second part is devoted to the period doubling cascade. Its dynamical system model is presented, and also the analogy with second order phase transitions toward chaos.

The attractor of the cascade is a Cantor set and a wavelet transform of this set is performed. One then obtains spectacular diagrams : a very simple visual inspection exhibits the construction law of the Cantor set. Moreover one can derive in a very natural way from this construction law the renormalization operation relating transition toward chaos to the period doubling cascade. At last, one can easily estimate the critical exponents from the bifurcation values in the wavelet diagram ; one can see also very clearly the relation between the renormalization operation and the universal number λ, which appears as an unstable eigenvalue for renormalization.

Another example of transition toward chaos is developped in the following part : the transition from quasi-periodicity to chaos. The wavelet analysis of the critical quasi-periodic trajectory exhibits the multifractal behaviour of the measure to be studied ; it allows also to estimate its singularity spectrum and to introduce the renormalization operation. One can also observe on the wavelet diagrams that, when one removes the system from the critical situation, there is a cross-over effect between large scales where the measure keeps its multi-fractal behaviour and small scales where it becomes regular

; an explication of this phenomenon is provided in terms of a cross-over between two fixed points of the renormalization operation.

The last section is devoted to the wavelet transform of the fully developped turbulence. It shows how the wavelet diagrams reveal the multi-fractal structure of the Richardson cascade. It also suggests that the stochastical interpretation seems to be better suited for describing the intermittence of the cascade in small scales.

The conclusion shows how the multidimensional wavelet transform can be a performant tool for analyzing various growth processes, including electrodeposition and diffusion limited agregation. It puts a special emphasis on the recent elaboration of an optical wavelet transform, for real-time processing of experimental datas.

LECTURE NOTES IN MATHEMATICS

Edited by A. Dold, B. Eckmann and F. Takens

Some general remarks on the publication of monographs and seminars

In what follows all references to monographs, are applicable also to multiauthorship volumes such as seminar notes.

§1. Lecture Notes aim to report new developments – quickly, informally, and at a high level. Monograph manuscripts should be reasonably self-contained and rounded off. Thus they may, and often will, present not only results of the author but also related work by other people. Furthermore, the manuscripts should provide sufficient motivation, examples and applications. This clearly distinguishes Lecture Notes manuscripts from journal articles which normally are very concise. Articles intended for a journal but too long to be accepted by most journals, usually do not have this "lecture notes" character. For similar reasons it is unusual for Ph.D. theses to be accepted for the Lecture Notes series.

Experience has shown that English language manuscripts achieve a much wider distribution.

§2. Manuscripts or plans for Lecture Notes volumes should be submitted (preferably in duplicate) either to one of the series editors or to Springer- Verlag, Heidelberg. These proposals are then refereed. A final decision concerning publication can only be made on the basis of the complete manuscripts, but a preliminary decision can usually be based on partial information: a fairly detailed outline describing the planned contents of each chapter, and an indication of the estimated length, a bibliography, and one or two sample chapters – or a first draft of the manuscript. The editors will try to make the preliminary decision as definite as they can on the basis of the available information. We generally advise authors not to prepare the final master copy of their manuscript (cf. §4) beforehand.

§3. Final manuscripts should contain at least 100 pages of mathematical text and should include
   - a table of contents;
   - an informative introduction, perhaps with some historical remarks: it should be accessible to a reader not particularly familiar with the topic treated;
   - a subject index: this is almost always genuinely helpful for the reader.

§4. Lecture Notes are printed by photo-offset from the master-copy delivered in camera-ready form by the authors. Springer-Verlag provides technical instructions for the preparation of manuscripts, for typewritten manuscripts special stationery, with the prescribed typing area outlined, is available on request. Careful preparation of the manuscripts will help keep production time short and ensure satisfactory appearance of the finished book. For manuscripts typed or typeset according to our instructions, Springer-Verlag will, if necessary, contribute towards the preparation costs at a fixed rate.

The actual production of a Lecture Notes volume takes 6-8 weeks.

§5. Authors receive a total of 50 free copies of their volume, but no royalties. They are entitled to purchase further copies of their book for their personal use at a discount of 33.3 %, other Springer mathematics books at a discount of 20 % directly from Springer-Verlag.

Commitment to publish is made by letter of intent rather than by signing a formal contract. Springer-Verlag secures the copyright for each volume.

Addresses:

Professor A. Dold, Mathematisches Institut, Universität Heidelberg, Im Neuenheimer Feld 288, 6900 Heidelberg, Federal Republic of Germany

Professor B. Eckmann, Mathematik, ETH-Zentrum 8092 Zürich, Switzerland

Prof. F. Takens, Mathematisch Instituut, Rijksuniversiteit Groningen, Postbus 800, 9700 AV Groningen, The Netherlands

Springer-Verlag, Mathematics Editorial, Tiergartenstr. 17, 6900 Heidelberg, Federal Republic of Germany, Tel.: (06221) 487-410

Springer-Verlag, Mathematics Editorial, 175 Fifth Avenue, New York, New York 10010, USA, Tel.: (212) 460-1596

LECTURE NOTES

ESSENTIALS FOR THE PREPARATION
OF CAMERA-READY MANUSCRIPTS

Springer

Springer-Verlag
Berlin Heidelberg New York
London Paris Tokyo Hong Kong

The preparation of manuscripts which are to be reproduced by photo-offset require special care. <u>Manuscripts which are submitted in technically unsuitable form will be returned to the author for retyping.</u> There is normally no possibility of carrying out further corrections after a manuscript is given to production. Hence it is crucial that the following instructions be adhered to closely. <u>If in doubt, please send us 1 - 2 sample pages for examination.</u>

<u>General.</u> The characters must be uniformly black both within a single character and down the page. Original manuscripts are required: photocopies are acceptable only if they are sharp and without smudges.

On request, Springer-Verlag will supply special paper with the text area outlined. The standard TEXT AREA (OUTPUT SIZE if you are using a 14 point font) is 18 x 26.5 cm (7.5 x 11 inches). This will be scale-reduced to 75% in the printing process. <u>If you are using computer typesetting</u>, please see also the following page.

Make sure the TEXT AREA IS COMPLETELY FILLED. Set the margins so that they precisely match the outline and type right from the top to the bottom line. (Note that the page number will lie <u>outside</u> this area). Lines of text should not end more than three spaces inside or outside the right margin (see example on page 4).

Type on one side of the paper only.

<u>Spacing and Headings (Monographs).</u> Use ONE-AND-A-HALF line spacing in the text. Please leave sufficient space for the title to stand out clearly and do NOT use a new page for the beginning of subdivisons of chapters. Leave THREE LINES blank above and TWO below headings of such subdivisions.

<u>Spacing and Headings (Proceedings).</u> Use ONE-AND-A-HALF line spacing in the text. Do not use a new page for the beginning of subdivisons of a single paper. Leave THREE LINES blank above and TWO below headings of such subdivisions. Make sure headings of equal importance are in the same form.

The first page of each contribution should be prepared in the same way. The title should stand out clearly. We therefore recommend that the editor prepare a sample page and pass it on to the authors together with these instructions. Please take the following as an example. Begin heading 2 cm below upper edge of text area.

MATHEMATICAL STRUCTURE IN QUANTUM FIELD THEORY

John E. Robert
Mathematisches Institut, Universität Heidelberg
Im Neuenheimer Feld 288, D-6900 Heidelberg

Please leave THREE LINES blank below heading and address of the author, then continue with the actual text on the <u>same</u> page.

<u>Footnotes.</u> These should preferable be avoided. If necessary, type them in SINGLE LINE SPACING to finish exactly on the outline, and separate them from the preceding main text by a line.

Symbols. Anything which cannot be typed may be entered by hand in BLACK AND ONLY BLACK ink. (A fine-tipped rapidograph is suitable for this purpose; a good black ball-point will do, but a pencil will not). Do not draw straight lines by hand without a ruler (not even in fractions).

Literature References. These should be placed at the end of each paper or chapter, or at the end of the work, as desired. Type them with single line spacing and start each reference on a new line. Follow "Zentralblatt für Mathematik"/"Mathematical Reviews" for abbreviated titles of mathematical journals and "Bibliographic Guide for Editors and Authors (BGEA)" for chemical, biological, and physics journals. Please ensure that all references are COMPLETE and ACCURATE.

IMPORTANT

Pagination. For typescript, <u>number pages in the upper right-hand corner in LIGHT BLUE OR GREEN PENCIL ONLY</u>. The printers will insert the final page numbers. For computer type, you may insert page numbers (1 cm above outer edge of text area).

It is safer to number pages AFTER the text has been typed and corrected. Page 1 (Arabic) should be THE FIRST PAGE OF THE ACTUAL TEXT. The Roman pagination (table of contents, preface, abstract, acknowledgements, brief introductions, etc.) will be done by Springer-Verlag.

If including running heads, these should be aligned with the inside edge of the text area while the page number is aligned with the outside edge noting that <u>right</u>-hand pages are <u>odd</u>-numbered. Running heads and page numbers appear on the same line. Normally, the running head on the left-hand page is the chapter heading and that on the right-hand page is the section heading. Running heads should <u>not</u> be included in proceedings contributions unless this is being done consistently by all authors.

Corrections. When corrections have to be made, cut the new text to fit and paste it over the old. White correction fluid may also be used.

Never make corrections or insertions in the text by hand.

If the typescript has to be marked for any reason, e.g. for provisional page numbers or to mark corrections for the typist, this can be done VERY FAINTLY with BLUE or GREEN PENCIL but NO OTHER COLOR: these colors do not appear after reproduction.

COMPUTER-TYPESETTING. Further, to the above instructions, please note with respect to your printout that
- the characters should be sharp and sufficiently black;
- it is not strictly necessary to use Springer's special typing paper. Any white paper of reasonable quality is acceptable.

If you are using a significantly different font size, you should modify the output size correspondingly, keeping length to breadth ratio 1 : 0.68, so that scaling down to 10 point font size, yields a text area of 13.5 x 20 cm (5 3/8 x 8 in), e.g.

Differential equations.: use output size 13.5 x 20 cm.

Differential equations.: use output size 16 x 23.5 cm.

Differential equations.: use output size 18 x 26.5 cm.

Interline spacing: 5.5 mm base-to-base for 14 point characters (standard format of 18 x 26.5 cm).
If in any doubt, please send us 1 - 2 sample pages for examination. We will be glad to give advice.